实用消防技术丛书

消防工程设计与施工

王 强 主编

XIAOFANG GONGCHENG SHEJI YU SHIGONG

U0301466

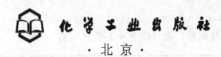

化学工业出版社

·北京·

《消防工程设计与施工》依据国家最新颁布的《建筑设计防火规范》（GB 50016—2014）、《火灾自动报警系统设计规范》（GB 50116—2013）、《泡沫灭火系统设计规范》（GB 50151—2010）、《消防给水及消火栓系统技术规范》（GB 50974—2014）等标准进行编写，主要介绍了民用建筑防火设计，厂房、仓库和材料堆场防火设计，建筑防火构造与设施，常见消防系统设计与施工，消防系统供电、调试、验收与维护。

本书内容丰富，实用性强，可供建筑消防工程施工现场设计人员、施工人员等学习参考，也可作为高等院校建筑消防工程专业的教材。

图书在版编目（CIP）数据

消防工程设计与施工/王强主编 .—北京：化学工业出版社，2016.6（2021.3 重印）
（实用消防技术丛书）
ISBN 978-7-122-26925-6

Ⅰ.①消…　Ⅱ.①王…　Ⅲ.①建筑物-消防设备-建筑设计
②建筑物-消防设备-设备安装-工程施工　Ⅳ.①TU998.1

中国版本图书馆 CIP 数据核字（2016）第 087724 号

责任编辑：袁海燕　　　　　　　　　　装帧设计：王晓宇
责任校对：边　涛

出版发行：化学工业出版社（北京市东城区青年湖南街 13 号　邮政编码 100011）
印　　装：北京虎彩文化传播有限公司
787mm×1092mm　1/16　印张 16¾　字数 437 千字　2021 年 3 月北京第 1 版第 4 次印刷

购书咨询：010-64518888　　　　　　售后服务：010-64518899
网　　址：http://www.cip.com.cn
凡购买本书，如有缺损质量问题，本社销售中心负责调换。

定　　价：59.00 元

《消防工程设计与施工》编写人员

主　　编　王　强
编写人员　张　亮　　郭海涛　　刘彦亭　　张　盼
　　　　　李亚州　　刘　培　　何　萍　　陈　达
　　　　　高　超　　邢丽娟　　齐丽丽

前言

　　消防工程是建筑工程中重要的组成部分。随着社会和经济的发展，消防工作的重要性越来越突出。"预防火灾和减少火灾的危险"是对消防立法意义的总体概括，包括了两层含义：一是做好预防火灾的各项工作，防止发生火灾；二是火灾不发生是不可能的，而一旦发生火灾，应当及时、有效地进行扑救，减少火灾带来的危害。近年来，火灾时有发生，给人们日常工作及生活带来很大的经济及生命威胁，建筑消防工程众多问题也逐渐显现。无论从设计到施工过程都存在着诸多问题，如果不及时加以解决，将留下非常严重的后果。基于以上原因，我们组织相关技术人员，依据国家最新颁布的《建筑设计防火规范》（GB 50016—2014）、《火灾自动报警系统设计规范》（GB 50116—2013）、《泡沫灭火系统设计规范》（GB 50151—2010）、《消防给水及消火栓系统技术规范》（GB 50974—2014）等标准规范，编写了这本《消防工程设计与施工》，旨在满足广大技术人员的迫切需要，帮助其快速解决一些与消防工程设计与施工有关的问题，提高其业务水平，保证工程施工质量。

　　《消防工程设计与施工》依据最新的标准规范进行编写，具有很强的针对性和适用性。结构体系上重点突出、详略得当，突出整合性的编写原则。

　　由于编者的经验和学识有限，尽管尽心尽力编写，但内容难免有疏漏、不妥之处，敬请广大专家、读者批评指正。

编者

2016 年 3 月

目录

1 民用建筑防火设计

1.1 建筑分类及耐火等级

1.1.1 民用建筑分类

民用建筑应根据其使用性质、火灾危险性、疏散和扑救难度等进行分类，并应符合表 1-1 的规定，如图 1-1～图 1-3 所示。

表 1-1 建筑分类

名称	高层民用建筑		单、多层民用建筑
	一类	二类	
住宅建筑	建筑高度大于 54m 的住宅建筑（包括设置商业服务网点的住宅建筑）	建筑高度大于 27m，但不大于 54m 的住宅建筑（包括设置商业服务网点的住宅建筑）	建筑高度不大于 27m 的住宅建筑（包括设置商业服务网点的住宅建筑）
公共建筑	1. 建筑高度大于 50m 的公共建筑 2. 建筑高度 24m 以上部分任一楼层建筑面积大于 1000m² 的商店、展览、电信、邮政、财贸金融建筑和其他多种功能组合的建筑 3. 医疗建筑、重要公共建筑 4. 省级及以上的广播电视和防灾指挥调度建筑、网局级和省级电力调度建筑 5. 藏书超过 100 万册的图书馆、书库	除一类高层公共建筑外的其他高层公共建筑	1. 建筑高度大于 24m 的单层公共建筑 2. 建筑高度不大于 24m 的其他公共建筑

注：1. 表中未列入的建筑，其类别应根据本表类比确定。

2. 除《建筑设计防火规范》（GB 50016—2014）另有规定外，宿舍、公寓等非住宅类居住建筑的防火要求，

应符合该规范有关公共建筑的规定。

3. 除《建筑设计防火规范》（GB 50016—2014）另有规定外，裙房的防火要求应符合该规范有关高层民用建筑的

规定。

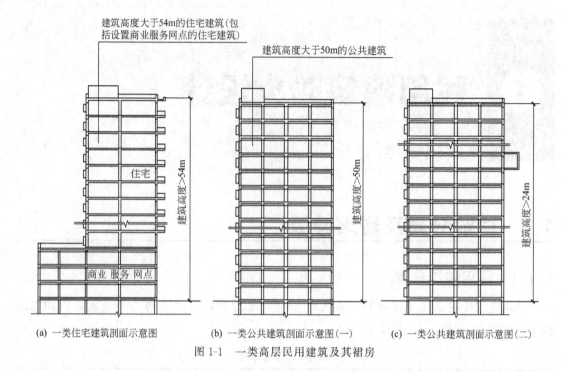

(a) 一类住宅建筑剖面示意图　　　(b) 一类公共建筑剖面示意图(一)　　　(c) 一类公共建筑剖面示意图(二)

图 1-1　一类高层民用建筑及其裙房

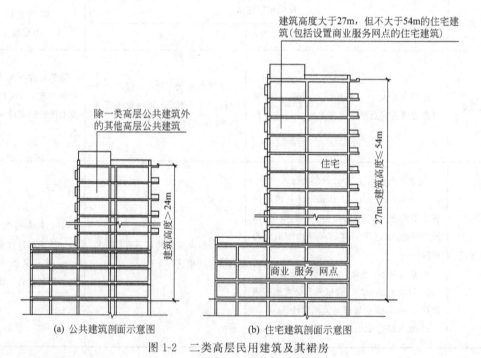

(a) 公共建筑剖面示意图　　　　　(b) 住宅建筑剖面示意图

图 1-2　二类高层民用建筑及其裙房

1.1.2　民用建筑耐火等级

（1）民用建筑的耐火等级可分为一、二、三、四级。除另有规定外，不同耐火等级建筑相应构件的燃烧性能和耐火极限不应低于表 1-2 的规定。

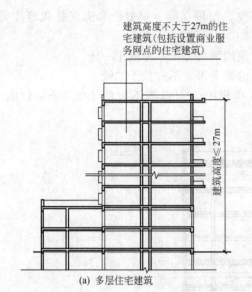

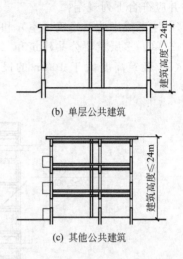

图 1-3　单、多层民用建筑

表 1-2　不同耐火等级建筑相应构件的燃烧性能和耐火极限　　　　单位：h

构件名称		耐火等级			
		一级	二级	三级	四级
墙	防火墙	不燃性 3.00	不燃性 3.00	不燃性 3.00	不燃性 3.00
	承重墙	不燃性 3.00	不燃性 2.50	不燃性 2.00	难燃性 0.50
	非承重外墙	不燃性 1.00	不燃性 1.00	不燃性 0.50	可燃性
	楼梯间和前室的墙 电梯井的墙 住宅建筑单元之间的墙和分户墙	不燃性 2.00	不燃性 2.00	不燃性 1.50	难燃性 0.50
	疏散走道两侧的隔墙	不燃性 1.00	不燃性 1.00	不燃性 0.50	难燃性 0.25
	房间隔墙	不燃性 0.75	不燃性 0.50	难燃性 0.50	难燃性 0.25
柱		不燃性 3.00	不燃性 2.50	不燃性 2.00	难燃性 0.50
梁		不燃性 2.00	不燃性 1.50	不燃性 1.00	难燃性 0.50
楼板		不燃性 1.50	不燃性 1.00	不燃性 0.50	可燃性
屋顶承重构件		不燃性 1.50	不燃性 1.00	可燃性 0.50	可燃性
疏散楼梯		不燃性 1.50	不燃性 1.00	不燃性 0.50	可燃性
吊顶(包括吊顶搁栅)		不燃性 0.25	难燃性 0.25	难燃性 0.15	可燃性

注：1. 除另有规定外，以木柱承重且墙体采用不燃材料的建筑，其耐火等级应按四级确定。
2. 住宅建筑构件的耐火极限和燃烧性能可按现行国家标准《住宅建筑规范》(GB 50368—2005) 的规定执行。

（2）民用建筑的耐火等级应根据其建筑高度、使用功能、重要性和火灾扑救难度等确定，并应符合下列规定：

① 地下或半地下建筑（室）和一类高层建筑的耐火等级不应低于一级；

② 单、多层重要公共建筑和二类高层建筑的耐火等级不应低于二级。

（3）建筑高度大于100m的民用建筑，其楼板的耐火极限不应低于2.00h，如图1-4所示。

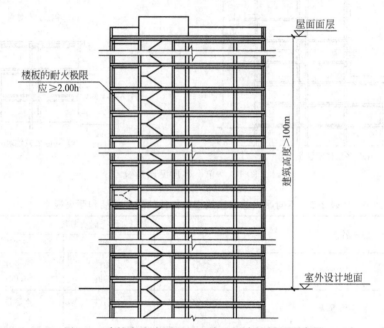

图1-4　建筑高度大于100m的民用建筑剖面示意图

一、二级耐火等级建筑的上人平屋顶，其屋面板的耐火极限分别不应低于1.50h和1.00h，如图1-5所示。

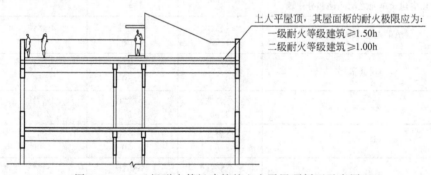

图1-5　一、二级耐火等级建筑的上人平屋顶剖面示意图

（4）一、二级耐火等级建筑的屋面板应采用不燃材料　屋面防水层宜采用不燃、难燃材料，当采用可燃防水材料且铺设在可燃、难燃保温材料上时，可燃防水材料或可燃、难燃保温材料应采用不燃材料作防护层。

（5）二级耐火等级建筑内采用难燃性墙体的房间隔墙，其耐火极限不应低于0.75h；当房间的建筑面积不大于100m²时，房间隔墙可采用耐火极限不低于0.50h的难燃性墙体或耐火极限不低于0.30h的不燃性墙体，如图1-6所示。

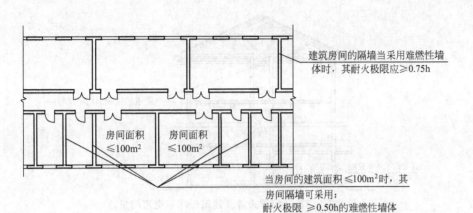

图 1-6　二级耐火等级建筑的房间隔墙

二级耐火等级多层住宅建筑内采用预应力钢筋混凝土的楼板，其耐火极限不应低于0.75h，如图 1-7 所示。

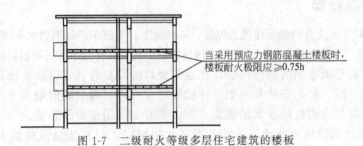

图 1-7　二级耐火等级多层住宅建筑的楼板

（6）建筑中的非承重外墙、房间隔墙和屋面板，当确需采用金属夹芯板材时，其芯材应为不燃材料，且耐火极限应符合《建筑设计防火规范》（GB 50016—2014）有关规定。

（7）二级耐火等级建筑内采用不燃材料的吊顶，其耐火极限不限　三级耐火等级的医疗建筑、中小学校的教学建筑、老年人建筑及托儿所、幼儿园的儿童用房和儿童游乐厅等儿童活动场所的吊顶，应采用不燃材料；当采用难燃材料时，其耐火极限不应低于0.25h，如图 1-8 所示。

图 1-8　三级耐火等级建筑的吊顶

二、三级耐火等级建筑内门厅、走道的吊顶应采用不燃材料，如图 1-9 所示。

（8）建筑内预制钢筋混凝土构件的节点外露部位，应采取防火保护措施，且节点的耐火极限不应低于相应构件的耐火极限。

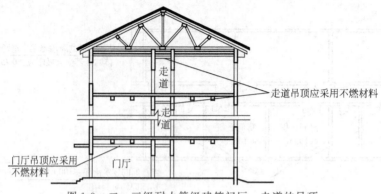

图 1-9　二、三级耐火等级建筑门厅、走道的吊顶

1.2　总平面布局与平面布置

1.2.1　总平面布局

在总平面布局中，应合理确定建筑的位置、防火间距、消防车道和消防水源等，不宜将民用建筑布置在甲、乙类厂（库）房，甲、乙、丙类液体储罐，可燃气体储罐和可燃材料堆场的附近。

为确保建筑总平面布局的消防安全，在建筑设计阶段要合理进行总平面布置时要避免在甲、乙类厂房和仓库，可燃液体和可燃气体储罐以及可燃材料堆场的附近布置民用建筑，以从根本上防止和减少火灾危险性大的建筑发生火灾时对民用建筑的影响。

① 民用建筑之间的防火间距不应小于表 1-3 的规定，与其他建筑的防火间距，除应符合本节规定外，尚应符合《建筑设计防火规范》（GB 50016—2014）其他章的有关规定。

表 1-3　民用建筑之间的防火间距　　　　　　　　单位：m

建筑类别		高层民用建筑	裙房和其他民用建筑		
		一、二级	一、二级	三级	四级
高层民用建筑	一、二级	13	9	11	14
裙房和其他民用建筑	一、二级	9	6	7	9
	三级	11	7	8	10
	四级	14	9	10	12

注：1. 相邻两座单、多层建筑，当相邻外墙为不燃性墙体且无外露的可燃烧性屋檐，每面外墙上无防火保护的门、窗、洞口不正对开设且该门、窗、洞口的面积之和不大于外墙面积的 5% 时，其防火间距可按本表的规定减少 25%。

2. 两座建筑相邻较高一面外墙为防火墙，或高出相邻较低一座一、二级耐火等级建筑的屋面 15m 及以下范围内的外墙为防火墙时，其防火间距不限。

3. 相邻两座高度相同的一、二级耐火等级建筑中相邻任一侧外墙为防火墙，屋顶的耐火极限不低于 1.00h 时，其防火间距不限。

4. 相邻两座建筑中较低一座建筑的耐火等级不低于二级，相邻较低一面外墙为防火墙且屋顶无天窗，屋顶的耐火极限不低于 1.00h 时，其防火间距不应小于 3.5m；对于高层建筑，不应小于 4m。

5. 相邻两座建筑中较低一座建筑的耐火等级不低于二级且屋顶无天窗，相邻较高一面外墙高出较低一座建筑的屋面 15m 及以下范围内的开口部位设置甲级防火门、窗，或设置符合现行国家标准《自动喷水灭火系统设计规范（2005 年版）》(GB 50084—2001) 规定的防火分隔水幕或《建筑设计防火规范》（GB 50016—2014）第 6.5.3 条规定的防火卷帘时，其防火间距不应小于 3.5m；对于高层建筑，不应小于 4m。

6. 相邻建筑通过连廊、天桥或底部的建筑物等连接时，其间距不应小于本表的规定。

7. 耐火等级低于四级的既有建筑，其耐火等级可按四级确定。

② 民用建筑与单独建造的终端变电站、单台蒸汽锅炉的蒸发量不大于 4t/h 或单台热水锅炉的额定热功率不大于 2.8MW 的燃煤锅炉房的防火间距，可根据变电站的耐火等级按①有关民用建筑的规定确定。

民用建筑与 10kV 及以下的预装式变电站的防火间距不应小于 3m。

③ 除高层民用建筑外，数座一、二级耐火等级的住宅建筑或办公建筑，当建筑物的占地面积总和不大于 2500m² 时，可成组布置，但组内建筑物之间的间距不宜小于 4m。组与组或组与相邻建筑物的防火间距不应小于表 1-3 的规定。

1.2.2 平面布置

（1）民用建筑的平面布置应结合建筑的耐火等级、火灾危险性、使用功能和安全疏散等因素合理布置。

（2）除为满足民用建筑使用功能所设置的附属库房外，民用建筑内不应设置生产车间和其他库房。

经营、存放和使用甲、乙类火灾危险性物品的商店、作坊和储藏间，严禁附设在民用建筑内，如图 1-10 所示。

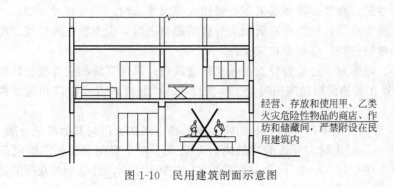

图 1-10 民用建筑剖面示意图

（3）商店建筑、展览建筑采用三级耐火等级建筑时，不应超过 2 层；采用四级耐火等级建筑时，应为单层。营业厅、展览厅设置在三级耐火等级的建筑内时，应布置在首层或二层，如图 1-11 所示；设置在四级耐火等级的建筑内时，应布置在首层，如图 1-12 所示。

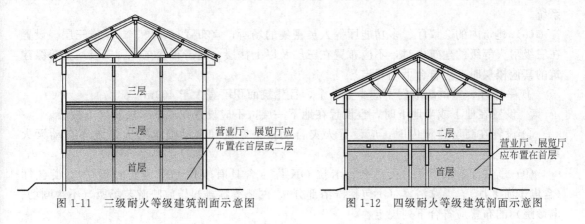

图 1-11 三级耐火等级建筑剖面示意图   图 1-12 四级耐火等级建筑剖面示意图

营业厅、展览厅不应设置在地下三层及以下楼层。地下或半地下营业厅、展览厅不应经营、储存和展示甲、乙类火灾危险性物品。

（4）托儿所、幼儿园的儿童用房，老年人活动场所和儿童游乐厅等儿童活动场所宜设置在独立的建筑内，且不应设置在地下或半地下。当采用一、二级耐火等级的建筑时，不应超过3层；采用三级耐火等级的建筑时，不应超过2层；采用四级耐火等级的建筑时，应为单层。确需设置在其他民用建筑内时，应符合下列规定。

① 设置在一、二级耐火等级的建筑内时，应布置在首层、二层或三层。

② 设置在三级耐火等级的建筑内时，应布置在首层或二层。

③ 设置在四级耐火等级的建筑内时，应布置在首层。

④ 设置在高层建筑内时，应设置独立的安全出口和疏散楼梯。

⑤ 设置在单、多层建筑内时，宜设置独立的安全出口和疏散楼梯。

（5）医院和疗养院的住院部分不应设置在地下或半地下。

医院和疗养院的住院部分采用三级耐火等级建筑时，不应超过2层；采用四级耐火等级建筑时，应为单层；设置在三级耐火等级的建筑内时，应布置在首层或二层；设置在四级耐火等级的建筑内时，应布置在首层。

医院和疗养院的病房楼内相邻护理单元之间应采用耐火极限不低于2.00h的防火隔墙分隔，隔墙上的门应采用乙级防火门，设置在走道上的防火门应采用常开防火门。

（6）教学建筑、食堂、菜市场采用三级耐火等级建筑时，不应超过2层；采用四级耐火等级建筑时，应为单层；设置在三级耐火等级的建筑内时，应布置在首层或二层；设置在四级耐火等级的建筑内时，应布置在首层。

（7）剧场、电影院、礼堂宜设置在独立的建筑内；采用三级耐火等级建筑时，不应超过2层；确需设置在其他民用建筑内时，至少应设置1个独立的安全出口和疏散楼梯，并应符合下列规定。

① 应采用耐火极限不低于2.00h的防火隔墙和甲级防火门与其他区域分隔。

② 设置在一、二级耐火等级的建筑内时，观众厅宜布置在首层、二层或三层；确需布置在四层及以上楼层时，一个厅、室的疏散门不应少于2个，且每个观众厅的建筑面积不宜大于$400m^2$。

③ 设置在三级耐火等级的建筑内时，不应布置在三层及以上楼层。

④ 设置在地下或半地下时，宜设置在地下一层，不应设置在地下三层及以下楼层。

⑤ 设置在高层建筑内时，应设置火灾自动报警系统及自动喷水灭火系统等自动灭火系统。

（8）建筑内的会议厅、多功能厅等人员密集的场所，宜布置在首层、二层或三层。设置在三级耐火等级的建筑内时，不应布置在三层及以上楼层。确需布置在一、二级耐火等级建筑的其他楼层时，应符合下列规定。

① 一个厅、室的疏散门不应少于2个，且建筑面积不宜大于$400m^2$。

② 设置在地下或半地下时，宜设置在地下一层，不应设置在地下三层及以下楼层。

③ 设置在高层建筑内时，应设置火灾自动报警系统和自动喷水灭火系统等自动灭火系统。

（9）歌舞厅、录像厅、夜总会、卡拉OK厅（含具有卡拉OK功能的餐厅）、游艺厅（含电子游艺厅）、桑拿浴室（不包括洗浴部分）、网吧等歌舞娱乐放映游艺场所（不含剧场、电影院）的布置应符合下列规定。

① 不应布置在地下二层及以下楼层。

② 宜布置在一、二级耐火等级建筑内的首层、二层或三层的靠外墙部位。

③ 不宜布置在袋形走道的两侧或尽端。

④ 确需布置在地下一层时，地下一层的地面与室外出入口地坪的高差不应大于 10m。

⑤ 确需布置在地下或四层及以上楼层时，一个厅、室的建筑面积不应大于 $200m^2$。

⑥ 厅、室之间及与建筑的其他部位之间，应采用耐火极限不低于 2.00h 的防火隔墙和 1.00h 的不燃性楼板分隔，设置在厅、室墙上的门和该场所与建筑内其他部位相通的门均应采用乙级防火门。

(10) 除商业服务网点外，住宅建筑与其他使用功能的建筑合建时，应符合下列规定：

① 住宅部分与非住宅部分之间，应采用耐火极限不低于 2.00h 且无门、窗、洞口的防火隔墙和 1.50h 的不燃性楼板完全分隔；当为高层建筑时，应采用无门、窗、洞口的防火墙和耐火极限不低于 2.00h 的不燃性楼板完全分隔。建筑外墙上、下层开口之间的防火措施应符合相关规定。

② 住宅部分与非住宅部分的安全出口和疏散楼梯应分别独立设置；为住宅部分服务的地上车库应设置独立的疏散楼梯或安全出口，地下车库的疏散楼梯应按相关规定进行分隔。

③ 住宅部分和非住宅部分的安全疏散、防火分区和室内消防设施配置，可根据各自的建筑高度分别按照有关住宅建筑和公共建筑的规定执行；该建筑的其他防火设计应根据建筑的总高度和建筑规模按有关公共建筑的规定执行。

1.3 防火分区

1.3.1 防火分区的类型

根据防火分隔设施在空间方向和部位上防止火灾扩大蔓延的功能，可将防火分区分为三类。

(1) 水平防火分区　水平防火分区是指在同一水平面内，利用防火分隔物将建筑平面分为若干防火分区或防火单元，如图 1-13 所示。水平防火分区通常是由防火墙壁、防火卷帘、防火门及防火水幕等防耐火非燃烧分隔物来达到防止火焰蔓延的目的。在实际设计中，当某些建筑的使用空间要求较大时，可以通过采用防火卷帘加水幕的方式，或者增设自动报警、自动灭火设备来满足防火安全要求。水平防火分区无论是对一般民用建筑、高层建筑、公共建筑，还是对厂房、仓库都是非常有效的防火措施。

图 1-13　水平防火分区示意图

(2) 竖向防火分区　建筑物室内火灾不仅可以在水平方向上蔓延，而且还可以通过建筑物楼板缝隙、楼梯间等各种竖向通道向上部楼层延烧，可以采用竖向防火分区方法阻止火势竖向蔓延。竖向防火分区指上、下层分别用耐火极限不低于 1.5h 或 1h 的楼板等构件进行防火分隔，如图 1-14 所示。一般来说，竖向防火将每一楼层作为一个防火分区。对住宅建筑而言，上下楼板大多为非燃烧体的钢筋混凝土板，它完全可以阻止火灾的蔓延，可以起到防火分区的作用。

图 1-14　竖向防火分区示意图

（3）特殊部位和重要房间防火分隔　用具有一定耐火性能的防火分隔设施将建筑物内某些特殊部位和重要房间等加以分隔，可以使其不构成蔓延火灾的途径，防止火势迅速蔓延扩大，或者保证其在火灾时不受威胁，为火灾扑救、人员安全疏散创造可靠条件，保护贵重设备、物品，减少损失。特殊部位和重要房间主要包括各种竖向井道，附设在建筑物内的消防控制室、固定灭火装置的设备室（如钢瓶间、泡沫间）、通风空调机房，设置贵重设备和贮存贵重物品的房间，火灾危险性大的房间，避难间等。

1.3.2　防火分区设计标准

（1）建筑面积过大，室内容纳的人员和可燃物的数量相应增大，火灾时燃烧面积大，燃烧时间长，辐射热强烈，对建筑结构的破坏严重，火势难以控制，对消防扑救和人员、物资疏散都很不利。为了减少火灾损失，对建筑物防火分区的面积，按照建筑物耐火等级的不同给予相应的限制。

（2）一、二级耐火等级民用建筑的耐火性能较高，除了未加防火保护的钢结构以外，导致建筑物倒塌的可能性较小，一般能较好地限制火势蔓延，有利于安全疏散和扑救火灾，所以，规定其防火分区面积为 2500m²。三级建筑物的屋顶是可燃的，能够导致火灾蔓延扩大，所以，其防火灾分区面积比一、二级要小，一般不超过 1200m²。四级耐火等级建筑的构件大多数是难燃或可燃的，所以，其防火分区面积不宜超过 600m²。同理，除了限制防火分区面积外，还对建筑物的层数和高度进行限制，见表 1-4。

表 1-4　建筑的耐火等级、允许层数和防火分区允许建筑面积

名称	耐火等级	允许建筑高度或层数	防火分区的最大允许建筑面积/m²	备注
高层民用建筑	一、二级	按表 1-1 确定	1500	对于体育馆、剧场的观众厅,防火分区的最大允许建筑面积可适当增加
单、多层民用建筑	一、二级	按表 1-1 确定	2500	
	三级	5 层	1200	—
	四级	2 层	600	
地下或半地下建筑(室)	一级	—	500	设备用房的防火分区最大允许建筑面积不应大于 1000m²

注：1. 表中规定的防火分区最大允许建筑面积，当建筑内设置自动灭火系统时，可按本表的规定增加 1.0 倍；局部设置时，防火分区的增加面积可按该局部面积的 1.0 倍计算。

2. 裙房与高层建筑主体之间设置防火墙时，裙房的防火分区可按单、多层建筑的要求确定。

依据表 1-4 中的规定，具体体现在建筑设计图中，如图 1-15 所示。

（3）建筑内设置自动扶梯、敞开楼梯等上、下层相连通的开口时，其防火分区的建筑

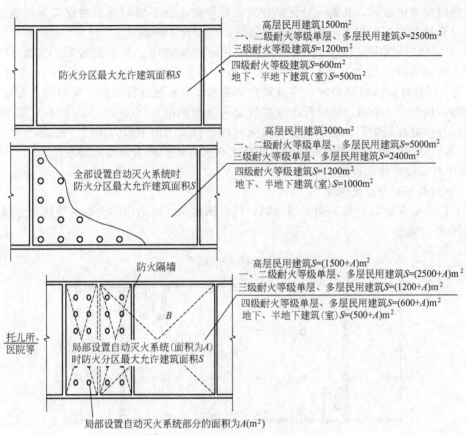

图 1-15　防火分区最大允许建筑面积

面积应按上、下层相连通的建筑面积叠加计算；当叠加计算后的建筑面积大于表 1-4 的规定时，应划分防火分区，如图 1-16 所示。

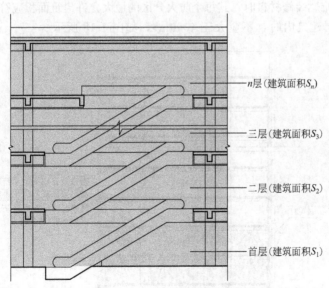

图 1-16　自动扶梯剖面示意图

注：以自动扶梯为例，其防火分区面积（S）应按上、下层相连通面积叠加计算，即 $S = S_1 + S_2 + \cdots + S_n$，
　　当叠加计算后的建筑面积大于表 1-4 的规定时，应划分防火分区。

建筑内设置中庭时，其防火分区的建筑面积应按上、下层相连通的建筑面积叠加计算；当叠加计算后的建筑面积大于表1-4的规定时，应符合下列规定。

① 与周围连通空间应进行防火分隔：采用防火隔墙时，其耐火极限不应低于1.00h；采用防火玻璃墙时，其耐火隔热性和耐火完整性不应低于1.00h，采用耐火完整性不低于1.00h的非隔热性防火玻璃墙时，应设置自动喷水灭火系统进行保护；采用防火卷帘时，其耐火极限不应低于3.00h，并应符合《建筑设计防火规范》（GB 50016—2014）第6.5.3条的规定；与中庭相通的门、窗，应采用火灾时能自行关闭的甲级防火门、窗。

② 高层建筑内的中庭回廊应设置自动喷水灭火系统和火灾自动报警系统。

③ 中庭应设置排烟设施。

④ 中庭内不应布置可燃物。

（4）防火分区之间应采用防火墙分隔，确有困难时，可采用防火卷帘等防火分隔设施分隔，如图1-17所示。

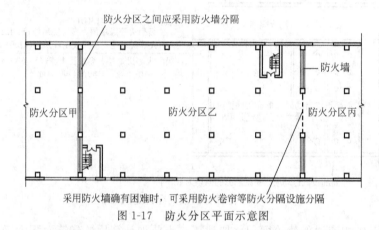

图1-17　防火分区平面示意图

（5）一、二级耐火等级建筑内的商店营业厅、展览厅，当设置自动灭火系统和火灾自动报警系统并采用不燃或难燃装修材料时，其每个防火分区的最大允许建筑面积应符合下列规定。

① 设置在高层建筑内时，不应大于4000m²，如图1-18所示。

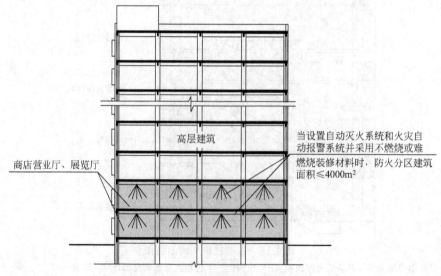

图1-18　一、二级耐火等级高层建筑剖面示意图

② 设置在单层建筑或仅设置在多层建筑的首层内时，不应大于10000m²，如图1-19所示。

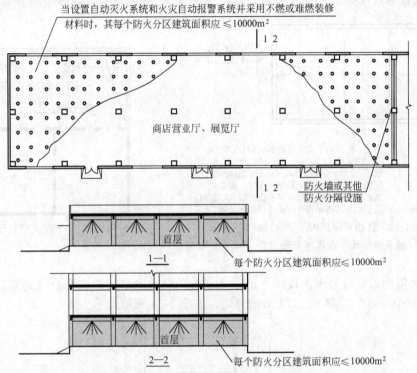

图1-19 设置在单层建筑或多层建筑首层的商店营业厅、展览厅示意图

③ 设置在地下或半地下时，不应大于2000m²，如图1-20所示。

(6) 总建筑面积大于20000m²的地下或半地下商店，应采用无门、窗、洞口的防火墙、耐火极限不低于2.00h的楼板分隔为多个建筑面积不大于20000m²的区域。相邻区域确需局部连通时，应采用下沉式广场等室外开敞空间、防火隔间、避难走道、防烟楼梯间等方式进行连通，并应符合下列规定（图1-21）。

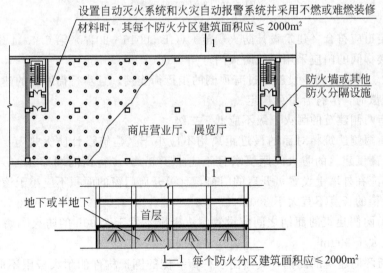

图1-20 设置在地下、半地下的商店营业厅、展览厅示意图

① 下沉式广场等室外开敞空间应能防止相邻区域的火灾蔓延和便于安全疏散，并应符合《建筑设计防火规范》（GB 50016—2014）第6.4.12条的规定，如图1-22所示。

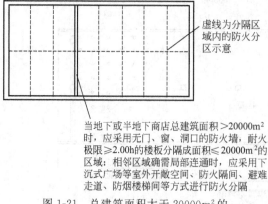

当地下或半地下商店总建筑面积＞20000m² 时，应采用无门、窗、洞口的防火墙，耐火极限≥2.00h的楼板分隔成面积≤20000m²的区域；相邻区域确需局部连通时，应采用下沉式广场等室外开敞空间、防火隔间、避难走道、防烟楼梯间等方式进行防火分隔

图1-21 总建筑面积大于20000m²的地下或半地下商店平面示意图

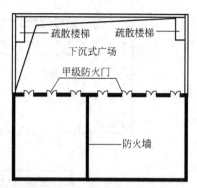

图1-22 下沉式广场示意图

② 防火隔间的墙应为耐火极限不低于3.00h的防火隔墙，并应符合《建筑设计防火规范》（GB 50016—2014）第6.4.13条的规定，如图1-23所示。

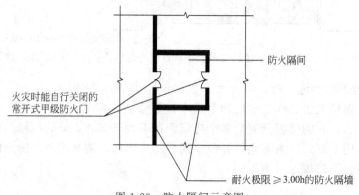

图1-23 防火隔间示意图

③ 避难走道应符合《建筑设计防火规范》（GB 50016—2014）第6.4.14条的规定。

④ 防烟楼梯间的门应采用甲级防火门。

（7）餐饮、商店等商业设施通过有顶棚的步行街连接，且步行街两侧的建筑需利用步行街进行安全疏散时，应符合下列规定。

① 步行街两侧建筑的耐火等级不应低于二级。

② 步行街两侧建筑相对面的最近距离均不应小于《建筑设计防火规范》（GB 50016—2014）对相应高度建筑的防火间距要求且不应小于9m。步行街的端部在各层均不宜封闭，确需封闭时，应在外墙上设置可开启的门窗，且可开启门窗的面积不应小于该部位外墙面积的一半。步行街的长度不宜大于300m。

③ 步行街两侧建筑的商铺之间应设置耐火极限不低于2.00h的防火隔墙，每间商铺的建筑面积不宜大于300m²。

④ 步行街两侧建筑的商铺，其面向步行街一侧的围护构件的耐火极限不应低于1.00h，并宜采用实体墙，其门、窗应采用乙级防火门、窗；当采用防火玻璃墙（包括门、窗）时，

其耐火隔热性和耐火完整性不应低于 1.00h；当采用耐火完整性不低于 1.00h 的非隔热性防火玻璃墙（包括门、窗）时，应设置闭式自动喷水灭火系统进行保护。相邻商铺之间面向步行街一侧应设置宽度不小于 1.0m、耐火极限不低于 1.00h 的实体墙。

当步行街两侧的建筑为多个楼层时，每层面向步行街一侧的商铺均应设置防止火灾竖向蔓延的措施，并应符合《建筑设计防火规范》（GB 50016—2014）第 6.2.5 条的规定；设置回廊或挑檐时，其出挑宽度不应小于 1.2m；步行街两侧的商铺在上部各层需设置回廊和连接天桥时，应保证步行街上部各层楼板的开口面积不应小于步行街地面面积的 37%，且开口宜均匀布置。

⑤ 步行街两侧建筑内的疏散楼梯应靠外墙设置并宜直通室外，确有困难时，可在首层直接通至步行街；首层商铺的疏散门可直接通至步行街，步行街内任一点到达最近室外安全地点的步行距离不应大于 60m。步行街两侧建筑二层及以上各层商铺的疏散门至该层最近疏散楼梯口或其他安全出口的直线距离不应大于 37.5m。

⑥ 步行街的顶棚材料应采用不燃或难燃材料，其承重结构的耐火极限不应低于 1.00h。步行街内不应布置可燃物。

⑦ 步行街的顶棚下檐距地面的高度不应小于 6.0m，顶棚应设置自然排烟设施并宜采用常开式的排烟口，且自然排烟口的有效面积不应小于步行街地面面积的 25%。常闭式自然排烟设施应能在火灾时手动和自动开启。

⑧ 步行街两侧建筑的商铺外应每隔 30m 设置 DN65 的消火栓，并应配备消防软管卷盘或消防水龙，商铺内应设置自动喷水灭火系统和火灾自动报警系统；每层回廊均应设置自动喷水灭火系统。步行街内宜设置自动跟踪定位射流灭火系统。

⑨ 步行街两侧建筑的商铺内外均应设置疏散照明、灯光疏散指示标志和消防应急广播系统。

1.4 安全疏散和避难

1.4.1 疏散安全分区

当建筑物内某一房间发生火灾，并达到轰燃时，沿走廊的门窗被破坏，导致浓烟、火焰涌向走廊。若走廊的吊顶上或墙壁上未设有效的阻烟、排烟设施，则烟气就会继续向前室蔓延，进而流向楼梯间。另外，发生火灾时，人员的疏散行动路线，也基本上和烟气的流动路线相同，即：房间→走廊→前室→楼梯间。因此，烟气的蔓延扩散，将对火灾层人员的安全疏散形成很大的威胁。为了保障人员疏散安全，最好能够使疏散路线上各个空间的防烟、防火性能逐步提高，而楼梯间的安全性达到最高。为了阐明疏散路线的安全可靠，需要把疏散路线上的各个空间划分为不同的区间，称为疏散安全分区，简称安全分区，并依次称之为第一安全分区、第二安全分区等。离开火灾房间后先要进入走廊，走廊的安全性就高于火灾房间，故称走廊为第一安全区；依此类推，前室为第二安全分区，楼梯间为第三安全分区。一般说来，当进入第三安全分区，即疏散楼梯间，即可认为达到了相当安全的空间。安全分区的划分如图 1-24 所示。

如前所述，进行安全分区设计，主要目的是

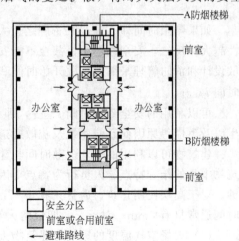

图 1-24 安全分区示意图

为了人员疏散时的安全可靠，而安全分区的设计，也可以减少火灾烟气进入楼梯间，并防止烟火向上层扩大蔓延。进一步讲，安全分区也为消防灭火活动提供了场地和进攻路线。

一类高层民用建筑及高度超过32m的二类高层民用建筑及高层厂房等要设防烟楼梯间。这样，建筑物的走廊为第一安全分区，防烟前室为第二安全分区，楼梯间为第三安全分区。由于楼梯间不能进入烟气，所以，人员疏散进入防烟楼梯间，便认为到达安全之地。

为了保障各个安全分区在疏散过程中的防烟、防火性能，一般可采用外走廊，或在走廊的吊顶上和墙壁上设置与感烟探测器联动的防排烟设施，设防烟前室和防烟楼梯间。同时，还要考虑各个安全分区的事故照明和疏散指示等，为火灾中的人员创造一条求生的安全路线。

1.4.2 安全疏散时间

1.4.2.1 可利用的安全疏散时间

建筑物发生火灾时，人员疏散时间的组成如图1-25所示。由图可见，人员疏散过程可分解为三个阶段：察觉火警、决策反应和疏散运动。实际需要的疏散时间 t_{RSET} 取决于火灾探测报警的敏感性和准确性 t_{awa}，察觉火灾后人员的决策反应 t_{pre}，以及决定开始疏散行动后人员的疏散流动能力 t_{mov} 等，即

$$t_{RSET} = t_{awa} + t_{pre} + t_{mov} \tag{1-1}$$

一旦发生火灾等紧急状态，需保证建筑物内所有人员在可利用的安全疏散时间 t_{ASET} 内，均能到达安全的避难场所，即：

$$t_{RSET} < t_{ASET} \tag{1-2}$$

图 1-25 火灾时人员疏散时间

如果剩余时间即 t_{ASET} 和 t_{RSET} 之差大于0，则人员能够安全疏散。剩余时间越长，安全性越大；反之，安全性越小，甚至不能安全疏散。因此，为了提高安全度，就要通过安全疏散设计和消防管理来缩短疏散开始时间和疏散行动所需的时间；同时延长可利用的安全疏散时间 t_{ASET}。

可以利用的安全疏散时间 t_{ASET}，即自火灾开始，至由于烟气的下降、扩散、轰燃的发生以及恐慌等原因而致使建筑及疏散通道发生危险状态为止的时间。

建筑物可以利用的安全疏散时间与建筑物消防设施装备及管理水平、安全疏散设施、建筑物本身的结构特点、人员行为特点等因素密切相关。可利用的安全疏散时间一般只有几分钟。对于高层民用建筑，通常只有5~7min；对于一、二级耐火等级的公共建筑，允许疏散时间通常只有6min；对于三、四级耐火等级的建筑，可利用安全疏散时间只有2~4min。

（1）火场空气温度的影响　建筑物火灾时，受到来自建筑物火灾现场辐射热的影响，不仅人员疏散能力急剧下降，疏散人员的身体也将会受到致命的伤害。

由于辐射热的数据难以直观地获得，常用火场空气温度来确定可利用的安全疏散时间。也可利用高于人眼特征高度（1.2～1.8m）的烟气层的平均烟气温度来反映辐射热对人员可利用安全疏散时间的影响。基本上，当人眼特征高度以上的烟气温度为180℃，便可构成对人员的伤害。当烟气层面低于人眼特征高度时，对人的危害将是直接烧伤或吸入热气体引起的，此时烟气的临界温度略低，为110～120℃。

（2）有害烟气成分的影响　根据对火灾中人员死亡原因的调查得知，烟气的毒性和烟尘颗粒堵塞呼吸通道，是造成火灾中人员窒息死亡的主要原因之一。在起火区，烟气的窒息作用还会造成人的不合理或无效的行为，如无目的地奔跑，在出口处用手抓门框而不是拧把手，返回建筑物，重返起火区等。

烟气对人员行为的抑制作用与受灾者在建筑物内对疏散通道的熟悉程度有很大关系。对于那些不熟悉建筑物的人来说，烟会造成心理上的不安。对于熟悉建筑物结构的人来讲，也要受到某些生理因素的影响，如降低步行速度和呼吸困难、流眼泪等，但心理上的影响不大。在起火建筑物内，为抵达安全场所，对于十分熟悉疏散路线的人来说，所谓疏散的减光系数可规定为是大部分研究人员开始发生心理动摇的0.5/m。由于烟气的减光作用，能见度下降，人的行走速度减慢。刺激性的烟气环境更加剧了人员行走速度的降低。当在熟悉的建筑物内，烟气的减光系数达到心理动摇的极限0.5/m时的步行速度为0.3m/s，与闭目状态的步行速度相同。

对于不熟悉建筑物的人来讲，疏散的最小可见距离可以是3～4m，对不熟悉建筑物的人来讲，如商业大厅、地下街的顾客、旅馆的旅客等，可见距离有必要确保在13m以上。

据对多次火灾的经验和学者们的实验观察，疏散时允许的烟浓度或必要的可见度列于表1-5。严格来讲，可见度并非是只由烟浓度来决定的，在有烟的环境中，可见度还受目标的亮度、颜色、环境和通道的亮度等因素的影响。所以烟浓度和可见度的对应关系不是绝对的。在实际的火灾情况中，情况可能比较复杂。比如在疏散通道中当烟的中性面降到视线以下时，直立行走会搅乱周围的烟，造成自身四周的小环境什么也看不见。所以上述值不能适用于所有场合。

表 1-5　允许烟浓度与必要的可见度

对建筑物的熟悉程度	烟浓度（减光系数）	可见度
不熟悉	0.15/m	13m
熟悉	0.5/m	4m

（3）其他因素　就安全疏散而言，火灾室内疏散通道的结构安全也是非常重要的。特别是如果建筑物大量采用了火灾时易于破损的玻璃，易于溶解和软化的塑料，或者其他易破损飞落的构件，有可能落在疏散人员的头上，而危及他们的安全。

以上的影响因素之间也是互相有联系的，以目前的技术水平进行参数的确定和计算还有一些难度。国外以烟气的下降高度距地面为1.8m作为可利用的安全疏散时间的一个判据，是有科学根据的，在一定程度上简化了火灾危险性的评价过程。也可以利用下式计算火灾烟气蔓延状态下最小的清晰高度，并以此判断可利用的安全疏散时间

$$H_q = 1.6 + 0.1H \tag{1-3}$$

式中　H_q——最小清晰高度，m；

　　　H——排烟空间的建筑高度，m。

1.4.2.2　实际安全疏散时间

疏散开始时间是由火灾发现方法、报警方法、发现火警人员的心理和生理状态、起火场

所与发现人员位置、疏散人员状况、建筑物形态及管理状况、疏散诱导手段等条件决定的。疏散行动所需时间受建筑中疏散人员的行动能力、疏散通道的形状和布局、疏散指示、疏散诱导以及应急照明系统的设置等因素的影响。而危险来临时间会受建筑的形状、内装修情况、防排烟设施性能、自动喷水灭火装置及防火分区的设置状况等的限制。

（1）确认火警所需的时间　火警确认阶段所需时间包含从起火、发出火警信息直到建筑物内居留人员确认了火警信息所需的时间。受建筑物内传递火灾信息的手段、火源和楼内人员的位置关系、建筑物内滞留人员的行为特点等因素影响，火警的确认可能是通过烟味的刺激、亲自听见或看见火灾的发生、通过自动报警系统或他人传来的信息等。

（2）疏散决策反应时间　发现火警后，建筑物内滞留的待疏散人员在疏散行动开始前的决策反应时间，对于整个人员疏散行为过程的影响非常重要。可借助疏散行动开始时间参数 t_{pre} 对其进行评价。其中人的生理及心理特点、火灾安全的教育背景和经验、当时的工作状态等因素，对疏散行动开始前的决策过程起着非常重要的制约作用。

（3）疏散行动所需时间　一旦决定开始疏散行动之后，不考虑人员个人心理特征等行为因素的影响，疏散行动所需时间的影响因素主要有人员步行速度、疏散通道的流动能力、疏散空间的几何特征等。

① 人员步行速度　一旦决定开始疏散行动之后，疏散人员将不断调整自己的行为决策，以受到的约束和障碍程度最小为原则，争取在最短的时间内到达当前的安全目标。建筑空间中人流密度是制约人员疏散行为心理和疏散流动能力的一个至关重要的因素。

在日常生活中，人的步行参数是随环境状态而变化的。统计资料表明，在市街上的步行速度通常在 1～2m/s，步速的平均值为 1.33m/s。上班或上学时，在时间压力下人们通常走得比较快，下班时则大约比上班时慢 10%。

性别和年龄、烟气浓度、疏散通道照度对步行速度也有一定的影响。各种情况下的步速可参考表 1-6。

表 1-6　步行速度

状态	速度/(m/s)
腿慢的人	1.00
腿快的人	2.00
标准小跑	2.33
中跑	3.00
快跑	6.00
赛跑	8.00
百米记录	10.00
游泳记录	1.70
没膝水中	0.70
没腰水中	0.30
暗中（已知环境）	0.70
暗中（未知环境）	0.30
烟中（淡）	0.70
烟中（浓）	0.30
用肘和膝爬	0.30
用手和膝爬	0.40
用手和脚爬	0.50
弯腰走	0.60

② 疏散通道的群集流动系数　我们用群集流动系数来描述人群通过某一疏散通道空间断面的流动情况。群集流动系数等于单位时间内单位空间宽度通过的人数，其单位是人/(m·s)。

1.4.3　安全疏散距离

安全疏散距离一般是指从房间门（住宅户门）到最近的外部出口或楼梯间的最大允许距离。限制安全疏散距离的目的，在于缩短疏散时间，使人们尽快疏散到安全地点。根据建筑物使用性质以及耐火等级情况的不同，对安全疏散的距离也会提出不同要求，以便各类建筑在发生火灾时，人员疏散有相应的保障。

1.4.3.1　公共建筑

（1）直通疏散走道的房间疏散至最近安全出口的直线距离不应大于表1-7的规定。

表 1-7　直通疏散走道的房间疏散门至最近安全出口的直线距离　　　　单位：m

名　称			位于两个安全出口之间的疏散门			位于袋形走道两侧或尽端的疏散门		
			耐火等级			耐火等级		
			一、二级	三级	四级	一、二级	三级	四级
托儿所、幼儿园、老年人建筑			25	20	15	20	15	10
歌舞娱乐放映游艺场所			25	20	15	9	—	—
医疗建筑	单、多层		35	30	25	20	15	10
	高层	病房部分	24	—	—	12	—	—
		其他部分	30	—	—	15	—	—
教学建筑	单、多层		35	30	25	22	20	10
	高层		30	—	—	15	—	—
高层旅馆、展览建筑			30	—	—	15	—	—
其他建筑	单、多层		40	35	25	22	20	15
	高层		40	—	—	20	—	—

注：1. 建筑物内开向敞开式外廊的房间疏散门至最近安全出口的直线距离可按本表的规定增加5m。

2. 直通疏散走道的房间疏散门至最近敞开楼梯间的直线距离为：当房间位于两个楼梯间之间时，应按本表的规定减少5m；当房间位于袋形走道两侧或尽端时，应按本表的规定减少2m。

3. 建筑物内全部设置自动喷水灭火系统时，其安全疏散距离可按本表的规定增加25%。

（2）楼梯间应在首层直通室外，确有困难时，可在首层采用扩大的封闭楼梯间或防烟楼梯间前室。当层数不超过4层且未采用扩大的封闭楼梯间或防烟楼梯间前室时，可将直通室外的门设置在离楼梯间不大于15m处。

（3）房间内任一点至房间直通疏散走道的疏散门的直线距离，不应大于表1-7规定的袋形走道两侧或尽端的疏散门至最近安全出口的直线距离。

（4）一、二级耐火等级建筑内疏散门或安全出口不少于2个的观众厅、展览厅、多功能厅、餐厅、营业厅等，其室内任一点至最近疏散门或安全出口的直线距离不应大于30m；当疏散门不能直通室外地面或疏散楼梯间时，应采用长度不大于10m的疏散走道通至最近的安全出口。当该场所设置自动喷水灭火系统时，室内任一点至最近安全出口的安全疏散距离可分别增加25%。

（5）除《建筑设计防火规范》（GB 50016—2014）另有规定外，公共建筑内疏散门和安全出口的净宽度不应小于0.90m，疏散走道和疏散楼梯的净宽度不应小于1.10m。

高层公共建筑内楼梯间的首层疏散门、首层疏散外门、疏散走道和疏散楼梯的最小净宽度应符合表 1-8 的规定。

表 1-8 高层公共建筑内楼梯间的首层疏散门、首层疏散外门、疏散走道和疏散楼梯的最小净宽度 单位：m

建筑类别	楼梯间的首层疏散门、首层疏散外门	走道		疏散楼梯
		单面布房	双面布房	
高层医疗建筑	1.30	1.40	1.50	1.30
其他高层公共建筑	1.20	1.30	1.40	1.20

（6）人员密集的公共场所、观众厅的疏散门不应设置门槛，其净宽度不应小于 1.40m，且紧靠门口内外各 1.40m 范围内不应设置踏步。

人员密集的公共场所的室外疏散通道的净宽度不应小于 3.00m，并应直接通向宽敞地带。

（7）剧场、电影院、礼堂、体育馆等场所的疏散走道、疏散楼梯、疏散门、安全出口的各自总净宽度，应符合下列规定。

① 观众厅内疏散走道的净宽度应按每 100 人不小于 0.60m 计算，且不应小于 1.00m；边走道的净宽度不宜小于 0.80m。

布置疏散走道时，横走道之间的座位排数不宜超过 20 排。纵走道之间的座位数：剧场、电影院、礼堂等，每排不宜超过 22 个；体育馆，每排不宜超过 26 个；前后排座椅的排距不小于 0.90m 时，可增加 1.0 倍，但不得超过 50 个；仅一侧有纵走道时，座位数应减少一半。

② 剧场、电影院、礼堂等场所供观众疏散的所有内门、外门、楼梯和走道的各自总净宽度，应根据疏散人数按每 100 人的最小疏散净宽度不小于表 1-9 的规定计算确定。

表 1-9 剧场、电影院、礼堂等场所每 100 人所需最小疏散净宽度 单位：m/百人

观众厅座位数/座			≤2500	≤1200
耐火等级			一、二级	三级
疏散部位	门和走道	平坡地面	0.65	0.85
		阶梯地面	0.75	1.00
	楼梯		0.75	1.00

③ 体育馆供观众疏散的所有内门、外门、楼梯和走道的各自总净宽度，应根据疏散人数按每 100 人的最小疏散净宽度不小于表 1-10 的规定计算确定。

表 1-10 体育馆每 100 人所需最小疏散净宽度 单位：m/百人

观众厅座位数范围/座		3000~5000	5001~10000	10001~20000
疏散部位	门和走道 平坡地面	0.43	0.37	0.32
	门和走道 阶梯地面	0.50	0.43	0.37
	楼梯	0.50	0.43	0.37

注：本表中对应较大座位数范围按规定计算的疏散总净宽度，不应小于对应相邻较小座位数范围按其最多座位数计算的疏散总净宽度。对于观众厅座位数少于 3000 个的体育馆，计算供观众疏散的所有内门、外门、楼梯和走道的各自总净宽度时，每 100 人的最小疏散净宽度不应小于表 1-9 的规定。

④ 有等场需要的入场门不应作为观众厅的疏散门。

（8）除剧场、电影院、礼堂、体育馆外的其他公共建筑，其房间疏散门、安全出口、疏散走道和疏散楼梯的各自总净宽度，应符合下列规定。

① 每层的房间疏散门、安全出口、疏散走道和疏散楼梯的各自总净宽度，应根据疏散人数按每100人的最小疏散净宽度不小于表1-11的规定计算确定。当每层疏散人数不等时，疏散楼梯的总净宽度可分层计算，地上建筑内下层楼梯的总净宽度应按该层及以上疏散人数最多一层的人数计算；地下建筑内上层楼梯的总净宽度应按该层及以下疏散人数最多一层的人数计算。

表 1-11　每层的房间疏散门、安全出口、疏散走道和
疏散楼梯的每100人最小疏散净宽度　　　　　单位：m/百人

建筑层数		建筑的耐火等级		
		一、二级	三级	四级
地上楼层	1～2 层	0.65	0.75	1.00
	3 层	0.75	1.00	—
	≥4 层	1.00	1.25	—
地下楼层	与地面出入口地面的高差 $\Delta H \leqslant 10m$	0.75	—	—
	与地面出入口地面的高差 $\Delta H > 10m$	1.00	—	—

② 地下或半地下人员密集的厅、室和歌舞娱乐放映游艺场所，其房间疏散门、安全出口、疏散走道和疏散楼梯的各自总净宽度，应根据疏散人数按每100人不小于1.00m计算确定。

③ 首层外门的总净宽度应按该建筑疏散人数最多一层的人数计算确定，不供其他楼层人员疏散的外门，可按本层的疏散人数计算确定。

④ 歌舞娱乐放映游艺场所中录像厅的疏散人数，应根据厅、室的建筑面积按不小于1.0人/m²计算；其他歌舞娱乐放映游艺场所的疏散人数，应根据厅、室的建筑面积按不小于0.5人/m²计算。

⑤ 有固定座位的场所，其疏散人数可按实际座位数的1.1倍计算。

⑥ 展览厅的疏散人数应根据展览厅的建筑面积和人员密度计算，展览厅内的人员密度不宜小于0.75人/m²。

⑦ 商店的疏散人数应按每层营业厅的建筑面积乘以表1-12规定的人员密度计算。对于建材商店、家具和灯饰展示建筑，其人员密度可按表1-12规定值的30%确定。

表 1-12　商店营业厅内的人员密度　　　　　单位：人/m²

楼层位置	地下第二层	地下第一层	地上第一、二层	地上第三层	地上第四层及以上各层
人员密度	0.56	0.60	0.43～0.60	0.39～0.54	0.30～0.42

1.4.3.2　住宅建筑

（1）住宅建筑的安全疏散距离应符合下列规定。

① 直通疏散走道的户门至最近安全出口的直线距离不应大于表1-13的规定。

表 1-13　住宅建筑直通疏散走道的户门至最近安全出口的直线距离　　单位：m

住宅建筑类别	位于两个安全出口之间的户门			位于袋形走道两侧或尽端的户门		
	一、二级	三级	四级	一、二级	三级	四级
单、多层	40	35	25	22	20	15

住宅建筑类别	位于两个安全出口之间的户门			位于袋形走道两侧或尽端的户门		
	一、二级	三级	四级	一、二级	三级	四级
高层	40	—	—	20	—	—

注：1. 开向敞开式外廊的户门至最近安全出口的最大直线距离可按本表的规定增加5m。

2. 直通疏散走道的户门至最近敞开楼梯间的直线距离，当户门位于两个楼梯间之间时，应按本表的规定减少5m；当户门位于袋形走道两侧或尽端时，应按本表的规定减少2m。

3. 住宅建筑内全部设置自动喷水灭火系统时，其安全疏散距离可按本表的规定增加25%。

4. 跃廊式住宅的户门至最近安全出口的距离，应从户门算起，小楼梯的一段距离可按其水平投影长度的1.50倍计算。

② 楼梯间应在首层直通室外，或在首层采用扩大的封闭楼梯间或防烟楼梯间前室。层数不超过4层时，可将直通室外的门设置在离楼梯间不大于15m处。

③ 户内任一点至直通疏散走道的户门的直线距离不应大于表1-13规定的袋形走道两侧或尽端的疏散门至最近安全出口的最大直线距离。跃层式住宅，户内楼梯的距离可按其梯段水平投影长度的1.50倍计算。

（2）住宅建筑的户门、安全出口、疏散走道和疏散楼梯的各自总净宽度应经计算确定，且户门和安全出口的净宽度不应小于0.90m，疏散走道、疏散楼梯和首层疏散外门的净宽度不应小于1.10m。建筑高度不大于18m的住宅中一边设置栏杆的疏散楼梯，其净宽度不应小于1.0m。

1.4.4 避难

避难层是超高层建筑中专供发生火灾时人员临时避难使用的楼层。如果作为避难使用的只有几个房间，则这几个房间称为避难间。

（1）建筑高度大于100m的公共建筑，应设置避难层（间）。避难层（间）应符合下列规定。

① 第一个避难层（间）的楼地面至灭火救援场地地面的高度不应大于50m，两个避难层（间）之间的高度不宜大于50m。

② 通向避难层（间）的疏散楼梯应在避难层分隔、同层错位或上下层断开。

③ 避难层（间）的净面积应能满足设计避难人数避难的要求，并宜按5.0人/m²计算。

④ 避难层可兼作设备层。设备管道宜集中布置，其中的易燃、可燃液体或气体管道应集中布置，设备管道区应采用耐火极限不低于3.00h的防火隔墙与避难区分隔。管道井和设备间应采用耐火极限不低于2.00h的防火隔墙与避难区分隔，管道井和设备间的门不应直接开向避难区；确需直接开向避难区时，与避难层区出入口的距离不应小于5m，且应采用甲级防火门。

避难间内不应设置易燃、可燃液体或气体管道，不应开设除外窗、疏散门之外的其他开口。

⑤ 避难层应设置消防电梯出口。

⑥ 应设置消火栓和消防软管卷盘。

⑦ 应设置消防专线电话和应急广播。

⑧ 在避难层（间）进入楼梯间的入口处和疏散楼梯通向避难层（间）的出口处，应设置明显的指示标志。

⑨ 应设置直接对外的可开启窗口或独立的机械防烟设施，外窗应采用乙级防火窗。

（2）高层病房楼应在二层及以上的病房楼层和洁净手术部设置避难间。避难间应符合下列规定（图 1-26）。

① 避难间服务的护理单元不应超过 2 个，其净面积应按每个护理单元不小于 25.0m² 确定。

② 避难间兼作其他用途时，应保证人员的避难安全，且不得减少可供避难的净面积。

③ 应靠近楼梯间，并应采用耐火极限不低于 2.00h 的防火隔墙和甲级防火门与其他部位分隔。

④ 应设置消防专线电话和消防应急广播。

⑤ 避难间的入口处应设置明显的指示标志。

⑥ 应设置直接对外的可开启窗口或独立的机械防烟设施，外窗应采用乙级防火窗。

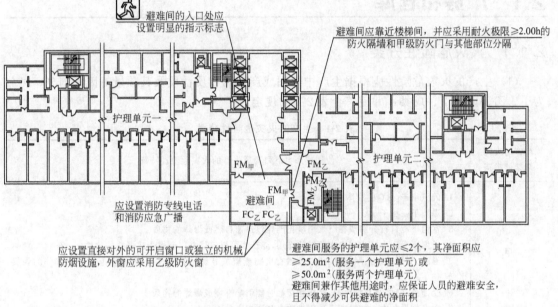

图 1-26 高层病房楼设置避难间的平面示意图

② 厂房、仓库和材料堆场防火设计

2.1 厂房和仓库

2.1.1 火灾危险性分类

（1）生产的火灾危险性应根据生产中使用或产生的物质性质及其数量等因素划分，可分为甲、乙、丙、丁、戊类，并应符合表 2-1 的规定。

表 2-1　生产的火灾危险性分类

生产的火灾危险性类别	使用或产生下列物质生产的火灾危险性特征
甲	1. 闪点小于 28℃ 的液体 2. 爆炸下限小于 10% 的气体 3. 常温下能自行分解或在空气中氧化能导致迅速自燃或爆炸的物质 4. 常温下受到水或空气中水蒸气的作用，能产生可燃气体并引起燃烧或爆炸的物质 5. 遇酸、受热、撞击、摩擦、催化以及遇有机物或硫黄等易燃的无机物，极易引起燃烧或爆炸的强氧化剂 6. 受撞击、摩擦或与氧化剂、有机物接触时能引起燃烧或爆炸的物质 7. 在密闭设备内操作温度不小于物质本身自燃点的生产
乙	1. 闪点不小于 28℃，但小于 60℃ 的液体 2. 爆炸下限不小于 10% 的气体 3. 不属于甲类的氧化剂 4. 不属于甲类的易燃固体 5. 助燃气体 6. 能与空气形成爆炸性混合物的浮游状态的粉尘、纤维、闪点不小于 60℃ 的液体雾滴
丙	1. 闪点不小于 60℃ 的液体 2. 可燃固体
丁	1. 对不燃烧物质进行加工，并在高温或熔化状态下经常产生强辐射热、火花或火焰的生产 2. 利用气体、液体、固体作为燃料或将气体、液体进行燃烧作其他用的各种生产 3. 常温下使用或加工难燃烧物质的生产
戊	常温下使用或加工不燃烧物质的生产

　　生产的火灾危险性分类受众多因素的影响，设计还需要根据生产工艺、生产过程中使用的原材料以及产品及其副产品的火灾危险性以及生产时的实际环境条件等情况确定。为便于

使用，表 2-2 列举了部分常见生产的火灾危险性分类。

表 2-2　生产的火灾危险性分类举例

生产的火灾危险性类别	举例
甲类	1. 闪点小于 28℃的油品和有机溶剂的提炼、回收或洗涤部位及其泵房，橡胶制品的涂胶和胶浆部位，二硫化碳的粗馏、精馏工段及其应用部位，青霉素提炼部位，原料药厂的非那西汀车间的烃化、回收及电感精馏部位，皂素车间的抽提、结晶及过滤部位，冰片精制部位，农药厂乐果厂房，敌敌畏的合成厂房，磺化法糖精厂房，氯乙醇厂房，环氧乙烷、环氧丙烷工段，苯酚厂房的磺化、蒸馏部位，焦化厂吡啶工段，胶片厂片基间，汽油加铅室，甲醇、乙醇、丙酮、丁酮异丙醇、醋酸乙酯、苯等的合成或精制厂房，集成电路工厂的化学清洗间(使用闪点小于 28℃的液体)，植物油加工厂的浸出车间；白酒液态法酿酒车间，酒精蒸馏塔，酒精度为 38 度及以上的勾兑车间、灌装车间、酒泵房；白兰地蒸馏车间、勾兑车间、灌装车间、酒泵房 2. 乙炔站，氢气站，石油气体分馏(或分离)厂房，氯乙烯厂房，乙烯聚合厂房，天然气、石油伴生气、矿井气、水煤气或焦炉煤气的净化(如脱硫)厂房压缩机室及鼓风机室，液化石油气灌瓶间，丁二烯及其聚合厂房，醋酸乙烯厂房，电解水或电解食盐厂房，环己酮厂房，乙基苯和苯乙烯厂房，化肥厂的氢氮气压缩厂房，半导体材料厂使用氢气的拉晶间，硅烷热分解室 3. 硝化棉厂房及其应用部位，赛璐珞厂房，黄磷制备厂房及其应用部位，三乙基铝厂房，染化厂某些能自行分解的重氮化合物生产，甲胺厂房，丙烯腈厂房 4. 金属钠、钾加工厂房及其应用部位，聚乙烯厂房的一氧二乙基铝部位，三氯化磷厂房，多晶硅车间三氯氢硅部位，五氧化二磷厂房 5. 氯酸钠、氯酸钾厂房及其应用部位，过氧化氢厂房，过氧化钠、过氧化钾厂房，次氯酸钙厂房 6. 红磷制备厂房及其应用部位，五硫化二磷厂房及其应用部位 7. 洗涤剂厂房石蜡裂解部位，冰醋酸裂解厂房
乙类	1. 闪点大于或等于 28℃至小于 60℃的油品和有机溶剂的提炼、回收、洗涤部位及其泵房，松节油或松香蒸馏厂房及其应用部位，醋酸酐精馏厂房，己内酰胺厂房，甲酚厂房，氯丙醇厂房，樟脑油提取部位，环氧氯丙烷厂房，松针油精制部位，煤油灌桶间 2. 一氧化碳压缩机室及净化部位，发生炉煤气或鼓风炉煤气净化部位，氨压缩机房 3. 发烟硫酸或发烟硝酸浓缩部位，高锰酸钾厂房，重铬酸钠(红矾钠)厂房 4. 樟脑或松香提炼厂房，硫黄回收厂房，焦化厂精萘厂房 5. 氧气站，空分厂房 6. 铝粉或镁粉厂房，金属制品抛光部位，煤粉厂房、面粉厂的碾磨部位、活性炭制造及再生厂房，谷物筒仓的工作塔，亚麻厂的除尘器和过滤器室
丙类	1. 闪点大于或等于 60℃的油品和有机液体的提炼、回收工段及其抽送泵房，香料厂的松油醇部位和乙酸松油脂部位，苯甲酸厂房，苯乙酮厂房，焦化厂焦油厂房，甘油、桐油的制备厂房，油浸变压器室，机器油或变压油罐(桶)间，润滑油再生部位，配电室(每台装油量大于 60kg 的设备)，沥青加工厂房，植物油加工厂的精炼部位 2. 煤、焦炭、油母页岩的筛分、转运工段和栈桥或储仓，木工厂房，竹、藤加工厂房，橡胶制品的压延、成型和硫化厂房，针织品厂房，纺织、印染、化纤生产的干燥部位，服装加工厂房，棉花加工和打包厂，造纸厂备料、干燥车间，印染厂成品厂房，麻纺厂粗加工车间，谷物加工房，卷烟厂的切丝、卷制、包装车间，印刷厂的印刷车间，毛涤厂选毛车间，电视机、收音机装配厂房，显像管厂装配工段烧枪间，磁带装配厂房，集成电路工厂的氧化扩散间、光刻间，泡沫塑料厂的发泡、成型、印片压花部位，饲料加工厂房，畜(禽)屠宰、分割及加工车间，鱼加工车间
丁类	1. 金属冶炼、锻造、铆焊、热轧、铸造、热处理厂房 2. 锅炉房，玻璃原料熔化厂房，灯丝烧拉部位，保温瓶胆部位，陶瓷制品的烘干、烧成厂房，蒸汽机车库，石灰焙烧厂房，电石炉部位，耐火材料烧成部位，转炉厂房，硫酸车间焙烧部位，电极煅烧工段，配电室(每台装油量小于等于 60kg 的设备) 3. 难燃铝塑料材料的加工厂房，酚醛泡沫塑料的加工厂房，印染厂的漂炼部位，化纤厂后加工润湿部位

生产的火灾 危险性类别	举例
戊类	制砖车间,石棉加工车间,卷扬机室,不燃液体的泵房和阀门室,不燃液体的净化处理工段,除镁合金外的金属冷加工车间,电动车库,钙镁磷肥车间(焙烧炉除外),造纸厂或化学纤维厂的浆粕蒸煮工段,仪表、器械或车辆装配车间,氟利昂厂房,水泥厂的轮窑厂房,加气混凝土厂的材料准备、构件制作厂房

（2）同一座厂房或厂房的任一防火分区内有不同火灾危险性生产时，厂房或防火分区内的生产火灾危险性类别应按火灾危险性较大的部分确定；当生产过程中使用或产生易燃、可燃物的量较少，不足以构成爆炸或火灾危险时，可按实际情况确定，当符合下述条件之一时，可按火灾危险性较小的部分确定。

① 火灾危险性较大的生产部分占本层或本防火分区建筑面积的比例小于5%或丁、戊类厂房内的油漆工段小于10%，且发生火灾事故时不足以蔓延到其他部位或火灾危险性较大的生产部分采取了有效的防火措施；

② 丁、戊类厂房内的油漆工段，当采用封闭喷漆工艺，封闭喷漆空间内保持负压、油漆工段设置可燃气体探测报警系统或自动抑爆系统，且油漆工段占所在防火分区建筑面积的比例不大于20%。

（3）储存物品的火灾危险性应根据储存物品的性质和储存物品中的可燃物数量等因素划分，可分为甲、乙、丙、丁、戊类，并应符合表2-3的规定。

表 2-3 储存物品的火灾危险性分类

储存物品的火灾 危险性类别	储存物品的火灾危险性特征
甲	1. 闪点小于28℃的液体 2. 爆炸下限小于10%的气体,受到水或空气中水蒸气的作用能产生爆炸下限小于10%气体的固体物质 3. 常温下能自行分解或在空气中氧化能导致迅速自燃或爆炸的物质 4. 常温下受到水或空气中水蒸气的作用,能产生可燃气体并引起燃烧或爆炸的物质 5. 遇酸、受热、撞击、摩擦以及遇有机物或硫黄等易燃的无机物,极易引起燃烧或爆炸的强氧化剂 6. 受撞击、摩擦或与氧化剂、有机物接触时能引起燃烧或爆炸的物质
乙	1. 闪点不小于28℃,但小于60℃的液体 2. 爆炸下限不小于10%的气体 3. 不属于甲类的氧化剂 4. 不属于甲类的易燃固体 5. 助燃气体 6. 常温下与空气接触能缓慢氧化,积热不散引起自燃的物品
丙	1. 闪点不小于60℃的液体 2. 可燃固体
丁	难燃烧物品
戊	不燃烧物品

表 2-4 列举了一些常见储存物品的火灾危险性分类，供设计参考。

表 2-4 储存物品的火灾危险性分类举例

火灾危险性类别	举例
甲类	1. 己烷,戊烷,环戊烷,石脑油,二硫化碳,苯,甲苯,甲醇,乙醇,乙醚,甲酸甲酯,醋酸甲酯,硝酸乙酯,汽油,丙酮,丙烯,酒精度为 38 度及以上的白酒 2. 乙炔,氢,甲烷,环氧乙烷,水煤气,液化石油气,乙烯,丙烯,丁二烯,硫化氢,氯乙烯,电石,碳化铝 3. 硝化棉,硝化纤维胶片,喷漆棉,火胶棉,赛璐珞棉,黄磷 4. 金属钾、钠、锂、钙、锶,氢化锂,氢化钠,四氢化锂铝 5. 氯酸钾,氯酸钠,过氧化钾,过氧化钠,硝酸铵 6. 红磷,五硫化二磷,三硫化二磷
乙类	1. 煤油,松节油,丁烯醇,异戊醇,丁醚,醋酸丁酯,硝酸戊酯,乙酰丙酮,环己胺,溶剂油,冰醋酸,樟脑油,甲酸 2. 氨气,一氧化碳 3. 硝酸铜,铬酸,亚硝酸钾,重铬酸钠,铬酸钾,硝酸,硝酸汞,硝酸钴,发烟硫酸,漂白粉 4. 硫黄,镁粉,铝粉,赛璐珞板(片),樟脑,萘,生松香,硝化纤维漆布,硝化纤维色片 5. 氧气,氟气,液氯 6. 漆布及其制品,油布及其制品,油纸及其制品,油绸及其制品
丙类	1. 动物油、植物油、沥青,蜡,润滑油,机油,重油,闪点大于等于 60℃ 的柴油,糖醛,白兰地成品库 2. 化学、人造纤维及其织物,纸张,棉、毛、丝、麻及其织物,谷物,面粉,粒径大于等于 2mm 的工业成型硫黄,天然橡胶及其制品,竹、木及其制品,中药材,电视机、收录机等电子产品,计算机房已录数据的磁盘储存间,冷库中的鱼、肉间
丁类	自熄性塑料及其制品,酚醛泡沫塑料及其制品,水泥刨花板
戊类	钢材、铝材、玻璃及其制品,搪瓷制品,陶瓷制品,不燃气体,玻璃棉、岩棉、陶瓷棉、硅酸铝纤维、矿棉,石膏及其无纸制品,水泥、石、膨胀珍珠岩

（4）同一座仓库或仓库的任一防火分区内储存不同火灾危险性物品时,仓库或防火分区的火灾危险性应按火灾危险性最大的物品确定。

（5）丁、戊类储存物品仓库的火灾危险性,当可燃包装重量大于物品本身重量 1/4 或可燃包装体积大于物品本身体积的 1/2 时,应按丙类确定,如图 2-1 所示。

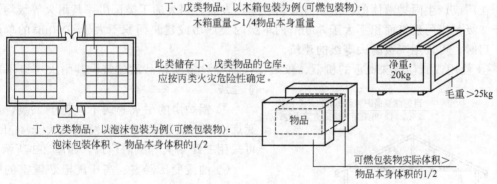

图 2-1 丁、戊类仓库平面示意图

2.1.2 厂房和仓库的耐火等级

① 厂房和仓库的耐火等级可分为一、二、三、四级,相应建筑构件的燃烧性能和耐火极限,除《建筑设计防火规范》（GB 50016—2014）另有规定外,不应低于表 2-5 的规定。

表2-5　不同耐火等级厂房和仓库建筑构件的燃烧性能和耐火极限　　　单位：h

构件名称		耐火等级			
		一级	二级	三级	四级
墙	防火墙	不燃性 3.00	不燃性 3.00	不燃性 3.00	不燃性 3.00
	承重墙	不燃性 3.00	不燃性 2.50	不燃性 2.00	难燃性 0.50
	楼梯间和前室的墙 电梯井的墙	不燃性 2.00	不燃性 2.00	不燃性 1.50	难燃性 0.50
	疏散走道两侧的隔墙	不燃性 1.00	不燃性 1.00	不燃性 0.50	难燃性 0.25
	非承重外墙 房间隔墙	不燃性 0.75	不燃性 0.50	难燃性 0.50	难燃性 0.25
柱		不燃性 3.00	不燃性 2.50	不燃性 2.00	难燃性 0.50
梁		不燃性 2.00	不燃性 1.50	不燃性 1.00	难燃性 0.50
楼板		不燃性 1.50	不燃性 1.00	不燃性 0.75	难燃性 0.50
屋顶承重构件		不燃性 1.50	不燃性 1.00	难燃性 0.50	可燃性
疏散楼梯		不燃性 1.50	不燃性 1.00	不燃性 0.75	可燃性
吊顶(包括吊顶搁栅)		不燃性 0.25	难燃性 0.25	难燃性 0.15	可燃性

注：二级耐火等级建筑内采用不燃材料的吊顶，其耐火极限不限。

　　② 高层厂房，甲、乙类厂房的耐火等级不应低于二级，建筑面积不大于300m²的独立甲、乙类单层厂房可采用三级耐火等级的建筑。

　　③ 单、多层丙类厂房和多层丁、戊类厂房的耐火等级不应低于三级。

　　使用或产生丙类液体的厂房和有火花、赤热表面、明火的丁类厂房，其耐火等级均不应低于二级，当为建筑面积不大于500m²的单层丙类厂房或建筑面积不大于1000m²的单层丁类厂房时，可采用三级耐火等级的建筑。

　　④ 使用或储存特殊贵重的机器、仪表、仪器等设备或物品的建筑，其耐火等级不应低于二级。

　　⑤ 锅炉房的耐火等级不应低于二级，当为燃煤锅炉房且锅炉的总蒸发量不大于4t/h时，可采用三级耐火等级的建筑，如图2-2所示。

　　⑥ 油浸变压器室、高压配电装置室的耐火等级不应低于二级，其他防火设计应符合现行国家标准《火力发电厂与变电站设计防火规范》GB 50229—2006等标准的规定。

　　⑦ 高架仓库、高层仓库、甲类仓库、多层乙类仓库和储存可燃液体的多层丙类仓库，其耐火等级不应低于二级。

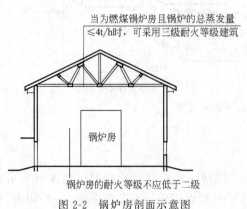

图2-2　锅炉房剖面示意图

单层乙类仓库，单层丙类仓库，储存可燃固体的多层丙类仓库和多层丁、戊类仓库，其耐火等级不应低于三级。

⑧ 粮食筒仓的耐火等级不应低于二级；二级耐火等级的粮食筒仓可采用钢板仓。

粮食平房仓的耐火等级不应低于三级；二级耐火等级的散装粮食平房仓可采用无防火保护的金属承重构件。

⑨ 甲、乙类厂房和甲、乙、丙类仓库内的防火墙，其耐火极限不应低于4.00h。

⑩ 一、二级耐火等级单层厂房（仓库）的柱，其耐火极限分别不应低于2.50h和2.00h。

⑪ 采用自动喷水灭火系统全保护的一级耐火等级单、多层厂房（仓库）的屋顶承重构件，其耐火极限不应低于1.00h。

⑫ 除甲、乙类仓库和高层仓库外，一、二级耐火等级建筑的非承重外墙，当采用不燃性墙体时，其耐火极限不应低于0.25h；当采用难燃性墙体时，不应低于0.50h。

4层及4层以下的一、二级耐火等级丁、戊类地上厂房（仓库）的非承重外墙，当采用不燃性墙体时，其耐火极限不限。

⑬ 二级耐火等级厂房（仓库）内的房间隔墙，当采用难燃性墙体时，其耐火极限应提高0.25h。

⑭ 二级耐火等级多层厂房和多层仓库内采用预应力钢筋混凝土的楼板，其耐火极限不应低于0.75h。

⑮ 一、二级耐火等级厂房（仓库）的上人平屋顶，其屋面板的耐火极限分别不应低于1.50h和1.00h，如图2-3所示。

⑯ 一、二级耐火等级厂房（仓库）的屋面板应采用不燃材料。

屋面防水层宜采用不燃、难燃材料，当采用可燃防水材料且铺设在可燃、难燃保温材料上时，防水材料或可燃、难燃保温材料应采用不燃材料作防护层，如图2-4所示。

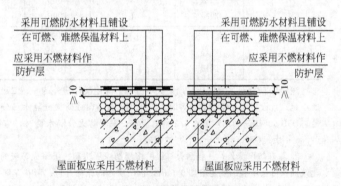

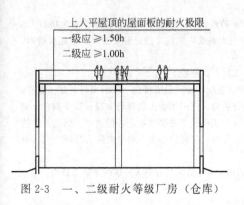

图2-3 一、二级耐火等级厂房（仓库）

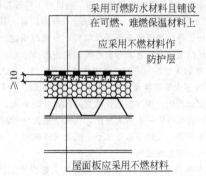

图2-4 一、二级耐火等级厂房（仓库）屋面板材料

⑰ 建筑中的非承重外墙、房间隔墙和屋面板，当确需采用金属夹芯板材时，其芯材应为不燃材料，且耐火极限应符合《建筑设计防火规范》（GB 50016—2014）有关规定。

⑱ 除《建筑设计防火规范》（GB 50016—2014）另有规定外，以木柱承重且墙体采用不燃材料的厂房（仓库），其耐火等级可按四级确定。

⑲ 预制钢筋混凝土构件的节点外露部位，应采取防火保护措施，且节点的耐火极限不应低于相应构件的耐火极限。

2.1.3 厂房和仓库的层数、面积和平面布置

（1）除《建筑设计防火规范》（GB 50016—2014）另有规定外，厂房的层数和每个防火分区的最大允许建筑面积应符合表 2-6 的规定。

表 2-6 厂房的层数和每个防火分区的最大允许建筑面积

生产的火灾危险性类别	厂房的耐火等级	最多允许层数	每个防火分区的最大允许建筑面积/m²			
			单层厂房	多层厂房	高层厂房	地下或半地下厂房（包括地下或半地下室）
甲	一级	宜采用单层	4000	3000	—	—
	二级		3000	2000	—	—
乙	一级	不限	5000	4000	2000	—
	二级	6	4000	3000	1500	—
丙	一级	不限	不限	6000	3000	500
	二级	不限	8000	4000	2000	500
	三级	2	3000	2000	—	—
丁	一、二级	不限	不限	不限	4000	1000
	三级	3	4000	2000	—	—
	四级	1	1000	—	—	—
戊	一、二级	不限	不限	不限	6000	1000
	三级	3	3000	—	—	—
	四级	1	1500	—	—	—

注：1. 防火分区之间应采用防火墙分隔。除甲类厂房外的一、二级耐火等级厂房，当其防火分区的建筑面积大于本表规定，且设置防火墙确有困难时，可采用防火卷帘或防火分隔水幕分隔。采用防火卷帘时，应符合《建筑设计防火规范》（GB 50016—2014）第 6.5.3 条的规定；采用防火分隔水幕时，应符合现行国家标准《自动喷水灭火系统设计规范（2005 年版）》（GB 50084—2001）的规定。

2. 除麻纺厂房外，一级耐火等级的多层纺织厂房和二级耐火等级的单、多层纺织厂房，其每个防火分区的最大允许建筑面积可按本表的规定增加 0.5 倍，但厂房内的原棉开包、清花车间与厂房内其他部位之间均应采用耐火极限不低于 2.50h 的防火隔墙分隔，需要开设门、窗、洞口时。应设置甲级防火门、窗。

3. 一、二级耐火等级的单、多层造纸生产联合厂房，其每个防火分区的最大允许建筑面积可按本表的规定增加 1.5 倍。一、二级耐火等级的湿式造纸联合厂房，当纸机烘缸罩内设置自动灭火系统，完成工段设置有效灭火设施保护时，其每个防火分区的最大允许建筑面积可按工艺要求确定。

4. 一、二级耐火等级的谷物筒仓工作塔，当每层工作人数不超过 2 人时，其层数不限。

5. 一、二级耐火等级卷烟生产联合厂房内的原料、备料及成组配方、制丝、储丝和卷接包、辅料周转、成品暂存、二氧化碳膨胀烟丝等生产用房应划分独立的防火分隔单元，当工艺条件许可时，应采用防火墙进行分隔。其中制丝、储丝和卷接包车间可划分为一个防火分区，且每个防火分区的最大允许建筑面积可按工艺要求确定，但制丝、储丝及卷接包车间之间应采用耐火极限不低于 2.00h 的防火隔墙和 1.00h 的楼板进行分隔。厂房内各水平和竖向防火分区之间的开口应采取防止火灾蔓延的措施。

6. 厂房内的操作平台、检修平台，当使用人数少于 10 人时，平台的面积可不计入所在防火分区的建筑面积内。

7. "—"表示不允许。

（2）除《建筑设计防火规范》（GB 50016—2014）另有规定外，仓库的层数和面积应符合表 2-7 的规定。

表 2-7　仓库的层数和面积

储存物品的火灾危险性类别		仓库的耐火等级	最多允许层数	每座仓库的最大允许占地面积和每个防火分区的最大允许建筑面积/m²						地下或半地下仓库（包括地下或半地下室）
				单层仓库		多层仓库		高层仓库		
				每座仓库	防火分区	每座仓库	防火分区	每座仓库	防火分区	防火分区
甲	3、4 项	一级	1	180	60	—				
	1、2、5、6 项	一、二级	1	750	250	—				
乙	1、3、4 项	一、二级	3	2000	500	900	300			
		三级	1	500	250	—				
	2、5、6 项	一、二级	5	2800	700	1500	500			
		三级	1	900	300	—				
丙	1 项	一、二级	5	4000	1000	2800	700			150
		三级	1	1200	400	—				
	2 项	一、二级	不限	6000	1500	4800	1200	4000	1000	300
		三级	3	2100	700	1200	400			
丁		一、二级	不限	不限	3000	不限	1500	4800	1200	500
		三级	3	3000	1000	1500	500			
		四级	1	2100	700	—				
戊		一、二级	不限	不限	不限	不限	2000	6000	1500	1000
		三级	3	3000	1000	2100	700			
		四级	1	2100	700	—				

注：1. 仓库内的防火分区之间必须采用防火墙分隔，甲、乙类仓库内防火分区之间的防火墙不应开设门、窗、洞口；地下或半地下仓库（包括地下或半地下室）的最大允许占地面积，不应大于相应类别地上仓库的最大允许占地面积。

2. 石油库区内的桶装油品仓库应符合现行国家标准《石油库设计规范》（GB 50074—2014）的规定。

3. 一、二级耐火等级的煤均化库，每个防火分区的最大允许建筑面积不应大于 12000m²。

4. 独立建造的硝酸铵仓库、电石仓库、聚乙烯等高分子制品仓库、尿素仓库、配煤仓库、造纸厂的独立成品仓库，当建筑的耐火等级不低于二级时，每座仓库的最大允许占地面积和每个防火分区的最大允许建筑面积可按本表的规定增加 1.0 倍。

5. 一、二级耐火等级粮食平房仓的最大允许占地面积不应大于 12000m²，每个防火分区的最大允许建筑面积不应大于 3000m²；三级耐火等级粮食平房仓的最大允许占地面积不应大于 3000m²，每个防火分区的最大允许建筑面积不应大于 1000m²。

6. 一、二级耐火等级且占地面积不大于 2000m² 的单层棉花库房，其防火分区的最大允许建筑面积不应大于 2000m²。

7. 一、二级耐火等级冷库的最大允许占地面积和防火分区的最大允许建筑面积，应符合现行国家标准《冷库设计规范》（GB 50072—2010）的规定。

8. "—" 表示不允许。

（3）厂房内设置自动灭火系统时，每个防火分区的最大允许建筑面积可按表 2-6 的规定增加 1.0 倍。当丁、戊类的地上厂房内设置自动灭火系统时，每个防火分区的最大允许建筑面积不限。厂房内局部设置自动灭火系统时，其防火分区的增加面积可按该局部面积的 1.0 倍计算。

仓库内设置自动灭火系统时，除冷库的防火分区外，每座仓库的最大允许占地面积和每个防火分区的最大允许建筑面积可按表 2-7 的规定增加 1.0 倍。

（4）甲、乙类生产场所（仓库）不应设置在地下或半地下，如图 2-5 所示。

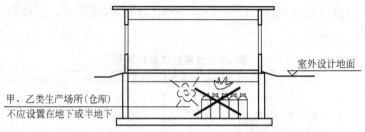

图 2-5　甲、乙类生产场所（仓库）剖面示意图

（5）员工宿舍严禁设置在厂房内，如图 2-6 所示。

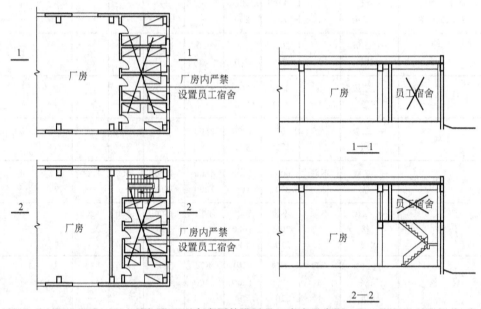

图 2-6　厂房内严禁设置员工宿舍示意图

办公室、休息室等不应设置在甲、乙类厂房内，确需贴邻本厂房时，其耐火等级不应低于二级，并应采用耐火极限不低于 3.00h 的防爆墙与厂房分隔，且应设置独立的安全出口，如图 2-7 所示。

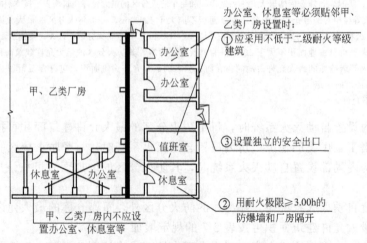

图 2-7　办公室、休息室贴邻甲、乙类厂房设置平面图

办公室、休息室设置在丙类厂房内时，应采用耐火极限不低于 2.50h 的防火隔墙和 1.00h 的楼板与其他部位分隔，并应至少设置 1 个独立的安全出口。如隔墙上需开设相互连通的门时，应采用乙级防火门，如图 2-8 所示。

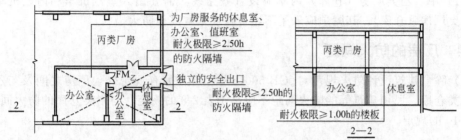

图 2-8　丙类厂房内设置办公室、休息室示意图

（6）厂房内设置中间仓库时，应符合下列规定。

① 甲、乙类中间仓库应靠外墙布置，其储量不宜超过 1 昼夜的需要量。

② 甲、乙、丙类中间仓库应采用防火墙和耐火极限不低于 1.50h 的不燃性楼板与其他部位分隔。

③ 丁、戊类中间仓库应采用耐火极限不低于 2.00h 的防火隔墙和 1.00h 的楼板与其他部位分隔。

④ 仓库的耐火等级和面积应符合（2）和（3）的规定。

（7）厂房内的丙类液体中间储罐应设置在单独房间内，其容量不应大于 5m³。设置中间储罐的房间，应采用耐火极限不低于 3.00h 的防火隔墙和 1.50h 的楼板与其他部位分隔，房间门应采用甲级防火门。

（8）变、配电站不应设置在甲、乙类厂房内或贴邻，且不应设置在爆炸性气体、粉尘环境的危险区域内。供甲、乙类厂房专用的 10kV 及以下的变、配电站，当采用无门、窗、洞口的防火墙分隔时，可一面贴邻，并应符合现行国家标准《爆炸危险环境电力装置设计规范》（GB 50058—2014）等标准的规定。

乙类厂房的配电站确需在防火墙上开窗时，应采用甲级防火窗。

（9）员工宿舍严禁设置在仓库内　办公室、休息室等严禁设置在甲、乙类仓库内，也不应贴邻。

办公室、休息室设置在丙、丁类仓库内时，应采用耐火极限不低于 2.50h 的防火隔墙和 1.00h 的楼板与其他部位分隔，并应设置独立的安全出口。隔墙上需开设相互连通的门时，应采用乙级防火门。

（10）物流建筑的防火设计应符合下列规定。

① 当建筑功能以分拣、加工等作业为主时，应按《建筑设计防火规范》（GB 50016—2014）有关厂房的规定确定，其中仓储部分应按中间仓库确定。

② 当建筑功能以仓储为主或建筑难以区分主要功能时，应按《建筑设计防火规范》（GB 50016—2014）有关仓库的规定确定，但当分拣等作业区采用防火墙与储存区完全分隔时，作业区和储存区的防火要求可分别按《建筑设计防火规范》（GB 50016—2014）有关厂房和仓库的规定确定。其中，当分拣等作业区采用防火墙与储存区完全分隔且符合下列条件时，除自动化控制的丙类高架仓库外，储存区的防火分区最大允许建筑面积和储存区部分建筑的最大允许占地面积，可按表 2-7（不含注）的规定增加 3.0 倍。

a. 储存除可燃液体、棉、麻、丝、毛及其他纺织品、泡沫塑料等物品外的丙类物品且建筑的耐火等级不低于一级。

b. 储存丁、戊类物品且建筑的耐火等级不低于二级。

c. 建筑内全部设置自动水灭火系统和火灾自动报警系统。

（11）甲、乙类厂房（仓库）内不应设置铁路线　需要出入蒸汽机车和内燃机车的丙、丁、戊类厂房（仓库），其屋顶应采用不燃材料或采取其他防火措施。

2.1.4　厂房的防火间距

（1）除《建筑设计防火规范》（GB 50016—2014）另有规定外，厂房之间及与乙、丙、丁、戊类仓库、民用建筑等的防火间距不应小于表 2-8 的规定，与甲类仓库的防火间距应符合表 2-10 的规定。

表 2-8　厂房之间及与乙、丙、丁、戊类仓库、民用建筑等的防火间距　　　单位：m

名称			甲类厂房 单、多层 一、二级	乙类厂房（仓库） 单、多层 二级	乙类厂房（仓库） 单、多层 三级	乙类厂房（仓库） 高层 一、二级	丙、丁、戊类厂房（仓库） 单、多层 一、二级	丙、丁、戊类厂房（仓库） 单、多层 三级	丙、丁、戊类厂房（仓库） 单、多层 四级	丙、丁、戊类厂房（仓库） 高层 一、二级	民用建筑 裙房,单、多层 一、二级	民用建筑 裙房,单、多层 三级	民用建筑 裙房,单、多层 四级	民用建筑 高层 一类	民用建筑 高层 二类
甲类厂房	单、多层	一、二级	12	12	14	13	12	14	16	13	25			50	
乙类厂房	单、多层	一、二级	12	10	12	13	10	12	14	13	25			50	
乙类厂房	单、多层	三级	14	12	14	15	12	14	16	15					
乙类厂房	高层	一、二级	13	13	15	13	13	15	17	13					
丙类厂房	单、多层	一、二级	12	10	12	13	10	12	14	13	10	12	14	20	15
丙类厂房	单、多层	三级	14	12	14	15	12	14	16	15	12	14	16	25	20
丙类厂房	单、多层	四级	16	14	16	17	14	16	18	17	14	16	18		
丙类厂房	高层	一、二级	13	13	15	13	13	15	17	13	13	15	17	20	15
丁、戊类厂房	单、多层	一、二级	12	10	12	13	10	12	14	13	10	12	14	15	13
丁、戊类厂房	单、多层	三级	14	12	14	15	12	14	16	15	12	14	16	18	15
丁、戊类厂房	单、多层	四级	16	14	16	17	14	16	18	17	14	16	18		
丁、戊类厂房	高层	一、二级	13	13	15	13	13	15	17	13	13	15	17	15	13
室外变、配电站	变压器总油量/t	≥5,≤10	25	25	25	25	12	15	20	15	15	20	25	20	
室外变、配电站	变压器总油量/t	>10,≤50					15	20	25	15	20	25	30	25	
室外变、配电站	变压器总油量/t	>50					20	25	30	20	25	30	35	30	

注：1. 乙类厂房与重要公共建筑的防火间距不宜小于 50m，与明火或散发火花地点，不宜小于 30m。单、多层戊类厂房之间及与戊类仓库的防火间距可按本表的规定减少 2m，与民用建筑的防火间距可将戊类厂房等同民用建筑按表 1-3 的规定执行。为丙、丁、戊类厂房服务而单独设置的生活用房应按民用建筑确定，与所属厂房的防火间距不应小于 6m。确需相邻布置时，应符合本表注 2、3 的规定。

2. 两座厂房相邻较高一面外墙为防火墙，或相邻两座高度相同的一、二级耐火等级建筑中相邻任一侧外墙为防火墙且屋顶的耐火极限不低于 1.00h 时，其防火间距不限，但甲类厂房之间不应小于 4m。两座丙、丁、戊类厂房相邻两面外墙均为不燃性墙体，当无外露的可燃性屋檐，每面外墙上的门、窗、洞口面积之和各不大于外墙面积的 5%，且门、窗、洞口不正对开设时，其防火间距可按本表的规定减少 25%。甲、乙类厂房（仓库）不应与《建筑设计防火规范》（GB 50016—2014）第 3.3.5 条规定外的其他建筑贴邻。

3. 两座一、二级耐火等级的厂房，当相邻较低一面外墙为防火墙且较低一座厂房的屋顶无天窗，屋顶的耐火极限不低于 1.00h，或相邻较高一面外墙的门、窗等开口部位设置甲级防火门、窗或防火分隔水幕或按《建筑设计防火规范》（GB 50016—2014）第 6.5.3 条的规定设置防火卷帘时，甲、乙类厂房之间的防火间距不应小于 6m；丙、丁、戊类厂房之间的防火间距不应小于 4m。

4. 发电厂内的主变压器，其油量可按单台确定。

5. 耐火等级低于四级的既有厂房，其耐火等级可按四级确定。

6. 当丙、丁、戊类厂房与丙、丁、戊类仓库相邻时，应符合本表注 2、3 的规定。

（2）甲类厂房与重要公共建筑的防火间距不应小于 50m，与明火或散发火花地点的防火间距不应小于 30m。

（3）散发可燃气体、可燃蒸气的甲类厂房与铁路、道路等的防火间距不应小于表 2-9 的规定，但甲类厂房所属厂内铁路装卸线当有安全措施时，防火间距不受表 2-9 规定的限制，如图 2-9 所示。

表 2-9　散发可燃气体、可燃蒸气的甲类厂房与铁路、道路等的防火间距　　单位：m

名称	厂外铁路线中心线	厂内铁路线中心线	厂外道路路边	厂内道路路边	
				主要	次要
甲类厂房	30	20	15	10	5

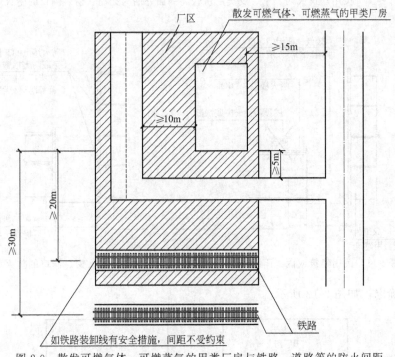

图 2-9　散发可燃气体、可燃蒸气的甲类厂房与铁路、道路等的防火间距

（4）高层厂房与甲、乙、丙类液体储罐，可燃、助燃气体储罐，液化石油气储罐，可燃材料堆场（除煤和焦炭场外）的防火间距，应符合《建筑设计防火规范》（GB 50016—2014）第 4 章的规定，且不应小于 13m。

（5）丙、丁、戊类厂房与民用建筑的耐火等级均为一、二级时，丙、丁、戊类厂房与民用建筑的防火间距可适当减小，但应符合下列规定。

① 当较高一面外墙为无门、窗、洞口的防火墙，或比相邻较低一座建筑屋面高 15m 及以下范围内的外墙为无门、窗、洞口的防火墙时，其防火间距可不限，如图 2-10 所示。

② 相邻较低一面外墙为防火墙，且屋顶无天窗或洞口、屋顶的耐火极限不低于 1.00h，或相邻较高一面外墙为防火墙，且墙上开口部位采取了防火措施，其防火间距可适当减小，但不应小于 4m，如图 2-11 所示。

（6）厂房外附设化学易燃物品的设备，其外壁与相邻厂房室外附设设备的外壁或相邻厂房外墙的防火间距，不应小于表 2-8 的规定。用不燃材料制作的室外设备，可按一、二级耐

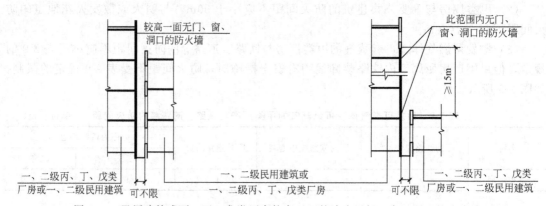

图 2-10　民用建筑或丙、丁、戊类厂房较高一面外墙为无门、窗、洞口的防火墙

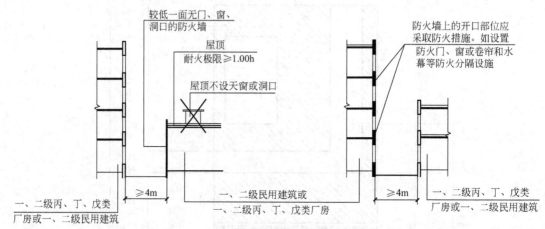

图 2-11　民用建筑或丙、丁、戊类厂房较低一面外墙为无门、窗、洞口的防火墙

火等级建筑确定，如图 2-12 所示。

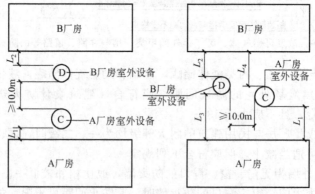

图 2-12　厂房外有室外化学易燃易爆物品设备时的防火间距
L_1、L_2—室外设备 C、D 外壁分别与 A、B 厂房的间距；
L_3、L_4—室外设备 C、D 外壁与相邻其他厂房之间的距离

　　总容量不大于 15m³ 的丙类液体储罐，当直埋于厂房外墙外，且面向储罐一面 4.0m 范围内的外墙为防火墙时，其防火间距可不限，如图 2-13 所示。

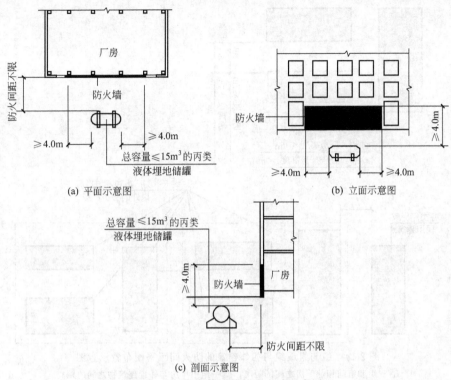

图 2-13 厂房外墙外的防火墙示意图

（7）同一座"U"形或"山"形厂房中相邻两翼之间的防火间距，不宜小于表 2-8 的规定，但当厂房的占地面积小于表 2-6 规定的每个防火分区最大允许建筑面积时，其防火间距可为 6m。

（8）除高层厂房和甲类厂房外，其他类别的数座厂房占地面积之和小于表 2-6 规定的防火分区最大允许建筑面积（按其中较小者确定，但防火分区的最大允许建筑面积不限者，不应大于 10000m² ）时，可成组布置。当厂房建筑高度不大于 7m 时，组内厂房之间的防火间距不应小于 4m；当厂房建筑高度大于 7m 时，组内厂房之间的防火间距不应小于 6m。

组与组或组与相邻建筑的防火间距，应根据相邻两座中耐火等级较低的建筑，按表 2-8 的规定确定，如图 2-14 所示。

（9）一级汽车加油站、一级汽车加气站和一级汽车加油加气合建站不应布置在城市建成区内。

（10）汽车加油、加气站和加油加气合建站的分级，汽车加油、加气站和加油加气合建站及其加油（气）机、储油（气）罐等与站外明火或散发火花地点、建筑、铁路、道路的防火间距以及站内各建筑或设施之间的防火间距，应符合现行国家标准《汽车加油加气站设计与施工规范》（GB 50156—2012）的规定。

（11）电力系统电压为 35～500kV 且每台变压器容量不小于 10MV·A 的室外变、配电站以及工业企业的变压器总油量大于 5t 的室外降压变电站，与其他建筑的防火间距不应小于《建筑设计防火规范》（GB 50016—2014）第 3.4.1 条和第 3.5.1 条的规定。

（12）厂区围墙与厂区内建筑的间距不宜小于 5m，围墙两侧建筑的间距应满足相应建筑的防火间距要求。

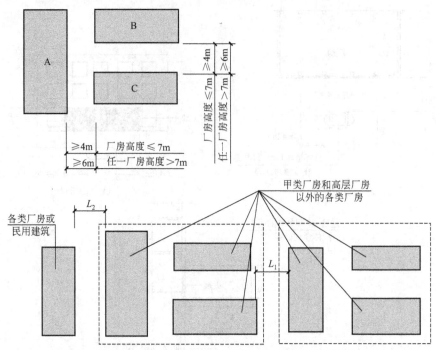

图 2-14　组与组或组与相邻建筑的防火间距平面布置示意图

L_1—组和组间相邻厂房之间的距离；L_2—组中厂房与邻近建筑物之间的距离

2.1.5　仓库的防火间距

（1）甲类仓库之间及与其他建筑、明火或散发火花地点、铁路、道路等的防火间距不应小于表 2-10 的规定。

表 2-10　甲类仓库之间及与其他建筑、明火或散发火花地点、铁路、道路等的防火间距

单位：m

名称		甲类仓库（储量/t）			
		甲类储存物品第 3、4 项		甲类储存物品第 1、2、5、6 项	
		≤5	>5	≤10	>10
高层民用建筑、重要公共建筑		50			
裙房、其他民用建筑、明火或散发火花地点		30	40	25	30
甲类仓库		20	20	20	20
厂房和乙、丙、丁、戊类仓库	一、二级	15	20	12	15
	三级	20	25	15	20
	四级	25	30	20	25
电力系统电压为 35～500kV 且每台变压器容量不小于 10MV·A 的室外变、配电站，工业企业的变压器总油量大于 5t 的室外降压变电站		30	40	25	30
厂外铁路线中心线		40			
厂内铁路线中心线		30			

续表

名称	甲类仓库(储量/t)			
	甲类储存物品第3、4项		甲类储存物品第1、2、5、6项	
	≤5	>5	≤10	>10
厂外道路路边	20			
厂内道路路边 主要	10			
厂内道路路边 次要	5			

注：甲类仓库之间的防火间距，当第3、4项物品储量不大于2t，第1、2、5、6项物品储量不大于5t时，不应小于12m。甲类仓库与高层仓库的防火间距不应小于13m。

（2）除《建筑设计防火规范》（GB 50016—2014）另有规定外，乙、丙、丁、戊类仓库之间及与民用建筑的防火间距，不应小于表2-11的规定。

表2-11　乙、丙、丁、戊类仓库之间及与民用建筑的防火间距　　单位：m

名称			乙类仓库			丙类仓库				丁、戊类仓库			
			单、多层		高层	单、多层			高层	单、多层			高层
			一、二级	三级	一、二级	一、二级	三级	四级	一、二级	一、二级	三级	四级	一、二级
乙、丙、丁、戊类仓库	单、多层	一、二级	10	12	13	10	12	14	13	10	12	14	13
		三级	12	14	15	12	14	16	15	12	14	16	15
		四级	14	16	17	14	16	18	17	14	16	18	17
	高层	一、二级	13	15	13	13	15	17	13	13	15	17	13
民用建筑	裙房,单、多层	一、二级	25			10	12	14	13	10	12	14	13
		三级				12	14	16	15	12	14	16	15
		四级				14	16	18	17	14	16	18	17
	高层	一类	50			20	25	25	20	15	18	18	15
		二类				15	20	20	15	13	15	15	13

注：1. 单、多层戊类仓库之间的防火间距，可按本表的规定减少2m。

2. 两座仓库的相邻外墙均为防火墙时，防火间距可以减小，但丙类仓库，不应小于6m；丁、戊类仓库，不应小于4m。两座仓库相邻较高一面外墙为防火墙，或相邻两座高度相同的一、二级耐火等级建筑中相邻任一侧外墙为防火墙且屋顶的耐火极限不低于1.00h，且总占地面积不大于表2-7中一座仓库的最大允许占地面积规定时，其防火间距不限。

3. 除乙类第6项（表2-3）物品外的乙类仓库，与民用建筑的防火间距不宜小于25m，与重要公共建筑的防火间距不应小于50m，与铁路、道路等的防火间距不宜小于表2-10中甲类仓库与铁路、道路等的防火间距。

（3）丁、戊类仓库与民用建筑的耐火等级均为一、二级时，仓库与民用建筑的防火间距可适当减小，但应符合下列规定。

① 当较高一面外墙为无门、窗、洞口的防火墙，或比相邻较低一座建筑屋面高15m及以下范围内的外墙为无门、窗、洞口的防火墙时，其防火间距不限，如图2-15所示。

② 相邻较低一面外墙为防火墙，且屋顶无天窗或洞口、屋顶耐火极限不低于1.00h，或相邻较高一面外墙为防火墙，且墙上开口部位采取了防火措施，其防火间距可适当减小，但不应小于4m，如图2-16所示。

（4）粮食筒仓与其他建筑、粮食筒仓组之间的防火间距，不应小于表2-12的规定。

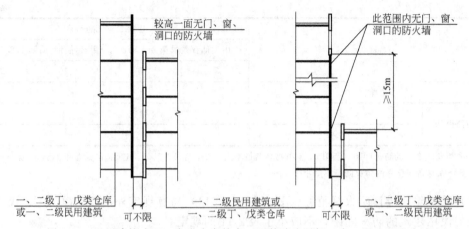

图 2-15　民用建筑或丁、戊类仓库较高一面外墙为无门、窗、洞口的防火墙

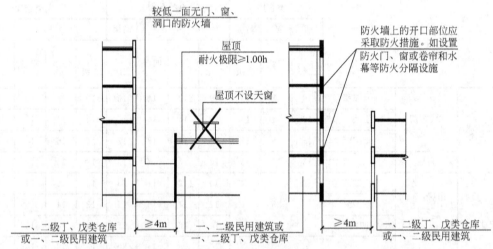

图 2-16　民用建筑或丁、戊类仓库较低一面外墙为无门、窗、洞口的防火墙

表 2-12　粮食筒仓与其他建筑、粮食筒仓组之间的防火间距　　　　单位：m

名称	粮食总储量 W/t	粮食立筒仓			粮食浅圆仓		其他建筑		
		W≤40000	40000<W≤50000	W>50000	W≤50000	W>50000	一、二级	三级	四级
粮食立筒仓	500<W≤10000	15	20	25	20	25	10	15	20
	10000<W≤40000						15	20	25
	40000<W≤50000	20					20	25	30
	W>50000	25					25	30	—
粮食浅圆仓	W≤50000	20	20	25	20	25	20	25	—
	W>50000	25					25	30	—

注：1. 当粮食立筒仓、粮食浅圆仓与工作塔、接收塔、发放站为一个完整工艺单元的组群时，组内各建筑之间的防火间距不受本表限制。

2. 粮食浅圆仓组内每个独立仓的储量不应大于 10000t。

（5）库区围墙与库区内建筑的间距不宜小于 5m，围墙两侧建筑的间距应满足相应建筑

的防火间距要求。

2.1.6　厂房和仓库的防爆

（1）有爆炸危险的甲、乙类厂房宜独立设置，并宜采用敞开或半敞开式。其承重结构宜采用钢筋混凝土或钢框架、排架结构，如图 2-17 所示。

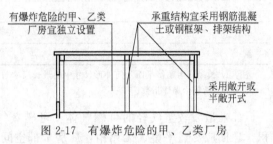

图 2-17　有爆炸危险的甲、乙类厂房

（2）有爆炸危险的厂房或厂房内有爆炸危险的部位应设置泄压设施。

（3）泄压设施宜采用轻质屋面板、轻质墙体和易于泄压的门、窗等，应采用安全玻璃等在爆炸时不产生尖锐碎片的材料。

泄压设施的设置应避开人员密集场所和主要交通道路，并宜靠近有爆炸危险的部位，如图 2-18 所示。

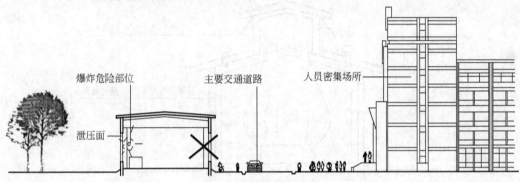

图 2-18　泄压设施的设置

作为泄压设施的轻质屋面板和墙体的质量不宜大于 $60 \mathrm{kg/m^2}$。

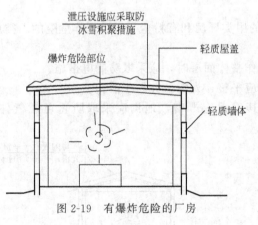

图 2-19　有爆炸危险的厂房

屋顶上的泄压设施应采取防冰雪积聚措施，如图 2-19 所示。

（4）厂房的泄压面积宜按下式计算，但当厂房的长径比（表 2-13 注 1）大于 3 时，宜将建筑划分为长径比不大于 3 的多个计算段，各计算段中的公共截面不得作为泄压面积。

$$A = 10CV^{\frac{2}{3}} \qquad (2\text{-}1)$$

式中　A——泄压面积，$\mathrm{m^2}$；

V——厂房的容积，$\mathrm{m^3}$；

C——泄压比，可按表 2-13 选取，$\mathrm{m^2/m^3}$。

表 2-13　厂房内爆炸性危险物质的类别与泄压比规定值　　　单位：$\mathrm{m^2/m^3}$

厂房内爆炸性危险物质的类别	C 值
氨、粮食、纸、皮革、铅、铬、铜等 $K_尘 < 10 \mathrm{MPa \cdot m \cdot s^{-1}}$ 的粉尘	≥0.030
木屑、炭屑、煤粉、锑、锡等 $10 \mathrm{MPa \cdot m \cdot s^{-1}} \leqslant K_尘 \leqslant 30 \mathrm{MPa \cdot m \cdot s^{-1}}$ 的粉尘	≥0.055

续表

厂房内爆炸性危险物质的类别	C 值
丙酮、汽油、甲醇、液化石油气、甲烷、喷漆间或干燥室,苯酚树脂、铝、镁、锆等 $K_{尘}>30MPa \cdot m \cdot s^{-1}$ 的粉尘	≥0.110
乙烯	≥0.160
乙炔	≥0.200
氢	≥0.250

注:1. 长径比为建筑平面几何外形尺寸中的最长尺寸与其横截面周长的积和 4.0 倍的建筑横截面积之比。
2. $K_{尘}$ 是指粉尘爆炸指数。

（5）散发较空气轻的可燃气体、可燃蒸气的甲类厂房，宜采用轻质屋面板作为泄压面积。顶棚应尽量平整、无死角，厂房上部空间应通风良好，如图 2-20 所示。

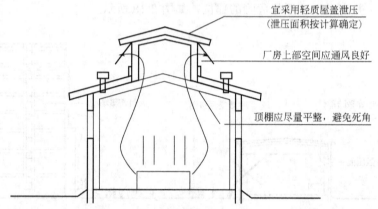

图 2-20 散发较空气轻的可燃气体、可燃蒸气的甲类厂房
注:爆炸危险区域内的通风,其空气流量能使该空间内含有爆炸危险物质的混合气体
或粉尘的浓度始终保持在爆炸下限值的 25% 以下时,可定为通风良好。

（6）散发较空气重的可燃气体、可燃蒸气的甲类厂房和有粉尘、纤维爆炸危险的乙类厂房，应符合下列规定（图 2-21）。

① 应采用不发火花的地面。采用绝缘材料作整体面层时，应采取防静电措施。

② 散发可燃粉尘、纤维的厂房，其内表面应平整、光滑，并易于清扫。

③ 厂房内不宜设置地沟，确需设置时，其盖板应严密，地沟应采取防止可燃气体、

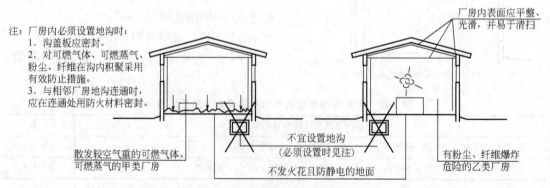

图 2-21 散发较空气重的可燃气体、可燃蒸气的甲类厂房和有粉尘、纤维爆炸危险的乙类厂房

可燃蒸气和粉尘、纤维在地沟积聚的有效措施，且应在与相邻厂房连通处采用防火材料密封。

（7）有爆炸危险的甲、乙类生产部位，宜布置在单层厂房靠外墙的泄压设施或多层厂房顶层靠外墙的泄压设施附近，如图 2-22 所示。

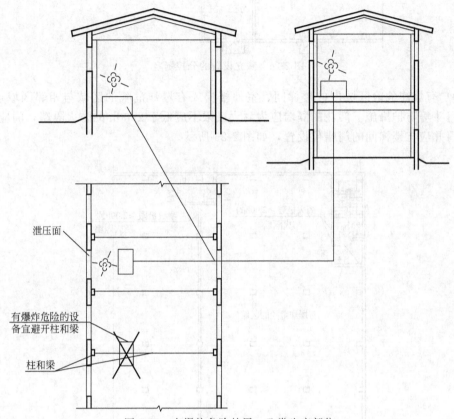

图 2-22　有爆炸危险的甲、乙类生产部位

有爆炸危险的设备宜避开厂房的梁、柱等主要承重构件布置。

（8）有爆炸危险的甲、乙类厂房的总控制室应独立设置，如图 2-23 所示。

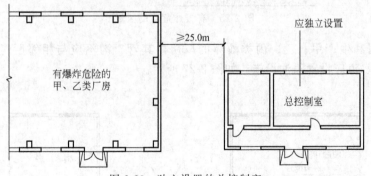

图 2-23　独立设置的总控制室

（9）有爆炸危险的甲、乙类厂房的分控制室宜独立设置，当贴邻外墙设置时，应采用耐火极限不低于 3.00h 的防火隔墙与其他部位分隔，如图 2-24 所示。

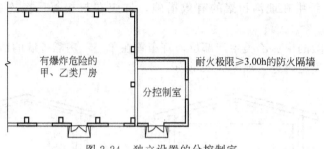

图 2-24 独立设置的分控制室

（10）有爆炸危险区域内的楼梯间、室外楼梯或有爆炸危险的区域与相邻区域连通处，应设置门斗等防护措施。门斗的隔墙应为耐火极限不应低于 2.00h 的防火隔墙，门应采用甲级防火门并应与楼梯间的门错位设置，如图 2-25 所示。

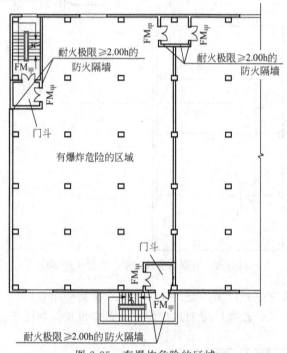

图 2-25 有爆炸危险的区域

（11）使用和生产甲、乙、丙类液体的厂房，其管、沟不应与相邻厂房的管、沟相通（图 2-26），下水道应设置隔油设施，如图 2-27 所示。

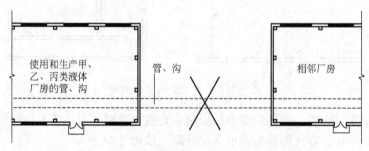

图 2-26 使用和生产甲、乙、丙类液体的厂房

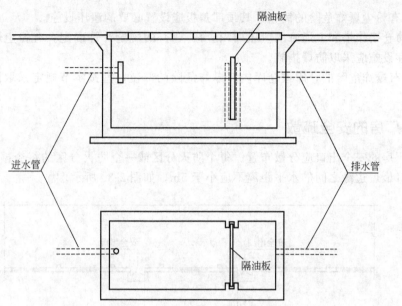

图 2-27 隔油池平、剖面示意图

（12）甲、乙、丙类液体仓库应设置防止液体流散的设施，如图 2-28 所示。遇湿会发生燃烧爆炸的物品仓库应采取防止水浸渍的措施，如图 2-29 所示。

图 2-28 甲、乙、丙类液体仓库

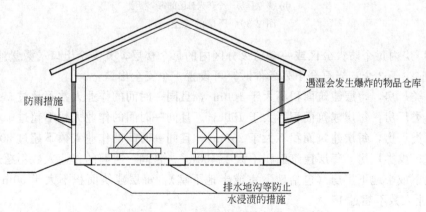

图 2-29 遇湿会发生燃烧爆炸的物品仓库

（13）有粉尘爆炸危险的筒仓，其顶部盖板应设置必要的泄压设施。

粮食筒仓工作塔和上通廊的泄压面积应按（4）的规定计算确定。有粉尘爆炸危险的其他粮食储存设施应采取防爆措施。

（14）有爆炸危险的仓库或仓库内有爆炸危险的部位，宜按本节规定采取防爆措施、设置泄压设施。

2.1.7 厂房的安全疏散

（1）厂房的安全出口应分散布置。每个防火分区或一个防火分区的每个楼层，其相邻 2 个安全出口最近边缘之间的水平距离不应小于 5m，如图 2-30 所示。

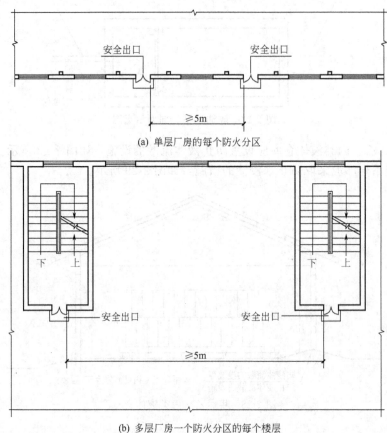

(a) 单层厂房的每个防火分区

(b) 多层厂房一个防火分区的每个楼层

图 2-30　厂房的安全出口

（2）厂房内每个防火分区或一个防火分区内的每个楼层，其安全出口的数量应经计算确定，且不应少于 2 个；当符合下列条件时，可设置 1 个安全出口：

① 甲类厂房，每层建筑面积不大于 $100m^2$，且同一时间的作业人数不超过 5 人；

② 乙类厂房，每层建筑面积不大于 $150m^2$，且同一时间的作业人数不超过 10 人；

③ 丙类厂房，每层建筑面积不大于 $250m^2$，且同一时间的作业人数不超过 20 人；

④ 丁、戊类厂房，每层建筑面积不大于 $400m^2$，且同一时间的作业人数不超过 30 人；

⑤ 地下或半地下厂房（包括地下室或半地下室），每层建筑面积不大于 $50m^2$，且同一时间的作业人数不超过 15 人。

（3）地下或半地下厂房（包括地下室或半地下室），当有多个防火分区相邻布置，并采用防火墙分隔时，每个防火分区可利用防火墙上通向相邻防火分区的甲级防火门作为第二安全出口，但每个防火分区必须至少有1个直通室外的独立安全出口，如图 2-31 所示。

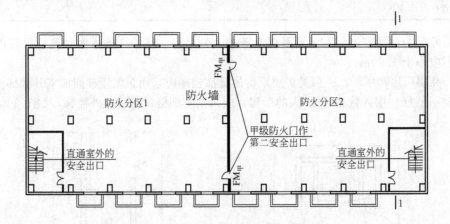

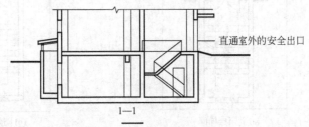

图 2-31　厂房的地下室、半地下室平面示意图

（4）厂房内任一点至最近安全出口的直线距离不应大于表 2-14 的规定。

表 2-14　厂房内任一点至最近安全出口的直线距离　　　　单位：m

生产的火灾危险性类别	耐火等级	单层厂房	多层厂房	高层厂房	地下或半地下厂房（包括地下或半地下室）
甲	一、二级	30	25	—	—
乙	一、二级	75	50	30	—
丙	一、二级	80	60	40	30
丙	三级	60	40	—	—
丁	一、二级	不限	不限	50	45
丁	三级	60	50	—	—
丁	四级	50	—	—	—
戊	一、二级	不限	不限	75	60
戊	三级	100	75	—	—
戊	四级	60	—	—	—

（5）厂房内疏散楼梯、走道、门的各自总净宽度，应根据疏散人数按每 100 人的最小疏散净宽度不小于表 2-15 的规定计算确定。但疏散楼梯的最小净宽度不宜小于 1.10m，疏散走道的最小净宽度不宜小于 1.40m，门的最小净宽度不宜小于 0.90m。当每层疏散人数不相等时，疏散楼梯的总净宽度应分层计算，下层楼梯总净宽度应按该层及以上疏散人数最多一层的疏散人数计算。

表 2-15　厂房内疏散楼梯、走道和门的每 100 人最小疏散净宽度

厂房层数/层	1~2	3	≥4
宽度指标/(m/百人)	0.60	0.80	1.00

首层外门的总净宽度应按该层及以上疏散人数最多一层的疏散人数计算，且该门的最小净宽度不应小于 1.20m。

（6）高层厂房和甲、乙、丙类多层厂房的疏散楼梯应采用封闭楼梯间或室外楼梯。建筑高度大于 32m 且任一层人数超过 10 人的厂房，应采用防烟楼梯间或室外楼梯，如图 2-32 所示。

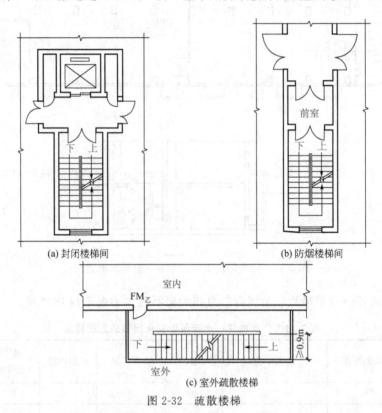

(a) 封闭楼梯间

(b) 防烟楼梯间

(c) 室外疏散楼梯

图 2-32　疏散楼梯

2.1.8　仓库的安全疏散

① 仓库的安全出口应分散布置。每个防火分区或一个防火分区的每个楼层，其相邻 2 个安全出口最近边缘之间的水平距离不应小于 5m，如图 2-33 所示。

② 每座仓库的安全出口不应少于 2 个，当一座仓库的占地面积不大于 300m² 时，可设置 1 个安全出口。仓库内每个防火分区通向疏散走道、楼梯或室外的出口不宜少于 2 个，当防火分区的建筑面积不大于 100m² 时，可设置 1 个出口。通向疏散走道或楼梯的门应为乙级防火门，如图 2-34 所示。

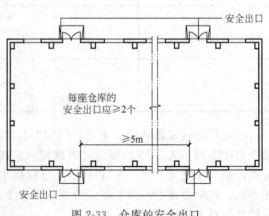

图 2-33　仓库的安全出口

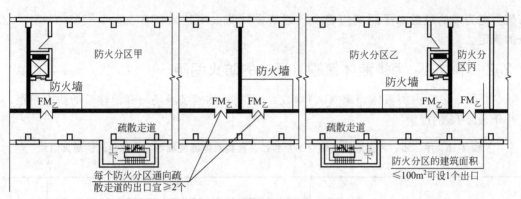

图 2-34　仓库防火分区的安全出口

③ 地下或半地下仓库（包括地下室或半地下室）的安全出口不应少于 2 个；当建筑面积不大于 100m² 时，可设置 1 个安全出口。

地下或半地下仓库（包括地下室或半地下室），当有多个防火分区相邻布置并采用防火墙分隔时，每个防火分区可利用防火墙上通向相邻防火分区的甲级防火门作为第二安全出口，但每个防火分区必须至少有 1 个直通室外的安全出口。

④ 冷库、粮食筒仓、金库的安全疏散设计应分别符合现行国家标准《冷库设计规范》（GB 50072—2010）和《粮食钢板筒仓设计规范》（GB 50322—2011）等标准的规定。

⑤ 粮食筒仓上层面积小于 1000m²，且作业人数不超过 2 人时，可设置 1 个安全出口。

⑥ 仓库、筒仓中符合《建筑设计防火规范》（GB 50016—2014）第 6.4.5 条规定的室外金属梯，可作为疏散楼梯，但筒仓室外楼梯平台的耐火极限不应低于 0.25h。

⑦ 高层仓库的疏散楼梯应采用封闭楼梯间。

⑧ 除一、二级耐火等级的多层戊类仓库外，其他仓库内供垂直运输物品的提升设施宜设置在仓库外，确需设置在仓库内时，应设置在井壁的耐火极限不低于 2.00h 的井筒内。室内外提升设施通向仓库的入口应设置乙级防火门或符合《建筑设计防火规范》（GB 50016—2014）第 6.5.3 条规定的防火卷帘。

2.2　甲、乙、丙类液体、气体储罐（区）和可燃材料堆场

2.2.1　一般规定

① 甲、乙、丙类液体储罐区，液化石油气储罐区，可燃、助燃气体储罐区和可燃材料堆场等，应布置在城市（区域）的边缘或相对独立的安全地带，并宜布置在城市（区域）全年最小频率风向的上风侧。

甲、乙、丙类液体储罐（区）宜布置在地势较低的地带。当布置在地势较高的地带时，应采取安全防护设施。

液化石油气储罐（区）宜布置在地势平坦、开阔等不易积存液化石油气的地带。

② 桶装、瓶装甲类液体不应露天存放。

③ 液化石油气储罐组或储罐区的四周应设置高度不小于 1.0m 的不燃性实体防护墙。

④ 甲、乙、丙类液体储罐区，液化石油气储罐区，可燃、助燃气体储罐和可燃材料堆场，应与装卸区、辅助生产区及办公区分开布置。

⑤ 甲、乙、丙类液体储罐，液化石油气储罐，可燃、助燃气体储罐和可燃材料堆垛，

与架空电力线的最近水平距离应符合《建筑设计防火规范》（GB 50016—2014）第 10.2.1 条的规定。

2.2.2 甲、乙、丙类液体储罐（区）的防火间距

（1）甲、乙、丙类液体储罐（区）和乙、丙类液体桶装堆场与其他建筑的防火间距，不应小于表 2-16 的规定。

表 2-16　甲、乙、丙类液体储罐（区）和乙、丙类液体桶装堆场与其他建筑的防火间距

单位：m

类别	一个罐区或堆场的总容量 V/m³	建筑物				室外变、配电站
		一、二级		三级	四级	
		高层民用建筑	裙房,其他建筑			
甲、乙类液体储罐（区）	1≤V<50	40	12	15	20	30
	50≤V<200	50	15	20	25	35
	200≤V<1000	60	20	25	30	40
	1000≤V<5000	70	25	30	40	50
丙类液体储罐（区）	5≤V<250	40	12	15	20	24
	250≤V<1000	50	15	20	25	28
	1000≤V<5000	60	20	25	30	32
	5000≤V<25000	70	25	30	40	40

注：1. 当甲、乙类液体储罐和丙类液体储罐布置在同一储罐区时，罐区的总容量可按 1m³ 甲、乙类液体相当于 5m³ 丙类液体折算。

2. 储罐防火堤外侧基脚线至相邻建筑的距离不应小于 10m。

3. 甲、乙、丙类液体的固定顶储罐区或半露天堆场，乙、丙类液体桶装堆场与甲类厂房（仓库）、民用建筑的防火间距，应按本表的规定增加 25%，且甲、乙、丙类液体的固定顶储罐区或半露天堆场，乙、丙类液体桶装堆场与甲类厂房（仓库）、裙房、单、多层民用建筑的防火间距不应小于 25m，与明火或散发火花地点的防火间距应按本表有关四级耐火等级建筑物的规定增加 25%。

4. 浮顶储罐区或闪点大于 120℃的液体储罐区与其他建筑的防火间距，可按本表的规定减少 25%。

5. 当数个储罐区布置在同一库区内时，储罐区之间的防火间距不应小于本表相应容量的储罐区与四级耐火等级建筑物防火间距的较大值。

6. 直埋地下的甲、乙、丙类液体卧式罐，当单罐容量不大于 50m³，总容量不大于 200m³ 时，与建筑物的防火间距可按本表规定减少 50%。

7. 室外变、配电站指电力系统电压为 35～500kV 且每台变压器容量不小于 10MV·A 的室外变、配电站和工业企业的变压器总油量大于 5t 的室外降压变电站。

（2）甲、乙、丙类液体储罐之间的防火间距不应小于表 2-17 的规定。

表 2-17　甲、乙、丙类液体储罐之间的防火间距　　单位：m

类别			固定顶储罐			浮顶储罐或设置充氮保护设备的储罐	卧式储罐
			地上式	半地下式	地下式		
甲、乙类液体储罐	单罐容量 V/m³	V≤1000	0.75D	0.5D	0.4D	0.4D	≥0.8m
		V>1000	0.6D				
丙类液体储罐			不限	0.4D	不限	不限	—

注：1. D 为相邻较大立式储罐的直径（m），矩形储罐的直径为长边与短边之和的一半。

2. 不同液体、不同形式储罐之间的防火间距不应小于本表规定的较大值。

3. 两排卧式储罐之间的防火间距不应小于 3m。

4. 当单罐容量不大于 1000m³ 且采用固定冷却系统时，甲、乙类液体的地上式固定顶储罐之间的防火间距不应小于 0.6D。

5. 地上式储罐同时设置液下喷射泡沫灭火系统、固定冷却水系统和扑救防火堤内液体火灾的泡沫灭火设施时，储罐之间的防火间距可适当减小，但不宜小于 0.4D。

6. 闪点大于 120℃的液体，当单罐容量大于 1000m³ 时，储罐之间的防火间距不应小于 5m；当单罐容量不大于 1000m³ 时，储罐之间的防火间距不应小于 2m。

（3）甲、乙、丙类液体储罐成组布置时，应符合下列规定。

① 组内储罐的单罐容量和总容量不应大于表 2-18 的规定。

表 2-18　甲、乙、丙类液体储罐分组布置的最大容量

类别	单罐最大容量/m³	一组罐最大容量/m³
甲、乙类液体	200	1000
丙类液体	500	3000

② 组内储罐的布置不应超过两排。甲、乙类液体立式储罐之间的防火间距不应小于 2m，卧式储罐之间的防火间距不应小于 0.8m；丙类液体储罐之间的防火间距不限。

③ 储罐组之间的防火间距应根据组内储罐的形式和总容量折算为相同类别的标准单罐，按表 2-17 的规定确定。

（4）甲、乙、丙类液体的地上式、半地下式储罐区，其每个防火堤内宜布置火灾危险性类别相同或相近的储罐。沸溢性油品储罐不应与非沸溢性油品储罐布置在同一防火堤内。地上式、半地下式储罐不应与地下式储罐布置在同一防火堤内。

（5）甲、乙、丙类液体的地上式、半地下式储罐或储罐组，其四周应设置不燃性防火堤。防火堤的设置应符合下列规定：

① 防火堤内的储罐布置不宜超过 2 排，单罐容量不大于 1000m³ 且闪点大于 120℃的液体储罐不宜超过 4 排，如图 2-35 所示。

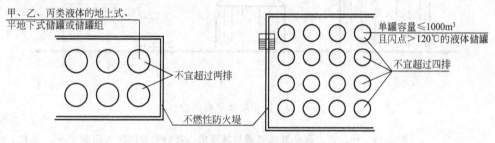

图 2-35　防火堤内的储罐布置

② 防火堤的有效容量不应小于其中最大储罐的容量。对于浮顶罐，防火堤的有效容量可为其中最大储罐容量的一半。

③ 防火堤内侧基脚线至立式储罐外壁的水平距离不应小于罐壁高度的一半。防火堤内侧基脚线至卧式储罐的水平距离不应小于 3m。

④ 防火堤的设计高度应比计算高度高出 0.2m，且应为 1.0～2.2m，在防火堤的适当位置应设置便于灭火救援人员进出防火堤的踏步。

⑤ 沸溢性油品的地上式、半地下式储罐，每个储罐均应设置一个防火堤或防火隔堤。

⑥ 含油污水排水管应在防火堤的出口处设置水封设施，雨水排水管应设置阀门等封闭、隔离装置。

（6）甲类液体半露天堆场，乙、丙类液体桶装堆场和闪点大于 120℃的液体储罐（区），当采取了防止液体流散的设施时，可不设置防火堤，如图 2-36 所示。

（7）甲、乙、丙类液体储罐与其泵房、装卸鹤管的防火间距不应小于表 2-19 的规定。

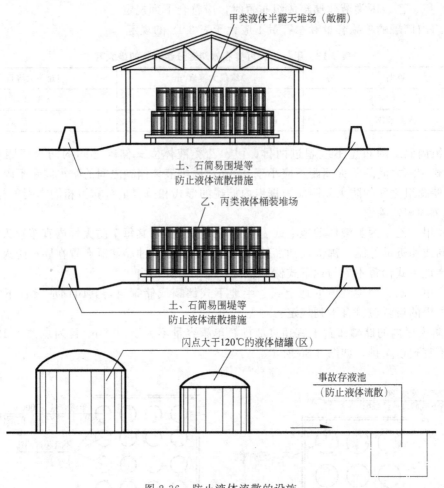

图 2-36　防止液体流散的设施

表 2-19　甲、乙、丙类液体储罐与其泵房、装卸鹤管的防火间距　　　　单位：m

液体类别和储罐形式		泵房	铁路或汽车装卸鹤管
甲、乙类液体储罐	拱顶罐	15	20
	浮顶罐	12	15
丙类液体储罐		10	12

注：1. 总容量不大于 1000m³ 的甲、乙类液体储罐和总容量不大于 5000m³ 的丙类液体储罐，其防火间距可按本表的规定减少 25%。

2. 泵房、装卸鹤管与储罐防火堤外侧基脚线的距离不应小于 5m。

（8）甲、乙、丙类液体装卸鹤管与建筑物、厂内铁路线的防火间距不应小于表 2-20 的规定。

表 2-20　甲、乙、丙类液体装卸鹤管与建筑物、厂内铁路线的防火间距　　　　单位：m

名称	建筑物			厂内铁路线	泵房
	一、二级	三级	四级		
甲、乙类液体装卸鹤管	14	16	18	20	8
丙类液体装卸鹤管	10	12	14	10	

注：装卸鹤管与其直接装卸用的甲、乙、丙类液体装卸铁路线的防火间距不限。

（9）甲、乙、丙类液体储罐与铁路、道路的防火间距不应小于表 2-21 的规定。

表 2-21　甲、乙、丙类液体储罐与铁路、道路的防火间距　　　　单位：m

名称	厂外铁路线中心线	厂内铁路线中心线	厂外道路路边	厂内道路路边	
				主要	次要
甲、乙类液体储罐	35	25	20	15	10
丙类液体储罐	30	20	15	10	5

（10）零位罐与所属铁路装卸线的距离不应小于 6m。

（11）石油库的储罐（区）与建筑的防火间距，石油库内的储罐布置和防火间距以及储罐与泵房、装卸鹤管等库内建筑的防火间距，应符合现行国家标准《石油库设计规范》（GB 50074—2014）的规定。

2.2.3　可燃、助燃气体储罐（区）的防火间距

（1）可燃气体储罐与建筑物、储罐、堆场等的防火间距应符合下列规定。

① 湿式可燃气体储罐与建筑物、储罐、堆场等的防火间距不应小于表 2-22 的规定。

表 2-22　湿式可燃气体储罐与建筑物、储罐、堆场等的防火间距　　　　单位：m

名称		湿式可燃气体储罐（总容积 V/m³）				
		V<1000	1000≤V<10000	10000≤V<50000	50000≤V<100000	100000≤V<300000
甲类仓库 甲、乙、丙类液体储罐 可燃材料堆场 室外变、配电站 明火或散发火花的地点		20	25	30	35	40
高层民用建筑		25	30	35	40	45
裙房，单、多层民用建筑		18	20	25	30	35
其他建筑	一、二级	12	15	20	25	30
	三级	15	20	25	30	35
	四级	20	25	30	35	40

注：固定容积可燃气体储罐的总容积按储罐几何容积（m³）和设计储存压力（绝对压力，10^5Pa）的乘积计算。

② 固定容积的可燃气体储罐与建筑物、储罐、堆场等的防火间距不应小于表 2-22 的规定。

③ 干式可燃气体储罐与建筑物、储罐、堆场等的防火间距：当可燃气体的密度比空气大时，应按表 2-22 的规定增加 25%；当可燃气体的密度比空气小时，可按表 2-22 的规定确定。

④ 湿式或干式可燃气体储罐的水封井、油泵房和电梯间等附属设施与该储罐的防火间距，可按工艺要求布置。

⑤ 容积不大于 20m³ 的可燃气体储罐与其使用厂房的防火间距不限。

（2）可燃气体储罐（区）之间的防火间距（图 2-37）应符合下列规定。

① 湿式可燃气体储罐或干式可燃气体储罐之间及湿式与干式可燃气体储罐的防火间距，不应小于相邻较大罐直径的 1/2。

② 固定容积的可燃气体储罐之间的防火间距不应小于相邻较大罐直径的 2/3。

③ 固定容积的可燃气体储罐与湿式或干式可燃气体储罐的防火间距，不应小于相邻较大罐直径的 1/2。

④ 数个固定容积的可燃气体储罐的总容积大于 $2 \times 10^5 \mathrm{m}^3$ 时，应分组布置。卧式储罐组之间的防火间距不应小于相邻较大罐长度的一半；球形储罐组之间的防火间距不应小于相邻较大罐直径，且不应小于 20m。

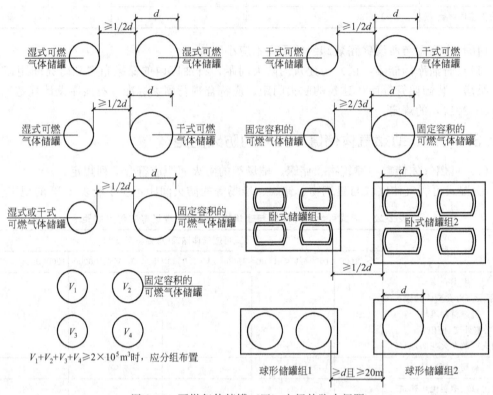

图 2-37 可燃气体储罐（区）之间的防火间距

（3）氧气储罐与建筑物、储罐、堆场等的防火间距应符合下列规定。

① 湿式氧气储罐与建筑物、储罐、堆场等的防火间距不应小于表 2-23 的规定。

表 2-23 湿式氧气储罐与建筑物、储罐、堆场等的防火间距 单位：m

名称		湿式氧气储罐（总容积 V/m³）		
		$V \leqslant 1000$	$1000 < V \leqslant 50000$	$V > 50000$
明火或散发火花地点		25	30	35
甲、乙、丙类液体储罐，可燃材料堆场，甲类仓库，室外变、配电站		20	25	30
民用建筑		18	20	25
其他建筑	一、二级	10	12	14
	三级	12	14	16
	四级	14	16	18

注：固定容积氧气储罐的总容积按储罐几何容积（m³）和设计储存压力（绝对压力，$10^5 \mathrm{Pa}$）的乘积计算。

② 氧气储罐之间的防火间距不应小于相邻较大罐直径的 1/2。

③ 氧气储罐与可燃气体储罐的防火间距不应小于相邻较大罐的直径。

④ 固定容积的氧气储罐与建筑物、储罐、堆场等的防火间距不应小于表 2-23 的规定。

⑤ 氧气储罐与其制氧厂房的防火间距可按工艺布置要求确定。

⑥ 容积不大于 $50m^3$ 的氧气储罐与其使用厂房的防火间距不限。（$1m^3$ 液氧折合标准状态下 $800m^3$ 气态氧。）

（4）液氧储罐与建筑物、储罐、堆场等的防火间距应符合（3）中相应容积湿式氧气储罐防火间距的规定。液氧储罐与其泵房的间距不宜小于 3m。

总容积小于或等于 $3m^3$ 的液氧储罐与其使用建筑的防火间距应符合下列规定：

① 当设置在独立的一、二级耐火等级的专用建筑物内时，其防火间距不应小于 10m；

② 当设置在独立的一、二级耐火等级的专用建筑物内，且面向使用建筑物一侧采用无门窗洞口的防火墙隔开时，其防火间距不限；

③ 当低温储存的液氧储罐采取了防火措施时，其防火间距不应小于 5m。

医疗卫生机构中的医用液氧储罐气源站的液氧储罐应符合下列规定：

① 单罐容积不应大于 $5m^3$，总容积不宜大于 $20m^3$；

② 相邻储罐之间的距离不应小于最大储罐直径的 0.75 倍；

③ 医用液氧储罐与医疗卫生机构外建筑的防火间距应符合（3）的规定，与医疗卫生机构内建筑的防火间距应符合现行国家标准《医用气体工程技术规范》（GB 50751—2012）的规定。

（5）液氧储罐周围 5m 范围内不应有可燃物和沥青路面。

（6）可燃、助燃气体储罐与铁路、道路的防火间距不应小于表 2-24 的规定。

表 2-24 可燃、助燃气体储罐与铁路、道路的防火间距 单位：m

名称	厂外铁路线中心线	厂内铁路线中心线	厂外道路路边	厂内道路路边	
				主要	次要
可燃、助燃气体储罐	25	20	15	10	5

（7）液氢、液氨储罐与建筑物、储罐、堆场等的防火间距可按表 2-27 相应容积液化石油气储罐防火间距的规定减少 25％确定。

（8）液化天然气气化站的液化天然气储罐（区），与站外建筑等的防火间距不应小于表 2-25 的规定，与表 2-25 未规定的其他建筑的防火间距应符合表 2-26 的规定。

表 2-25 液化天然气气化站的液化天然气储罐（区）与站外建筑等的防火间距 单位：m

名称	液化天然气储罐(区)(总容积 V/m³)							集中放散装置的天然气放散总管
	$V \leqslant 10$	$10 < V \leqslant 30$	$30 < V \leqslant 50$	$50 < V \leqslant 200$	$200 < V \leqslant 500$	$500 < V \leqslant 1000$	$1000 < V \leqslant 2000$	
	单罐容积 V/m³							
	$V \leqslant 10$	$V \leqslant 30$	$V \leqslant 50$	$V \leqslant 200$	$V \leqslant 500$	$V \leqslant 1000$	$V \leqslant 2000$	
居住区、村镇和重要公共建筑（最外侧建筑物的外墙）	30	35	45	50	70	90	110	45
工业企业（最外侧建筑物的外墙）	22	25	27	30	35	40	50	20
明火或散发火花地点，室外变、配电站	30	35	45	50	55	60	70	30

续表

名称		液化天然气储罐(区)(总容积 V/m³)							集中放散装置的天然气放散总管
		V≤10	10<V≤30	30<V≤50	50<V≤200	200<V≤500	500<V≤1000	1000<V≤2000	
		单罐容积 V/m³							
		V≤10	V≤30	V≤50	V≤200	V≤500	V≤1000	V≤2000	
其他民用建筑,甲、乙类液体储罐,甲、乙类仓库,甲、乙类厂房,秸秆、芦苇、打包废纸等材料堆场		27	32	40	45	50	55	65	25
丙类液体储罐,可燃气体储罐,丙、丁类厂房,丙、丁类仓库		25	27	32	35	40	45	55	20
公路(路边)	高速,Ⅰ、Ⅱ级,城市快速	20				25			15
	其他	15				20			10
架空电力线(中心线)		1.5倍杆高				1.5倍杆高,但35kV及以上架空电力线不应小于40m			2.0倍杆高
架空通信线(中心线)	Ⅰ、Ⅱ级	1.5倍杆高		30		40			1.5倍杆高
	其他	1.5倍杆高							
铁路(中心线)	国家线	40	50	60	70		80		40
	企业专用线	25			30		35		30

注:居住区、村镇指 1000 人或 300 户及以上者;当少于 1000 人或 300 户时,相应防火间距应按本表有关其他民用建筑的要求确定。

**表 2-26　液化天然气气化站的液化天然气储罐、集中放散装置
的天然气放散总管与站外建、构筑物的防火间距**　单位:m

名称　　项目	储罐总容积/m³							集中放散装置的天然气放散总管
	≤10	>10~≤30	>30~≤50	>50~≤200	>200~≤500	>500~≤1000	>1000~≤2000	
居住区、村镇和影剧院、体育馆、学校等重要公共建筑(最外侧建、构筑物的外墙)	30	35	45	50	70	90	110	45
工业企业(最外侧建、构筑物的外墙)	22	25	27	30	35	40	50	20
明火、散发火花地点和室外变、配电站	30	35	45	50	55	60	70	30
民用建筑,甲、乙类液体储罐,甲、乙类生产厂房,甲、乙类物品仓库,稻草易燃材料堆场	27	32	40	45	50	55	65	25
丙类液体储罐,可燃气体储罐,丙、丁类生产厂房,丙、丁类物品仓库	25	27	32	35	40	45	55	20

续表

项目＼名称		储罐总容积/m³							集中放散装置的天然气放散总管
		≤10	>10~≤30	>30~≤50	>50~≤200	>200~≤500	>500~≤1000	>1000~≤2000	
铁路（中心线）	国家线	40	50	60	70		80		40
	企业专用线	25			30		35		30
公路、道路（路边）	高速、Ⅰ、Ⅱ级，城市快速	20				25			15
	其他	15				20			10
架空电力线（中心线）		1.5 倍杆高					1.5 倍杆高，但 35kV 及以上架空电力线不应小于 40m			2.0 倍杆高
架空通信线（中心线）	Ⅰ、Ⅱ级	1.5 倍杆高		30		40			1.5 倍杆高
	其他	1.5 倍杆高							

注：1. 居住区、村镇系指 1000 人或 300 户及以上者，以下者按本表民用建筑执行。
2. 与本表规定以外的其他建、构筑物的防火间距应按现行国家标准《建筑设计防火规范》(GB 50016—2014)执行。
3. 间距的计算应以储罐的最外侧为准。

2.2.4 液化石油气储罐（区）的防火间距

① 液化石油气供应基地的全压式和半冷冻式储罐（区），与明火或散发火花地点和基地外建筑等的防火间距不应小于表 2-27 的规定，与表 2-27 未规定的其他建筑的防火间距应符合表 2-28 的规定。

表 2-27 液化石油气供应基地的全压式和半冷冻式储罐（区）与
明火或散发火花地点和基地外建筑等的防火间距 单位：m

名称	液化石油气储罐（区）（总容积 V/m³）						
	30<V≤50	50<V≤200	200<V≤500	500<V≤1000	1000<V≤2500	2500<V≤5000	5000<V≤10000
	单罐容积 V/m³						
	V≤20	V≤50	V≤100	V≤200	V≤400	V≤1000	V>1000
居住区、村镇和重要公共建筑（最外侧建筑物的外墙）	45	50	70	90	110	130	150
工业企业（最外侧建筑物的外墙）	27	30	35	40	50	60	75
明火或散发火花地点,室外变、配电站	45	50	55	60	70	80	120
其他民用建筑,甲、乙类液体储罐,甲、乙类仓库,甲、乙类厂房,秸秆、芦苇、打包废纸等材料堆场	40	45	50	55	65	75	100
丙类液体储罐,可燃气体储罐,丙、丁类厂房,丙、丁类仓库	32	35	40	45	55	65	80
助燃气体储罐,木材等材料堆场	27	30	35	40	50	60	75

消防工程设计与施工

续表

名称		液化石油气储罐(区)(总容积 V/m³)						
		30<V≤50	50<V≤200	200<V≤500	500<V≤1000	1000<V≤2500	2500<V≤5000	5000<V≤10000
		单罐容积 V/m³						
		V≤20	V≤50	V≤100	V≤200	V≤400	V≤1000	V>1000
其他建筑	一、二级	18	20	22	25	30	40	50
	三级	22	25	27	30	40	50	60
	四级	27	30	35	40	50	60	75
公路（路边）	高速，Ⅰ、Ⅱ级	20	25					30
	Ⅲ、Ⅳ级	15	20					25
架空电力线（中心线）		应符合《建筑设计防火规范》(GB 50016—2014)第10.2.1条的规定						
架空通信线（中心线）	Ⅰ、Ⅱ级	30			40			
	Ⅲ、Ⅳ级	1.5倍杆高						
铁路（中心线）	国家线	60	70		80		100	
	企业专用线	25	30		35		40	

注：1. 防火间距应按本表储罐区的总容积或单罐容积的较大者确定。

2. 当地下液化石油气储罐的单罐容积不大于400m³，总容积不大于400m³时，其防火间距可按本表的规定减少50%。

3. 居住区、村镇指1000人或300户及以上者；当少于1000人或300户时，相应防火间距应按本表有关其他民用建筑的要求确定。

表 2-28　液化石油气供应基地的全压力式储罐与基地外建、构筑物、堆场的防火间距

单位：m

项目	总容积/m³	≤50	>50~≤200	>200~≤500	>500~≤1000	>1000~≤2500	>2500~≤5000	>5000
	单罐容积/m³	≤20	≤50	≤100	≤200	≤400	≤1000	—
居住区、村镇和学校、影剧院、体育馆等重要公共建筑（最外侧建、构筑物外墙）		45	50	70	90	110	130	150
工业企业（最外侧建、构筑物外墙）		27	30	35	40	50	60	75
明火、散发火花地点和室外变、配电站		45	50	55	60	70	80	120
民用建筑，甲、乙类液体储罐，甲、乙类生产厂房，甲、乙类物品仓库，稻草等易燃材料堆场		40	45	50	55	65	75	100
丙类液体储罐，可燃气体储罐，丙、丁类生产厂房，丙、丁类物品仓库		32	35	40	45	55	65	80
助燃气体储罐，木材等可燃材料堆场		27	30	35	40	50	60	75
其他建筑 耐火等级	一、二级	18	20	22	25	30	40	50
	三级	22	25	27	30	40	50	60
	四级	27	30	35	40	50	60	75

58

续表

项目		总容积/m³	≤50	>50~ ≤200	>200~ ≤500	>500~ ≤1000	>1000~ ≤2500	>2500~ ≤5000	>5000
		单罐容积/m³	≤20	≤50	≤100	≤200	≤400	≤1000	—
铁路 (中心线)	国家线		60	70		80		100	
	企业专用线		25	30		35		40	
公路、道路 (路边)	高速，Ⅰ、Ⅱ级，城市快速		20			25			30
	Ⅲ、Ⅳ级		15			20			25
架空电力线(中心线)			1.5倍杆高				1.5倍杆高，但35kV以上架 空电力线不应小于40		
架空通 信线 (中心线)	Ⅰ、Ⅱ级		30			40			
	其他		1.5倍杆高						

注：1. 防火间距应按本表储罐总容积或单罐容积较大者确定，间距的计算应以储罐外壁为准。

2. 居住区、村镇系指1000人或300户及以上者，以下者按本表民用建筑执行。

3. 当地下储罐单罐容积小于或等于50m³，且总容积小于或等于400m³时，其防火间距可按本表减少50%。

4. 与本表规定以外的其他建、构筑物的防火间距，应按现行国家标准《建筑设计防火规范》(GB 50016—2014)执行。

② 液化石油气储罐之间的防火间距不应小于相邻较大罐的直径。数个储罐的总容积大于3000m³时，应分组布置，组内储罐宜采用单排布置。组与组相邻储罐之间的防火间距不应小于20m。

③ 液化石油气储罐与所属泵房的防火间距不应小于15m。当泵房面向储罐一侧的外墙采用无门、窗、洞口的防火墙时，防火间距可减至6m。液化石油气泵露天设置在储罐区内时，储罐与泵的防火间距不限。

④ 全冷冻式液化石油气储罐、液化石油气气化站、混气站的储罐与周围建筑的防火间距，应符合现行国家标准《城镇燃气设计规范》(GB 50028—2006)的规定。

工业企业内总容积不大于10m³的液化石油气气化站、混气站的储罐，当设置在专用的独立建筑内时，建筑外墙与相邻厂房及其附属设备的防火间距可按甲类厂房有关防火间距的规定确定。当露天设置时，与建筑物、储罐、堆场等的防火间距应符合现行国家标准《城镇燃气设计规范》(GB 50028—2006)的规定。

⑤ Ⅰ级、Ⅱ级瓶装液化石油气供应站瓶库与站外建筑等的防火间距不应小于表2-29的规定。瓶装液化石油气供应站的分级及总存瓶容积不大于1m³的瓶装供应站瓶库的设置，应符合现行国家标准《城镇燃气设计规范》(GB 50028—2006)的规定。

表2-29 Ⅰ、Ⅱ级瓶装液化石油气供应站瓶库与站外建筑等的防火间距 单位：m

名称	Ⅰ级		Ⅱ级	
瓶库的总存瓶容积 V/m³	6<V≤10	10<V≤20	1<V≤3	3<V≤6
明火或散发火花地点	30	35	20	25
重要公共建筑	20	25	12	15
其他民用建筑	10	15	6	8
主要道路路边	10	10	8	8
次要道路路边	5	5	5	5

注：总存瓶容积应按实瓶个数与单瓶几何容积的乘积计算。

⑥ Ⅰ级瓶装液化石油气供应站的四周宜设置不燃性实体围墙，但面向出入口一侧可设置不燃性非实体围墙。Ⅱ级瓶装液化石油气供应站的四周宜设置不燃性实体围墙，或下部实体部分高度不低于0.6m的围墙。

2.2.5 可燃材料堆场的防火间距

① 露天、半露天可燃材料堆场与建筑物的防火间距不应小于表2-30的规定。

表2-30 露天、半露天可燃材料堆场与建筑物的防火间距 单位：m

名称	一个堆场的总储量	建筑物		
		一、二级	三级	四级
粮食席穴囤 W/t	$10 \leqslant W < 5000$	15	20	25
	$5000 \leqslant W < 20000$	20	25	30
粮食土圆仓 W/t	$500 \leqslant W < 10000$	10	15	20
	$10000 \leqslant W < 20000$	15	20	25
棉、麻、毛、化纤、百货 W/t	$10 \leqslant W < 500$	10	15	20
	$500 \leqslant W < 1000$	15	20	25
	$1000 \leqslant W < 5000$	20	25	30
秸秆、芦苇、打包废纸等 W/t	$10 \leqslant W < 5000$	15	20	25
	$5000 \leqslant W < 10000$	20	25	30
	$W \geqslant 10000$	25	30	40
木材等 V/m³	$50 \leqslant V < 1000$	10	15	20
	$1000 \leqslant V < 10000$	15	20	25
	$V \geqslant 10000$	20	25	30
煤和焦炭 W/t	$100 \leqslant W < 5000$	6	8	10
	$W \geqslant 5000$	8	10	12

注：露天、半露天秸秆、芦苇、打包废纸等材料堆场，与甲类厂房（仓库）、民用建筑的防火间距应根据建筑物的耐火等级分别按本表的规定增加25%且不应小于25m，与室外变、配电站的防火间距不应小于50m，与明火或散发火花地点的防火间距应按本表四级耐火等级建筑物的相应规定增加25%。

当一个木材堆场的总储量大于25000m³或一个秸秆、芦苇、打包废纸等材料堆场的总储量大于20000t时，宜分设堆场。各堆场之间的防火间距不应小于相邻较大堆场与四级耐火等级建筑物的防火间距。

不同性质物品堆场之间的防火间距，不应小于本表相应储量堆场与四级耐火等级建筑物防火间距的较大值。

② 露天、半露天可燃材料堆场与甲、乙、丙类液体储罐的防火间距，不应小于表2-16和表2-30中相应储量堆场与四级耐火等级建筑物防火间距的较大值。

③ 露天、半露天秸秆、芦苇、打包废纸等材料堆场与铁路、道路的防火间距不应小于表2-31的规定，其他可燃材料堆场与铁路、道路的防火间距可根据材料的火灾危险性按类比原则确定。

表2-31 露天、半露天可燃材料堆场与铁路、道路的防火间距 单位：m

名称	厂外铁路线中心线	厂内铁路线中心线	厂外道路路边	厂内道路路边	
				主要	次要
秸秆、芦苇、打包废纸等材料堆场	30	20	15	10	5

3 建筑防火构造与设施

3.1 建筑构造

3.1.1 防火墙

3.1.1.1 防火墙的定义与分类

防火墙是指用具有 4.00h（高层建筑为 3.00h）以上耐火极限的非燃烧材料砌筑在独立的基础（或框架结构的梁）上，以形成防火分区，控制火灾范围的部件。它可以根据需要而独立设置，也可以把其他隔墙、围护墙按照防火墙的构造要求砌筑而成。

从建筑平面看，防火墙有纵横之分，与屋脊方向垂直的是横向防火墙，与屋脊方向一致的是纵向防火墙。从防火墙的位置分，有内墙防火墙、外墙防火墙和室外独立的防火墙等。内墙的防火墙是把房屋划分成防火分区的内部分隔墙，外墙防火墙是在两幢建筑物间因防火间距不够而设置无门窗（或设防火门、窗）的外墙；室外独立的防火墙是当建筑物间的防火间距不足，又不便于使用外防火墙时，可采用室外独立防火墙，用以遮断两幢建筑之间的火灾蔓延。

3.1.1.2 防火墙构造

① 防火墙应直接设置在建筑的基础或框架、梁等承重结构上，框架、梁等承重结构的耐火极限不应低于防火墙的耐火极限，如图 3-1 所示。

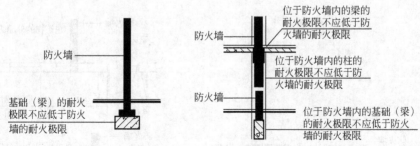

图 3-1　防火墙与屋面连接处的构造

防火墙应从楼地面基层隔断至梁、楼板或屋面板的底面基层。当高层厂房（仓库）屋顶承重结构和屋面板的耐火极限低于 1.00h，其他建筑屋顶承重结构和屋面板的耐火极限低于 0.50h 时，防火墙应高出屋面 0.5m 以上，如图 3-2 所示。

② 在建筑设计中，如果在靠近防火墙的两侧开窗，如图 3-3 所示。发生火灾时，从一

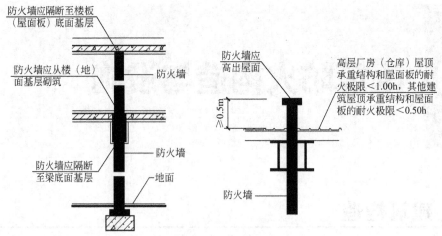

图 3-2　防火墙高度

个窗口窜出的火焰，很容易烧坏另一窗户，导致火灾蔓延到相邻防火分区。为此，防火墙两侧开的窗口的最近距离不应小于 2m。此外，还应当尽量避免在 U 形、L 形建筑物的转角处设防火墙，否则，防火墙一侧发生火灾，火焰突破窗口后很容易破坏另一侧的门窗，形成火灾蔓延的条件。但是，必须设在转角附近时，两侧门窗口的最近水平距离不应小于 4m。

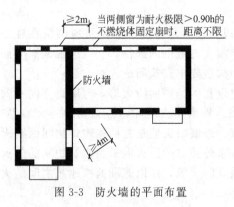

图 3-3　防火墙的平面布置

③ 建筑外墙为难燃性或可燃性墙体时，防火墙应凸出墙的外表面 0.4m 以上，且防火墙两侧的外墙均应为宽度均不小于 2.0m 的不燃性墙体，其耐火极限不应低于外墙的耐火极限，如图 3-4 所示。

④ 当建筑物的外墙为不燃烧体时，防火墙可不凸出墙的外表面。紧靠防火墙两侧的门、窗洞口之间最近边缘的水平距离不应小于 2m；但装有固定窗扇或火灾时可自动关闭的乙级防火窗时，该距离可不限，如图 3-5 所示。

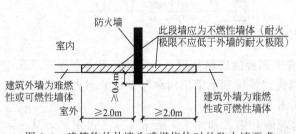

图 3-4　建筑物的外墙为难燃烧体时的防火墙要求

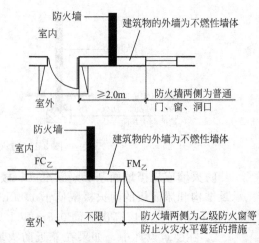

图 3-5　建筑物的外墙为不燃烧体时的防火墙的设置

防火墙上不应开设门、窗、洞口，确需开设时，应设置不可开启或火灾时能自动关闭的甲级防火门、窗，如图 3-6 所示。有些国家则要求防火墙上不得安置任何玻璃窗，并对不同隔墙上镶嵌丝玻璃的面积作了具体的规定，见表 3-1。

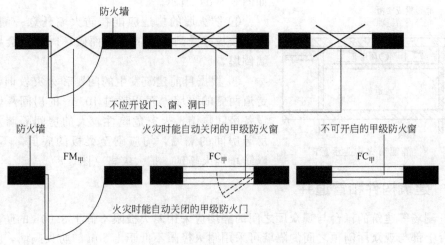

图 3-6 防火墙上门、窗、洞口的设置

表 3-1 防火墙及隔墙上开口的允许面积

类别	防火墙及隔板的位置	耐火极限/h	嵌丝玻璃允许的最大面积/in²
A	防火墙和防火分区隔墙、垂直交通工具的围墙	3.00	不允许
B	具有 2.00h 耐火极限的楼梯及电梯的隔墙	1.00 或 1.50	100
C	走廊及房间隔墙	0.75	1291
D	可受到外部火焰强烈辐射的外墙	1.50	不允许
E	可受到外部火焰中等辐射的外墙	0.75	1291

注：1in＝0.0254m。

可燃气体和甲、乙、丙类液体的管道严禁穿过防火墙，如图 3-7(a) 所示。其他管道不

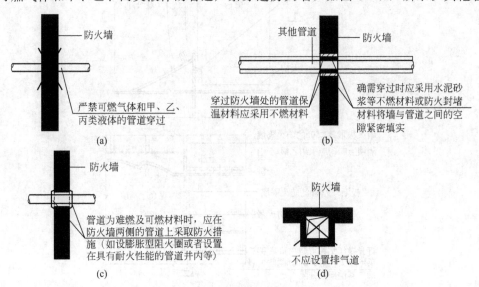

图 3-7 防火墙上管道的设置

宜穿过防火墙，确需穿过时，应采用防火封堵材料将墙与管道之间的空隙紧密填实，穿过防火墙处的管道保温材料，应采用不燃材料，如图 3-7（b）所示。当管道为难燃及可燃材料时，应在防火墙两侧的管道上采取防火措施，如图 3-7（c）所示。防火墙内不应设置排气道，如图 3-7（d）所示。

⑤ 防火墙的构造应能在防火墙任意一侧的屋架、梁、楼板等受到火灾的影响而破坏时，不会导致防火墙倒塌。

⑥ 根据目前建筑发生的问题和火灾教训，必须将走道两侧的隔墙、面积超过 100m² 的房间隔墙、贵重设备房间隔墙、火灾危险性较大的房间隔墙及医院病房等房间的隔墙，均应砌至梁板的底部，不留缝隙，以防止烟火蔓延，扩大灾害（图 3-8）。

图 3-8　隔墙防火构造示意图

3.1.2　建筑构件和管道井

（1）剧场等建筑的舞台与观众厅之间的隔墙应采用耐火极限不低于 3.00h 的防火隔墙。

舞台上部与观众厅闷顶之间的隔墙可采用耐火极限不低于 1.50h 的防火隔墙，隔墙上的门应采用乙级防火门。

舞台下部的灯光操作室和可燃物储藏室应采用耐火极限不低于 2.00h 的防火隔墙与其他部位分隔，如图 3-9 所示。

电影放映室、卷片室应采用耐火极限不低于 1.50h 的防火隔墙与其他部位分隔，观察孔和放映孔应采取防火分隔措施。

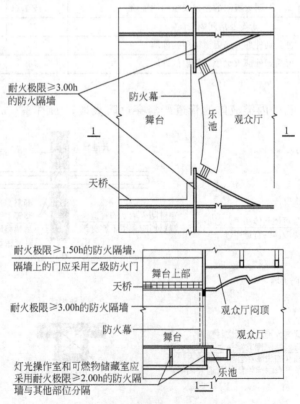

图 3-9　舞台与观众厅之间的隔墙

（2）医疗建筑内的手术室或手术部、产房、重症监护室、贵重精密医疗装备用房、储藏间、实验室、胶片室等，附设在建筑内的托儿所、幼儿园的儿童用房和儿童游乐厅等儿童活动场所、老年人活动场所，应采用耐火极限不低于2.00h的防火隔墙和1.00h的楼板与其他场所或部位分隔，墙上必须设置的门、窗，应采用乙级防火门、窗，如图3-10所示。

（3）建筑内的下列部位应采用耐火极限不低于2.00h的防火隔墙与其他部位分隔，墙上

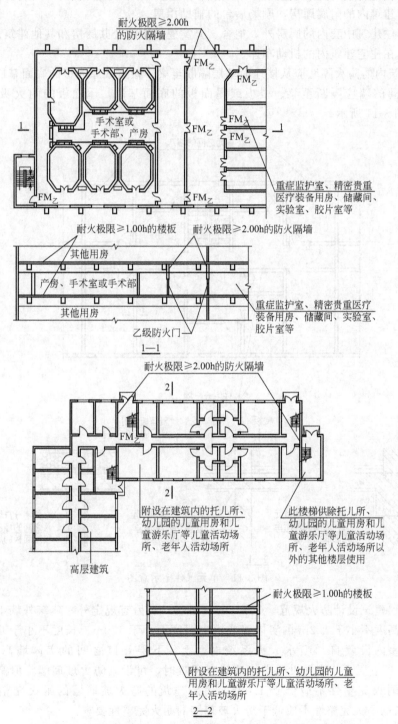

图 3-10　医院建筑以及儿童活动场所、老年人活动场所的隔墙

的门、窗应采用乙级防火门、窗，确有困难时，可采用防火卷帘，但应符合 3.1.5 防火门、窗和防火卷帘中相应的规定。

① 甲、乙类生产部位和建筑内使用丙类液体的部位。

② 厂房内有明火和高温的部位。

③ 甲、乙、丙类厂房（仓库）内布置有不同火灾危险性类别的房间。

④ 民用建筑内的附属库房，剧场后台的辅助用房。

⑤ 除居住建筑中套内的厨房外，宿舍、公寓建筑中的公共厨房和其他建筑内的厨房。

⑥ 附设在住宅建筑内的机动车库。

（4）建筑内的防火隔墙应从楼地面基层隔断至梁、楼板或屋面板的底面基层。住宅分户墙和单元之间的墙应隔断至梁、楼板或屋面板的底面基层，屋面板的耐火极限不应低于 0.50h，如图 3-11 所示。

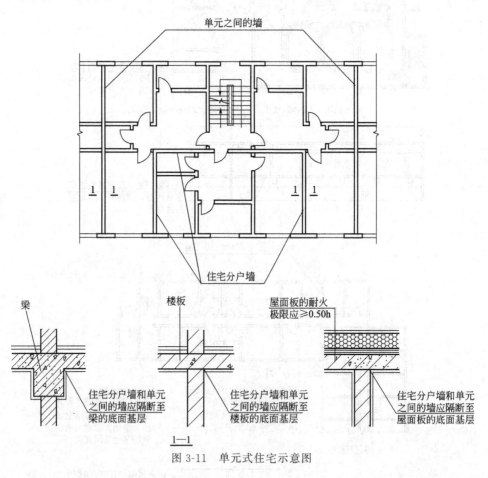

图 3-11　单元式住宅示意图

（5）除《建筑设计防火规范》（GB 50016—2014）另有规定外，建筑外墙上、下层开口之间应设置高度不小于 1.2m 的实体墙或挑出宽度不小于 1.0m、长度不小于开口宽度的防火挑檐。当室内设置自动喷水灭火系统时，上、下层开口之间的实体墙高度不应小于 0.8m。当上、下层开口之间设置实体墙确有困难时，可设置防火玻璃墙。但高层建筑的防火玻璃墙的耐火完整性不应低于 1.00h，多层建筑的防火玻璃墙的耐火完整性不应低于 0.50h。外窗的耐火完整性不应低于防火玻璃墙的耐火完整性要求。

住宅建筑外墙上相邻户开口之间的墙体宽度不应小于 1.0m；小于 1.0m 时，应在开口之间设置突出外墙不小于 0.6m 的隔板。

实体墙、防火挑檐和隔板的耐火极限和燃烧性能，均不应低于相应耐火等级建筑外墙的要求。

（6）建筑幕墙应在每层楼板外沿处采取符合（5）规定的防火措施，幕墙与每层楼板、隔墙处的缝隙应采用防火封堵材料封堵。

（7）附设在建筑内的消防控制室、灭火设备室、消防水泵房和通风空气调节机房、变配电室等，应采用耐火极限不低于 2.00h 的防火隔墙和 1.50h 的楼板与其他部位分隔。

设置在丁、戊类厂房内的通风机房，应采用耐火极限不低于 1.00h 的防火隔墙和 0.50h 的楼板与其他部位分隔。

通风、空气调节机房和变配电室开向建筑内的门应采用甲级防火门，消防控制室和其他设备房开向建筑内的门应采用乙级防火门。

（8）冷库、低温环境生产场所采用泡沫塑料等可燃材料作墙体内的绝热层时，宜采用不燃绝热材料在每层楼板处做水平防火分隔。防火分隔部位的耐火极限不应低于楼板的耐火极限。冷库阁楼层和墙体的可燃绝热层宜采用不燃性墙体分隔。

冷库、低温环境生产场所采用泡沫塑料作内绝热层时，绝热层的燃烧性能不应低于 B_1 级，且绝热层的表面应采用不燃材料作防护层。

冷库的库房与加工车间贴邻建造时，应采用防火墙分隔，当确需开设相互连通的开口时，应采取防火隔间等措施进行分隔，隔间两侧的门应为甲级防火门。当冷库的氨压缩机房与加工车间贴邻时，应采用不开门窗洞口的防火墙分隔。

（9）建筑内的电梯井等竖井应符合下列规定。

① 电梯井应独立设置，井内严禁敷设可燃气体和甲、乙、丙类液体管道，不应敷设与电梯无关的电缆、电线等。电梯井的井壁除设置电梯门、安全逃生门和通气孔洞外，不应设置其他开口。

② 电缆井、管道井、排烟道、排气道、垃圾道等竖向井道，应分别独立设置。井壁的耐火极限不应低于 1.00h，井壁上的检查门应采用丙级防火门。

③ 建筑内的电缆井、管道井应在每层楼板处采用不低于楼板耐火极限的不燃材料或防火封堵材料封堵。

建筑内的电缆井、管道井与房间、走道等相连通的孔隙应采用防火封堵材料封堵。

④ 建筑内的垃圾道宜靠外墙设置，垃圾道的排气口应直接开向室外，垃圾斗应采用不燃材料制作，并应能自行关闭。

⑤ 电梯层门的耐火极限不应低于 1.00h，并应符合现行国家标准《电梯层门耐火试验 完整性、隔热性和热通量测定法》（GB/T 27903—2011）规定的完整性和隔热性要求。

（10）户外电致发光广告牌不应直接设置在有可燃、难燃材料的墙体上。

户外广告牌的设置不应遮挡建筑的外窗，不应影响外部灭火救援行动。

3.1.3 屋顶、闷顶和建筑缝隙

① 在三、四级耐火等级建筑的闷顶内采用可燃材料作绝热层时，屋顶不应采用冷摊瓦。闷顶内的非金属烟囱周围 0.5m、金属烟囱 0.7m 范围内，应采用不燃材料作绝热层，如图 3-12 所示。

② 层数超过 2 层的三级耐火等级建筑内的闷顶，应在每个防火隔断范围内设置老虎窗，且老虎窗的间距不宜大于 50m，如图 3-13 所示。

③ 内有可燃物的闷顶，应在每个防火隔断范围内设置净宽度和净高度均不小于 0.7m

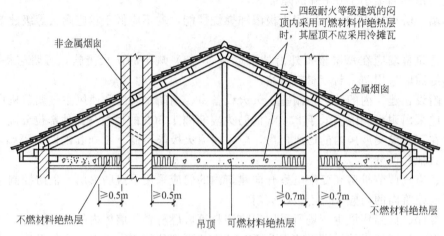

图 3-12　三、四级耐火等级建筑的闷顶

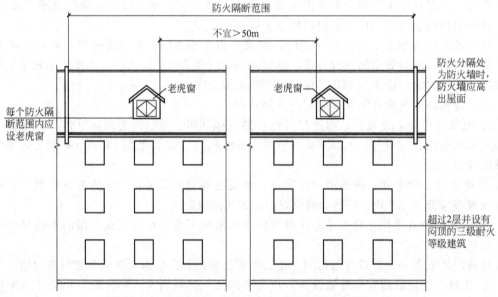

图 3-13　层数超过 2 层的三级耐火等级建筑内的闷顶

的闷顶入口，如图 3-14 所示。对于公共建筑，每个防火隔断范围内的闷顶入口不宜少于 2 个。闷顶入口宜布置在走廊中靠近楼梯间的部位，如图 3-15 所示。

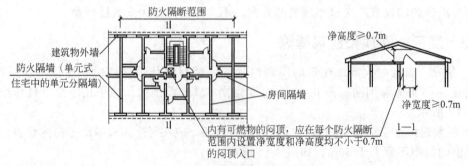

图 3-14　住宅顶层示意图

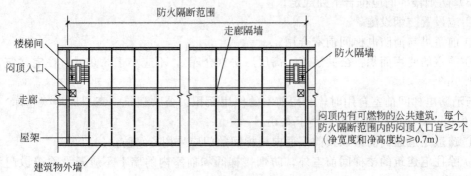

图 3-15　公共建筑闷顶平面示意图

④ 变形缝内的填充材料和变形缝的构造基层应采用不燃材料。电线、电缆、可燃气体和甲、乙、丙类液体的管道不宜穿过建筑内的变形缝，确需穿过时，应在穿过处加设不燃材料制作的套管或采取其他防变形措施，并应采用防火封堵材料封堵。

⑤ 防烟、排烟、供暖、通风和空气调节系统中的管道及建筑内的其他管道，在穿越防火隔墙、楼板和防火墙处的孔隙应采用防火封堵材料封堵。

风管穿过防火隔墙、楼板和防火墙时，穿越处风管上的防火阀、排烟防火阀两侧各2.0m 范围内的风管应采用耐火风管或风管外壁应采取防火保护措施，且耐火极限不应低于该防火分隔体的耐火极限。

⑥ 建筑内受高温或火焰作用易变形的管道，在贯穿楼板部位和穿越防火隔墙的两侧宜采取阻火措施。

⑦ 建筑屋顶上的开口与邻近建筑或设施之间，应采取防止火灾蔓延的措施。

3.1.4 疏散楼梯间和疏散楼梯

（1）疏散楼梯间应符合下列规定。

① 楼梯间应能天然采光和自然通风，并宜靠外墙设置。靠外墙设置时，楼梯间、前室及合用前室外墙上的窗口与两侧门、窗、洞口最近边缘的水平距离不应小于 1.0m。

② 楼梯间内不应设置烧水间、可燃材料储藏室、垃圾道。

③ 楼梯间内不应有影响疏散的凸出物或其他障碍物。

④ 封闭楼梯间、防烟楼梯间及其前室，不应设置卷帘。

⑤ 楼梯间内不应设置甲、乙、丙类液体管道。

⑥ 封闭楼梯间、防烟楼梯间及其前室内禁止穿过或设置可燃气体管道。敞开楼梯间内不应设置可燃气体管道，当住宅建筑的敞开楼梯间内确需设置可燃气体管道和可燃气体计量表时，应采用金属管和设置切断气源的阀门。

（2）封闭楼梯间应符合下列规定。

① 不能自然通风或自然通风不能满足要求时，应设置机械加压送风系统或采用防烟楼梯间。

② 除楼梯间的出入口和外窗以外，楼梯间的墙上不应开设其他门、窗、洞口。

③ 高层建筑，人员密集的公共建筑，人员密集的多层丙类厂房，甲、乙类厂房，其封闭楼梯间的门应采用乙级防火门，并应向疏散方向开启；其他建筑，可采用双向弹簧门。

④ 楼梯间的首层可将走道和门厅等包括在楼梯间内形成扩大的封闭楼梯间，但应采用乙级防火门等与其他走道和房间分隔。

（3）防烟楼梯间应符合下列规定。

① 应设置防烟设施。

② 前室可与消防电梯间前室合用。

③ 前室的使用面积：公共建筑、高层厂房（仓库），不应小于 6.0m²；住宅建筑，不应小于 4.5m²。

与消防电梯间前室合用时，合用前室的使用面积：公共建筑、高层厂房（仓库），不应小于 10.0m²；住宅建筑，不应小于 6.0m²。

④ 疏散走道通向前室以及前室通向楼梯间的门应采用乙级防火门。

⑤ 除住宅建筑的楼梯间前室外，防烟楼梯间和前室内的墙上不应开设除疏散门和送风口外的其他门、窗、洞口。

⑥ 楼梯间的首层可将走道和门厅等包括在楼梯间前室内形成扩大的前室，但应采用乙级防火门等与其他走道和房间分隔。

（4）除通向避难层错位的疏散楼梯外，建筑内的疏散楼梯间在各层的平面位置不应改变，如图 3-16 所示。

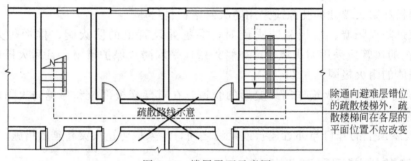

图 3-16　楼层平面示意图

除住宅建筑套内的自用楼梯外，地下或半地下建筑（室）的疏散楼梯间，应符合下列规定。

① 室内地面与室外出入口地坪高差大于 10m 或 3 层及以上的地下、半地下建筑（室），其疏散楼梯应采用防烟楼梯间，如图 3-17 所示；其他地下或半地下建筑（室），其疏散楼梯应采用封闭楼梯间。

② 应在首层采用耐火极限不低于 2.00h 的防火隔墙与其他部位分隔并应直通室外，确需在隔墙上开门时，应采用乙级防火门，如图 3-17 所示。

③ 建筑的地下或半地下部分与地上部分不应共用楼梯间，确需共用楼梯间时，应在首层采用耐火极限不低于 2.00h 的防火隔墙和乙级防火门将地下或半地下部分与地上部分的连通部位完全分隔，并应设置明显的标志。

（5）室外疏散楼梯（图 3-18）应符合下列规定。

① 栏杆扶手的高度不应小于 1.10m，楼梯的净宽度不应小于 0.90m。

② 倾斜角度不应大于 45°。

③ 梯段和平台均应采用不燃材料制作。平台的耐火极限不应低于 1.00h，梯段的耐火极限不应低于 0.25h。

④ 通向室外楼梯的门应采用乙级防火门，并应向外开启。

⑤ 除疏散门外，楼梯周围 2m 内的墙面上不应设置门、窗、洞口。疏散门不应正对梯段。

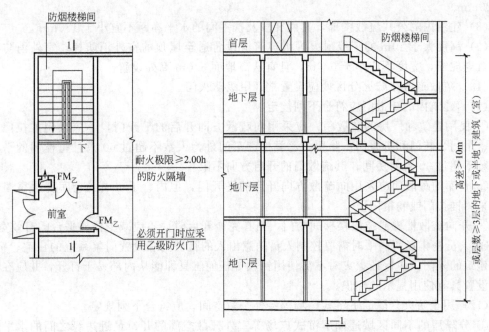

图 3-17 地下、半地下建筑（室）楼梯间首层示意图

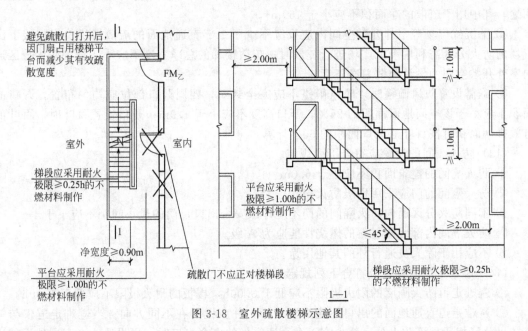

图 3-18 室外疏散楼梯示意图

（6）用作丁、戊类厂房内第二安全出口的楼梯可采用金属梯，但其净宽度不应小于 0.90m，倾斜角度不应大于 45°。

丁、戊类高层厂房，当每层工作平台上的人数不超过 2 人且各层工作平台上同时工作的人数总和不超过 10 人时，其疏散楼梯可采用敞开楼梯或利用净宽度不小于 0.90m、倾斜角度不大于 60°的金属梯。

（7）疏散用楼梯和疏散通道上的阶梯不宜采用螺旋楼梯和扇形踏步；确需采用时，踏步上、下两级所形成的平面角度不应大于 10°，且每级离扶手 250mm 处的踏步深度不应小于 220mm。

（8）建筑内的公共疏散楼梯，其两梯段及扶手间的水平净距不宜小于 150mm。

（9）高度大于 10m 的三级耐火等级建筑应设置通至屋顶的室外消防梯。室外消防梯不应面对老虎窗，宽度不应小于 0.6m，且宜从离地面 3.0m 高处设置。

（10）疏散走道在防火分区处应设置常开甲级防火门。

（11）建筑内的疏散门应符合下列规定。

① 民用建筑和厂房的疏散门，应采用向疏散方向开启的平开门，不应采用推拉门、卷帘门、吊门、转门和折叠门。除甲、乙类生产车间外，人数不超过 60 人且每樘门的平均疏散人数不超过 30 人的房间，其疏散门的开启方向不限。

② 仓库的疏散门应采用向疏散方向开启的平开门，但丙、丁、戊类仓库首层靠墙的外侧可采用推拉门或卷帘门。

③ 开向疏散楼梯或疏散楼梯间的门，当其完全开启时，不应减少楼梯平台的有效宽度。

④ 人员密集场所内平时需要控制人员随意出入的疏散门和设置门禁系统的住宅、宿舍、公寓建筑的外门，应保证火灾时不需使用钥匙等任何工具即能从内部易于打开，并应在显著位置设置具有使用提示的标识。

（12）用于防火分隔的下沉式广场等室外开敞空间，应符合下列规定。

① 分隔后的不同区域通向下沉式广场等室外开敞空间的开口最近边缘之间的水平距离不应小于 13m。室外开敞空间除用于人员疏散外不得用于其他商业或可能导致火灾蔓延的用途，其中用于疏散的净面积不应小于 169m²。

② 下沉式广场等室外开敞空间内应设置不少于 1 部直通地面的疏散楼梯。当连接下沉广场的防火分区需利用下沉广场进行疏散时，疏散楼梯的总净宽度不应小于任一防火分区通向室外开敞空间的设计疏散总净宽度。

③ 确需设置防风雨篷时，防风雨篷不应完全封闭，四周开口部位应均匀布置，开口的面积不应小于该空间地面面积的 25%，开口高度不应小于 1.0m；开口设置百叶时，百叶的有效排烟面积可按百叶通风口面积的 60% 计算。

（13）防火隔间的设置应符合下列规定。

① 防火隔间的建筑面积不应小于 6.0m²。

② 防火隔间的门应采用甲级防火门。

③ 不同防火分区通向防火隔间的门不应计入安全出口，门的最小间距不应小于 4m。

④ 防火隔间内部装修材料的燃烧性能应为 A 级。

⑤ 不应用于除人员通行外的其他用途。

（14）避难走道的设置应符合下列规定。

① 避难走道防火隔墙的耐火极限不应低于 3.00h，楼板的耐火极限不应低于 1.50h。

② 避难走道直通地面的出口不应少于 2 个，并应设置在不同方向；当避难走道仅与一个防火分区相通且该防火分区至少有 1 个直通室外的安全出口时，可设置 1 个直通地面的出口。任一防火分区通向避难走道的门至该避难走道最近直通地面的出口的距离不应大于 60m。

③ 避难走道的净宽度不应小于任一防火分区通向该避难走道的设计疏散总净宽度。

④ 避难走道内部装修材料的燃烧性能应为 A 级。

⑤ 防火分区至避难走道入口处应设置防烟前室，前室的使用面积不应小于 6.0m²，开向前室的门应采用甲级防火门，前室开向避难走道的门应采用乙级防火门。

⑥ 避难走道内应设置消火栓、消防应急照明、应急广播和消防专线电话。

3.1.5 防火门、窗和防火卷帘

3.1.5.1 防火门

（1）防火门的分类 防火门除了具有一般门的功效外，还具有能保证一定时限的耐火、防烟隔火等特殊的功能，通常用于建筑物的防火分区以及重要防火部位，能在一定程度上阻止火灾的蔓延，并能确保人员的疏散。

防火门是指既具有一定的耐火能力，能形成防火分区，控制火灾蔓延，又具有交通、通风、采光功能的维护设施。

我国按照耐火极限把防火门分为甲、乙、丙三级。甲级防火门的耐火极限不低于1.50h，主要用于防火墙上；乙级防火门的耐火极限不低于1.00h，主要用于疏散楼梯间及消防电梯前室的门洞口，以及单元式高层住宅开向楼梯间的户门等；丙级防火门的耐火极限不低于0.50h，主要用于电缆井、管道井、排烟竖井等的检查门。

防火门还有非燃烧体和难燃烧体之分。非燃烧体防火门是由非燃烧的钢板、镀锌铁皮、石棉板、矿棉等制作，而难燃烧体防火门是在可燃的木材、毛毡等外侧钉上铁皮、石棉板等制成。

（2）防火门的构造要求 防火门是由门框、门扇、控制设备和附件等组成，它们的构造和质量对防火门的防火和隔烟性能都有直接影响。

确定防火门的耐火极限，主要是看门的稳定性、完整性，是否被破坏和是否失去隔火作用。这主要与门扇的材料、构造、抗火烧能力（在一定时间内不垮塌、不发生穿透裂缝或孔洞），门扇与门框之间的间隙，门扇的热传导性能（需检测门扇背火面的平均温升或最高温升），以及所选用的铰链等附件（普通铰链火烧后可能失去支撑能力而导致防火门的倒塌，或弹簧铰链中的弹簧因受热而失去弹性）等有关。各种等级的防火门其最低耐火极限分别为：甲级防火门1.50h；乙级防火门1.00h；丙级防火门0.50h。各种常用防火门的构造简述如下。

① 单扇钢质防火门 工业用钢质防火门多为无框门（没有门框）。门扇由薄壁型钢或角钢制成框架，两面焊贴厚度为1.5～3mm的冷轧薄钢板，内填矿棉，门厚60mm。火灾时，门在平衡锤吊绳（易熔片系于绳的中段）断开后靠其自重沿斜轨下滑关闭，耐火极限可达1.5h。

民用钢质防火门多为有框门，门框用1.5mm冷轧薄钢板折弯成型，在中间的空腔中填满水泥砂浆或珍珠岩水泥砂浆；镶嵌在门洞中时与预埋铁件焊接；在门框与门扇的接合缝处宜设置能耐高温的密封条。门扇多用0.8～1.0mm冷轧薄钢板卷边与加强筋点焊制成，空腔中以硅酸铝纤维毡或岩棉加硅酸钙板填实，门的标准厚度为45mm。填料如需拼接，不宜对接，宜用榫接。为避免高温时填料体积收缩致使门的耐火性能下降，填充时应加高温黏结剂。

② 双扇钢质防火门 门框及门窗的构造与单扇钢质防火门相同。需注意的是，门锁应有一定的耐火性能，特别是锁舌，不应在火灾初期就熔化了；铰链应有足够的强度，否则门扇容易掉角，使门缝局部扩大，失去隔火作用。双扇门的中缝是薄弱环节，门扇变形往往是中缝首先扩大，致使火灾蔓延。处理方法：一是将中缝做成半榫搭接；二是在中缝搭接的内拐角处设置密封条，可较好地防止烟火窜出。

③ 单扇木质防火门 门框所用木料需经浸渍阻燃处理，或成型后涂刷防火涂料。在门框与门扇的接合缝处嵌防火密封条，以阻止烟火从门隙处窜出。门扇由面板、骨架及填芯材料组合而成。两面的面板用浸渍处理过的五层胶合板制成；中间的木骨架形成框档，在其中

填充陶瓷棉或岩棉，并压实。填充料拼接及填充时的要求与钢制防火门相同。门扇的标准厚度为45mm。

④ 双扇木质防火门　门框及门扇的构造与单扇木质防火门相同。对门锁、铰链和中缝的要求与双扇钢质防火门相同。

木质防火门由于自重轻，制作较为简便和装饰效果好，耐火性能基本上也能符合要求，因此应用较广泛。木板铁皮门和钢质防火门则主要在厂房、仓库中使用。

（3）防火门的设置　防火门的设置应符合下列规定。

① 除管井检修门和住宅的户门外，防火门应具有自行关闭功能（图3-19）。其目的是为避免烟气或火势通过门洞窜入疏散通道内，保证疏散通道在一定时间内的相对安全，防火门在平时要尽量保持关闭状态。为方便平时经常有人通行而需要保持常开的防火门，要采取措施使之能在着火时以及人员疏散后能自行关闭，如设置与报警系统联动的控制装置和闭门器等。

② 双扇防火门应具有按顺序自行关闭的功能（图3-20）。其目的是为了保证防火门的防火、防烟性能以及人员疏散的需要，防火门的开启方式、方向等均应满足紧急情况下人员迅速开启、快捷疏散的需要。因此要求防火门具有自闭的功能，而对于双扇防火门应具有按顺序关闭的功能，否则容易出现由于关闭顺序混乱而导致防火门不能正常自行关闭。

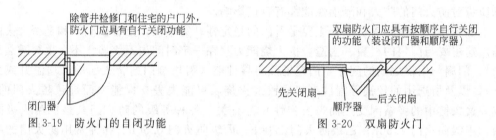

图3-19　防火门的自闭功能　　　　　图3-20　双扇防火门

③ 设置在建筑内经常有人通行处的防火门宜采用常开防火门。常开防火门应能在火灾时自行关闭，并应具有信号反馈的功能，如图3-21所示。建筑内设置的防火门，既要能保持建筑防火分隔的完整性，又要能方便人员疏散和开启，应保证门的防火、防烟性能符合相应构件的耐火要求以及人员的疏散需要。

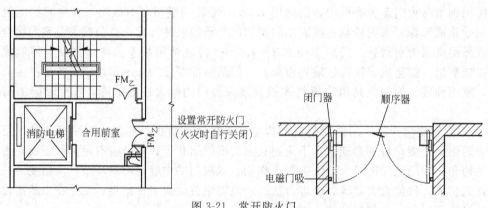

图3-21　常开防火门

常开防火门上应设闭门器（或自动闭门器）、顺序器和火灾时能使闭门器工作的释放器和信号反馈装置，由消防控制中心控制，做到发生火灾时，门能自动关闭。

④ 防火门应能在其内外两侧手动开启。

⑤ 设置在建筑变形缝附近时，防火门应设置在楼层较多的一侧，并应保证防火门开启时门扇不跨越变形缝（图3-22、图3-23）。发生火灾时，建筑中的变形缝密闭性较差的部位，若设置在变形缝附近的防火门开启后其门扇跨越变形缝，难以形成防火分区间的相互独立性，因此应尽量避免防火门开启后的门扇跨越变形缝。

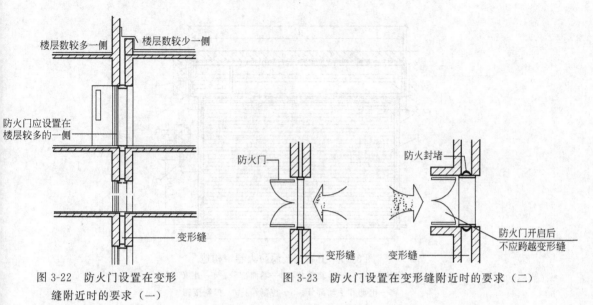

图 3-22　防火门设置在变形缝附近时的要求（一）

图 3-23　防火门设置在变形缝附近时的要求（二）

3.1.5.2　防火窗

防火窗是指在一定时间内，连同框架能满足耐火稳定性和耐火完整性要求的窗。在防火间距不足的两建筑物外墙上，或在被防火墙分隔的空间之间，需要采光和通风时，应当采用防火窗。

防火窗的安装形式有开启式和固定式两种，所用的材料有防火铅丝玻璃和防火复合玻璃两种。

单层铅丝玻璃防火窗的耐火极限为0.60h，双层铅丝玻璃防火窗的耐火极限可达1.20h。防火复合玻璃是将普通平板玻璃用防火粘接材料复合成多层玻璃之后形成的一种既透明、又防火的新型防火玻璃。用这种玻璃制成的防火窗，耐火极限可达1.20h以上。

另外，还有一种铁皮窗，它是在木质窗扇和窗框上包裹一种铁皮。白天需要时可以打开通风和采光，不需要时则关闭，可防止外来火种窜入或邻近火灾侵袭，又可防止本建筑起火时向相邻建筑蔓延。这种防火窗常在改善原有旧建筑的防火条件时采用，简便易行。缺点是只能做成活动窗，而不能固定；关窗时也不能采光。

3.1.5.3　防火卷帘

（1）防火卷帘的分类　防火卷帘一般由钢板或铝合金板材制成。钢质防火卷帘门因安装在建筑物中位置的不同而有区别，可分为外墙用防火卷帘门和室内防火卷帘门。其中外墙卷帘也可按耐风压强度和耐火极限区分，而室内用卷帘则按其耐火极限、防烟性能来区分：

① 按耐火极限，防火卷帘门可分为耐火极限2.00h和3.00h两种。

② 按耐风压强度，可分为490N/m²、784N/m²、1177N/m²三种。

③ 按帘面数量分为1个和2个。

④ 按启闭方式分为垂直卷、侧向卷、水平卷三种。

(2) 防火卷帘的构造要求 防火卷帘由帘板、卷筒、导轨、传动装置、卷门机和控制系统等部分组成。防火卷帘的帘板平时卷在卷筒轴上，火灾发生时，可通过手动、电动、自动三种传动方式使卷筒轴转动，帘板沿导轨运动将门洞等部位关闭，从而阻止火势的蔓延。

① 上卷式金属防火卷帘 上卷式金属防火卷帘构造如图 3-24 所示。

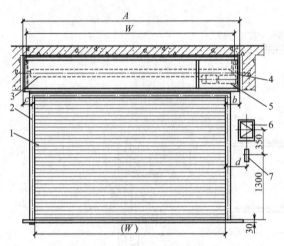

图 3-24　上卷式金属防火卷帘构造
1—帘板部分；2—导轨部分；3—卷筒部分；4—外罩部分；
5—电动和手动部分；6—控制箱；7—控制按钮

② 侧卷式金属防火卷帘 金属侧卷式防火卷帘由帘板、帘板卷筒、绳卷筒、上下导轨、传动装置、手动机构、电气控制系统等部分组成。这是一种侧向移动形式的金属防火卷帘，其跨度大，适用于建筑物内部有较大尺寸的洞口或是大厅防火分区的防火分隔（如设有中庭的建筑和大跨度建筑的防火分隔）。

侧卷式金属防火卷帘的悬挂滑动构件包括钢制滑轨和滑轮组等。侧帘通过滑轮悬挂在滑轨内依靠牵引力随滑轮前移，使洞口封闭。按照滑轨敷设方式可分为埋设式滑轨和明设式滑轨。埋设式滑轨由于滑轨在火灾时不直接与烟火接触，耐火性能较好。但应采取防火防烟措施，防止烟火进入滑轨内腹，避免悬吊件直接受烟火作用；明设式滑轨直接暴露在外面的承重构件应采取可靠的耐火措施，并应采取防火防烟措施保护滑轨内腹和悬挂件免受烟火的直接作用。

③ 无机复合防火卷帘 无机复合防火卷帘由卷帘、卷帘轴、导轴、支座、开闭机等组成。卷轴两端由特殊设计的机构支承，能补偿墙面的平面误差，使卷轴在任何情况下均能转动自如。这种防火卷帘的帘面采用无机纤维织物经过特殊处理后制成，具有相对体积小，重量轻，占用空间小，能降低建筑物的承载负荷，满足安装空间要求，背火面温度较低的特点。经国家法定检测部门检测，其耐火极限可达到 4.00h，能满足各种建筑防火分隔构件的耐火极限要求。

(3) 防火卷帘的设置 防火分区间采用防火卷帘分隔时。应符合下列规定：

① 除中庭外，当防火分隔部位的宽度不大于 30m 时，防火卷帘的宽度不应大于 10m；当防火分隔部位的宽度大于 30m 时，防火卷帘的宽度不应大于该部位宽度的 1/3，且不应大于 20m。

② 防火卷帘应具有火灾时靠自重自动关闭功能。

③ 除《建筑设计防火规范》（GB 50016—2014）另有规定外，防火卷帘的耐火极限不应低于《建筑设计防火规范》（GB 50016—2014）对所设置部位墙体的耐火极限要求。

当防火卷帘的耐火极限符合现行国家标准《门和卷帘的耐火试验方法》（GB/T 7633—2008）有关耐火完整性和耐火隔热性的判定条件时，可不设置自动喷水灭火系统保护。

当防火卷帘的耐火极限仅符合现行国家标准《门和卷帘的耐火试验方法》（GB/T 7633—2008）有关耐火完整性的判定条件时，应设置自动喷水灭火系统保护。自动喷水灭火系统的设计应符合现行国家标准《自动喷水灭火系统设计规范》（GB 50084—2001）的规定，但火灾延续时间不应小于该防火卷帘的耐火极限。

④ 防火卷帘应具有防烟性能，与楼板、梁和墙、柱之间的空隙应采用防火封堵材料封堵（图 3-25）。采用防火卷帘分隔是工业厂房和部分大型公共建筑的防火分隔措施之一，在采用防火卷帘作防火分隔体时，应采用具有防烟性能的防火卷帘，认真考虑分隔空间的宽度、高度及其在火灾情况下高温烟气对卷帘面、卷轴及电机的影响，防止烟气和火势透过卷帘传播蔓延。

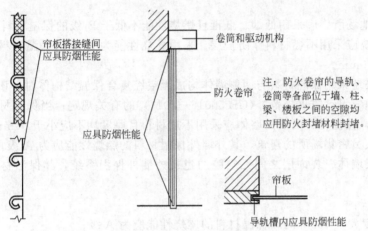

图 3-25　防火卷帘的防烟性能

⑤ 需在火灾时自动降落的防火卷帘，应具有信号反馈的功能。

3.1.6　天桥、栈桥和管沟

① 天桥、跨越房屋的栈桥以及供输送可燃材料、可燃气体和甲、乙、丙类液体的栈桥，均应采用不燃材料。

② 输送有火灾、爆炸危险物质的栈桥不应兼作疏散通道，如图 3-26 所示。

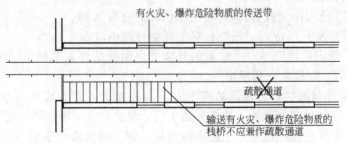

图 3-26　输送有火灾、爆炸危险物质的栈桥平面示意图

③ 封闭天桥、栈桥与建筑物连接处的门洞以及敷设甲、乙、丙类液体管道的封闭管沟（廊），均宜采取防止火灾蔓延的措施。

④ 连接两座建筑物的天桥、连廊，应采取防止火灾在两座建筑间蔓延的措施。当仅供通行的天桥、连廊采用不燃材料，且建筑物通向天桥、连廊的出口符合安全出口的要求时，该出口可作为安全出口。

3.1.7 建筑保温和外墙装饰

（1）建筑的内、外保温系统，宜采用燃烧性能为 A 级的保温材料，不宜采用 B_2 级保温材料，严禁采用 B_3 级保温材料；设置保温系统的基层墙体或屋面板的耐火极限应符合《建筑设计防火规范》（GB 50016—2014）的有关规定。

（2）建筑外墙采用内保温系统时，保温系统应符合下列规定。

① 对于人员密集场所，用火、燃油、燃气等具有火灾危险性的场所以及各类建筑内的疏散楼梯间、避难走道、避难间、避难层等场所或部位，应采用燃烧性能为 A 级的保温材料。

② 对于其他场所，应采用低烟、低毒且燃烧性能不低于 B_1 级的保温材料。

③ 保温系统应采用不燃材料作防护层。采用燃烧性能为 B_1 级的保温材料时，防护层的厚度不应小于 10mm。

（3）建筑外墙采用保温材料与两侧墙体构成无空腔复合保温结构体时，该结构体的耐火极限应符合《建筑设计防火规范》（GB 50016—2014）的有关规定；当保温材料的燃烧性能为 B_1、B_2 级时，保温材料两侧的墙体应采用不燃材料且厚度均不应小于 50mm。

（4）设置人员密集场所的建筑，其外墙外保温材料的燃烧性能应为 A 级。

（5）与基层墙体、装饰层之间无空腔的建筑外墙外保温系统，其保温材料应符合下列规定。

① 住宅建筑：

a. 建筑高度大于 100m 时，保温材料的燃烧性能应为 A 级；

b. 建筑高度大于 27m，但不大于 100m 时，保温材料的燃烧性能不应低于 B_1 级；

c. 建筑高度不大于 27m 时，保温材料的燃烧性能不应低于 B_2 级。

② 除住宅建筑和设置人员密集场所的建筑外，其他建筑：

a. 建筑高度大于 50m 时，保温材料的燃烧性能应为 A 级；

b. 建筑高度大于 24m，但不大于 50m 时，保温材料的燃烧性能不应低于 B_1 级；

c. 建筑高度不大于 24m 时，保温材料的燃烧性能不应低于 B_2 级。

（6）除设置人员密集场所的建筑外，与基层墙体、装饰层之间有空腔的建筑外墙外保温系统，其保温材料应符合下列规定。

① 建筑高度大于 24m 时，保温材料的燃烧性能应为 A 级。

② 建筑高度不大于 24m 时，保温材料的燃烧性能不应低于 B_1 级。

（7）除（3）规定的情况外，当建筑的外墙外保温系统按本节规定采用燃烧性能为 B_1、B_2 级的保温材料时，应符合下列规定。

① 除采用 B_1 级保温材料且建筑高度不大于 24m 的公共建筑或采用 B_1 级保温材料且建筑高度不大于 27m 的住宅建筑外，建筑外墙上门、窗的耐火完整性不应低于 0.50h。

② 应在保温系统中每层设置水平防火隔离带。防火隔离带应采用燃烧性能为 A 级的材料，防火隔离带的高度不应小于 300mm。

（8）建筑的外墙外保温系统应采用不燃材料在其表面设置防护层，防护层应将保温材料完全包覆。除（3）规定的情况外，当按本节规定采用 B_1、B_2 级保温材料时，防护层厚度首层不应小于 15mm，其他层不应小于 5mm。

（9）建筑外墙外保温系统与基层墙体、装饰层之间的空腔，应在每层楼板处采用防火封堵材料封堵。

（10）建筑的屋面外保温系统，当屋面板的耐火极限不低于 1.00h 时，保温材料的燃烧性能不应低于 B_2 级；当屋面板的耐火极限低于 1.00h 时，不应低于 B_1 级。采用 B_1、B_2 级保温材料的外保温系统应采用不燃材料作防护层，防护层的厚度不应小于 10mm。

当建筑的屋面和外墙外保温系统均采用 B_1、B_2 级保温材料时，屋面与外墙之间应采用宽度不小于 500mm 的不燃材料设置防火隔离带进行分隔。

（11）电气线路不应穿越或敷设在燃烧性能为 B_1 或 B_2 级的保温材料中；确需穿越或敷设时，应采取穿金属管并在金属管周围采用不燃隔热材料进行防火隔离等防火保护措施。设置开关、插座等电气配件的部位周围应采取不燃隔热材料进行防火隔离等防火保护措施。

（12）建筑外墙的装饰层应采用燃烧性能为 A 级的材料，但建筑高度不大于 50m 时，可采用 B_1 级材料。

3.2 灭火救援设施

3.2.1 消防车道

（1）街区内的道路应考虑消防车的通行，道路中心线间的距离不宜大于 160m 当建筑物沿街道部分的长度大于 150m 或总长度大于 220m 时，应设置穿过建筑物的消防车道。确有困难时，应设置环形消防车道。

（2）高层民用建筑，超过 3000 个座位的体育馆，超过 2000 个座位的会堂，占地面积大于 3000m² 的商店建筑、展览建筑等单、多层公共建筑应设置环形消防车道，确有困难时，可沿建筑的两个长边设置消防车道；对于高层住宅建筑和山坡地或河道边临空建造的高层民用建筑，可沿建筑的一个长边设置消防车道，但该长边所在建筑立面应为消防车登高操作面。

（3）工厂、仓库区内应设置消防车道 高层厂房，占地面积大于 3000m² 的甲、乙、丙类厂房和占地面积大于 1500m² 的乙、丙类仓库，应设置环形消防车道，确有困难时，应沿建筑物的两个长边设置消防车道。

（4）有封闭内院或天井的建筑物，当内院或天井的短边长度大于 24m 时，宜设置进入内院或天井的消防车道；当该建筑物沿街时，应设置连通街道和内院的人行通道（可利用楼梯间），其间距不宜大于 80m。

（5）在穿过建筑物或进入建筑物内院的消防车道两侧，不应设置影响消防车通行或人员安全疏散的设施。

（6）可燃材料露天堆场区，液化石油气储罐区，甲、乙、丙类液体储罐区和可燃气体储罐区，应设置消防车道。消防车道的设置应符合下列规定。

① 储量大于表 3-2 规定的堆场、储罐区，宜设置环形消防车道。

② 占地面积大于 30000m² 的可燃材料堆场，应设置与环形消防车道相通的中间消防车道，消防车道的间距不宜大于 150m。液化石油气储罐区，甲、乙、丙类液体储罐区和可燃气体储罐区内的环形消防车道之间宜设置连通的消防车道。

③ 消防车道的边缘距离可燃材料堆垛不应小于5m。

表3-2 堆场或储罐区的储量

名称	棉、麻、毛、化纤/t	秸秆、芦苇/t	木材/m³	甲、乙、丙类液体储罐/m³	液化石油气储罐/m³	可燃气体储罐/m³
储量	1000	5000	5000	1500	500	30000

（7）供消防车取水的天然水源和消防水池应设置消防车道。消防车道的边缘距离取水点不宜大于2m。

（8）消防车道应符合下列要求：

① 车道的净宽度和净空高度均不应小于4.0m；

② 转弯半径应满足消防车转弯的要求；

③ 消防车道与建筑之间不应设置妨碍消防车操作的树木、架空管线等障碍物；

④ 消防车道靠建筑外墙一侧的边缘距离建筑外墙不宜小于5m；

⑤ 消防车道的坡度不宜大于8%。

（9）环形消防车道至少应有两处与其他车道连通 尽头式消防车道应设置回车道或回车场，回车场的面积不应小于12m×12m；对于高层建筑，不宜小于15m×15m；供重型消防车使用时，不宜小于18m×18m。

消防车道的路面、救援操作场地、消防车道和救援操作场地下面的管道和暗沟等，应能承受重型消防车的压力。

消防车道可利用城乡、厂区道路等，但该道路应满足消防车通行、转弯和停靠的要求。

（10）消防车道不宜与铁路正线平交 确需平交时，应设置备用车道，且两车道的间距不应小于一列火车的长度。

3.2.2 救援场地和入口

（1）高层建筑应至少沿一个长边或周边长度的1/4且不小于一个长边长度的底边连续布置消防车登高操作场地，该范围内的裙房进深不应大于4m。

建筑高度不大于50m的建筑，连续布置消防车登高操作场地确有困难时，可间隔布置。但间隔距离不宜大于30m，且消防车登高操作场地的总长度仍应符合上述规定。

（2）消防车登高操作场地应符合下列规定。

① 场地与厂房、仓库、民用建筑之间不应设置妨碍消防车操作的树木、架空管线等障碍物和车库出入口。

② 场地的长度和宽度分别不应小于15m和10m。对于建筑高度大于50m的建筑，场地的长度和宽度分别不应小于20m和10m。

③ 场地及其下面的建筑结构、管道和暗沟等，应能承受重型消防车的压力。

④ 场地应与消防车道连通，场地靠建筑外墙一侧的边缘距离建筑外墙不宜小于5m，且不应大于10m，场地的坡度不宜大于3%。

（3）建筑物与消防车登高操作场地相对应的范围内，应设置直通室外的楼梯或直通楼梯间的入口。

（4）厂房、仓库、公共建筑的外墙应在每层的适当位置设置可供消防救援人员进入的窗口。

（5）供消防救援人员进入的窗口的净高度和净宽度均不应小于1.0m，下沿距室内地面不宜大于1.2m，间距不宜大于20m且每个防火分区不应少于2个，设置位置应与消防车登高操作场地相对应。窗口的玻璃应易于破碎，并应设置可在室外易于识别的明显标志。

3.2.3 消防电梯

（1）下列建筑应设置消防电梯（图3-27）：

① 建筑高度大于33m的住宅建筑；

② 一类高层公共建筑和建筑高度大于32m的二类高层公共建筑；

③ 设置消防电梯的建筑的地下或半地下室，埋深大于10m且总建筑面积大于3000m² 的其他地下或半地下建筑（室）。

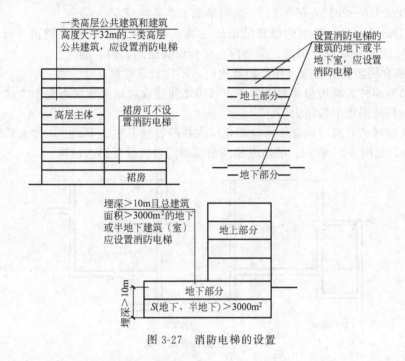

图3-27 消防电梯的设置

（2）消防电梯应分别设置在不同防火分区内，且每个防火分区不应少于1台。

（3）建筑高度大于32m且设置电梯的高层厂房（仓库），每个防火分区内宜设置1台消防电梯，但符合下列条件的建筑可不设置消防电梯（图3-28）。

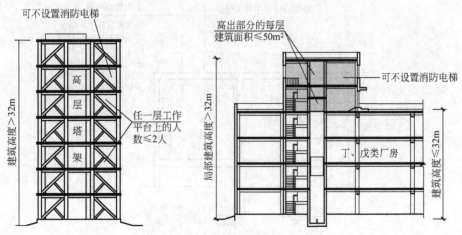

图3-28 不设消防电梯的建筑

① 建筑高度大于32m且设置电梯，任一层工作平台上的人数不超过2人的高层塔架。

② 局部建筑高度大于32m，且局部高出部分的每层建筑面积不大于50m²的丁、戊类厂房。

（4）符合消防电梯要求的客梯或货梯可兼作消防电梯。

（5）除设置在仓库连廊、冷库穿堂或谷物筒仓工作塔内的消防电梯外，消防电梯应设置前室，并应符合下列规定。

① 前室宜靠外墙设置，并应在首层直通室外或经过长度不大于30m的通道通向室外。

② 前室的使用面积不应小于6.0m²，与防烟楼梯间合用的前室，应符合《建筑设计防火规范》（GB 50016—2014）第5.5.28条和第6.4.3条的规定。

③ 除前室的出入口、前室内设置的正压送风口和《建筑设计防火规范》（GB 50016—2014）第5.5.27条规定的户门外，前室内不应开设其他门、窗、洞口。

④ 前室或合用前室的门应采用乙级防火门，不应设置卷帘。

（6）消防电梯井、机房与相邻电梯井、机房之间应设置耐火极限不低于2.00h的防火隔墙，隔墙上的门应采用甲级防火门。

（7）消防电梯的井底应设置排水设施，排水井的容量不应小于2m³，排水泵的排水量不应小于10L/s，如图3-29所示。消防电梯间前室的门口宜设置挡水设施。

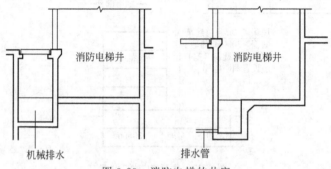

图3-29　消防电梯的井底

（8）消防电梯（图3-30）应符合下列规定：

① 应能每层停靠；

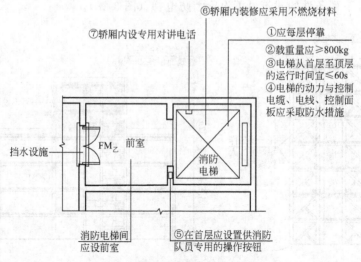

图3-30　消防电梯

② 电梯的载重量不应小于 800kg；

③ 电梯从首层至顶层的运行时间不宜大于 60s；

④ 电梯的动力与控制电缆、电线、控制面板应采取防水措施；

⑤ 在首层的消防电梯入口处应设置供消防队员专用的操作按钮；

⑥ 电梯轿厢的内部装修应采用不燃材料；

⑦ 电梯轿厢内部应设置专用消防对讲电话。

3.2.4 直升机停机坪

（1）建筑高度大于 100m 且标准层建筑面积大于 2000m² 的公共建筑，宜在屋顶设置直升机停机坪或供直升机救助的设施，如图 3-31 所示。

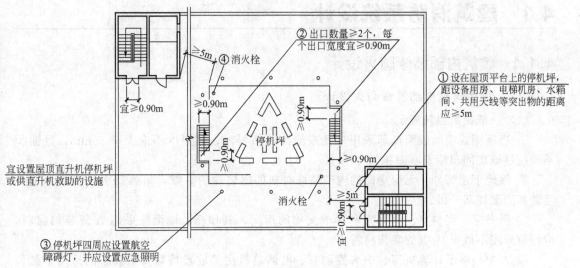

图 3-31 屋顶平面示意图

（2）直升机停机坪应符合下列规定：

① 设置在屋顶平台上时，距离设备机房、电梯机房、水箱间、共用天线等突出物不应小于 5m；

② 建筑通向停机坪的出口不应少于 2 个，每个出口的宽度不宜小于 0.90m；

③ 四周应设置航空障碍灯，并应设置应急照明；

④ 在停机坪的适当位置应设置消火栓；

⑤ 其他要求应符合国家现行航空管理有关标准的规定。

4 常见消防系统设计与施工

4.1 建筑消防系统设计

4.1.1 建筑内部装修防火设计

4.1.1.1 民用建筑内部装修防火设计

（1）一般民用建筑规定

① 当顶棚或墙面表面局部采用多孔或泡沫状塑料时，其厚度不应大于 15mm，且面积不得超过该房间顶棚或墙面积的 10%。

② 除地下建筑外，无窗房间的内部装修材料的燃烧性能等级，除 A 级外，应在本节规定的基础上提高一级。

③ 图书室、资料室、档案室和存放文物的房间，其顶棚、墙面应采用 A 级装修材料，地面应采用不低于 B_1 级的装修材料。

④ 大中型电子计算机房、中央控制室、电话总机房等放置特殊贵重设备的房间，其顶棚和墙面应采用 A 级装修材料，地面及其他装修应采用不低于 B_1 级的装修材料。

⑤ 消防水泵房、排烟机房、固定灭火系统钢瓶间、配电室、变压器室、通风和空调机房等，其内部所有装修均应采用 A 级装修材料。

⑥ 无自然采光楼梯间、封闭楼梯间、防烟楼梯间的顶棚、墙面和地面均应采用 A 级装修材料。

⑦ 建筑物内设有上下层相连通的中庭、走马廊、开敞楼梯、自动扶梯时，其连通部位的顶棚、墙面应采用 A 级装修材料，其他部位应采用不低于 B_1 级的装修材料。

⑧ 防烟分区的挡烟垂壁，其装修材料应采用 A 级装修材料。

⑨ 建筑内部的变形缝（包括沉降缝、伸缩缝、抗震缝等）两侧的基层应采用 A 级材料，表面装修应采用不低于 B_1 级的装修材料。

⑩ 建筑内部的配电箱不应直接安装在低于 B_1 级的装修材料上。

⑪ 照明灯具的高温部位，当靠近非 A 级装修材料时，应采取隔热、散热等防火保护措施。灯饰所用材料的燃烧性能等级不应低于 B_1 级。

⑫ 公共建筑内部不宜设置采用 B_3 级装饰材料制成的壁挂、雕塑、模型、标本，当需要设置时，不应靠近火源或热源。

⑬ 地上建筑的水平疏散走道和安全出口的门厅，其顶棚装饰材料应采用 A 级装修材料，其他部位应采用不低于 B_1 级的装修材料。

⑭ 建筑内部消火栓的门不应被装饰物遮掩，消火栓门四周的装修材料颜色应与消火栓

门的颜色有明显区别。

⑮ 建筑内部装修不应遮挡消防设施和疏散指示标志及出口，并且不应妨碍消防设施和疏散走道的正常使用。

建筑内部装修不应减少安全出口、疏散出口和疏散走道的设计所需的净宽度和数量。

⑯ 建筑物内的厨房，其顶棚、墙面、地面均应采用 A 级装修材料。

⑰ 经常使用明火器具的餐厅、科研实验室，装修材料的燃烧性能等级，除 A 级外，应在本节规定的基础上提高一级。

⑱ 当歌舞厅、卡拉 OK 厅（含具有卡拉 OK 功能的餐厅）、夜总会、录像厅、放映厅、桑拿浴室（除洗浴部分外）、游艺厅（含电子游艺厅）、网吧等歌舞娱乐放映游艺场所（以下简称歌舞娱乐放映游艺场所）设置在一、二级耐火等级建筑的四层及四层以上时，室内装修的顶棚材料应采用 A 级装修材料，其他部位应采用不低于 B₁ 级的装修材料；当设置在地下一层时，室内装修的顶棚、墙面材料应采用 A 级装修材料，其他部位应采用不低于 B₁ 级的装修材料。

（2）单层、多层民用建筑规定

① 单层、多层民用建筑内部各部位装修材料的燃烧性能等级，不应低于表 4-1 的规定。

表 4-1　单层、多层民用建筑内部各部位装修材料的燃烧性能等级

建筑物及场所	建筑规模、性质	装修材料燃烧性能等级							
		顶棚	墙面	地面	隔断	固定家具	装饰织物		其他装饰材料
							窗帘	帷幕	
候机楼的候机大厅、商店、餐厅、贵宾候机室、售票厅等	建筑面积>10000m² 的候机楼	A	A	B₁	B₁	B₁	B₁	—	B₁
	建筑面积≤10000m² 的候机楼	A	B₁	B₁	B₁	B₂	B₁	—	B₁
汽车站、火车站、轮船客运站的候车（船）室，餐厅，商场等	建筑面积>10000m² 的车站、码头	A	A	B₁	B₁	B₁	B₁	—	B₂
	建筑面积≤10000m² 的车站、码头	B₁	B₁	B₁	B₂	B₂	B₂	—	B₂
影院、会堂、礼堂、剧院、音乐厅	>800 座位	A	A	B₁	B₁	B₁	B₁	B₁	B₂
	≤800 座位	A	B₁	B₁	B₁	B₂	B₁	B₁	B₂
体育馆	>3000 座位	A	A	B₁	B₁	B₁	B₂	B₂	B₂
	≤3000 座位	A	B₁	B₁	B₁	B₂	B₂	B₂	B₂
商场营业厅	每层建筑面积>3000m² 或总建筑面积>9000m² 的营业厅	A	B₁	B₂	A	B₁	B₁	—	B₂
	每层建筑面积 1000~3000m² 或总建筑面积 3000~9000m² 的营业厅	A	B₁	B₂	B₁	B₂	B₁	—	B₂
	每层建筑面积<1000m²，或总建筑面积<3000m² 的营业厅	B₁	B₁	B₂	B₂	B₂	B₂	—	B₂
饭店、旅馆的客房及公共活动用房等	设有中央空调系统的饭店、旅馆	A	B₁	B₁	B₁	B₂	B₁	—	B₂
	其他饭店、旅馆	B₁	B₁	B₂	B₂	B₂	B₂	—	B₂
歌舞厅、餐馆等娱乐、餐饮建筑	营业面积>100m²	A	B₁	B₁	B₁	B₂	B₁	—	B₂
	营业面积≤100m²	B₁	B₁	B₁	B₂	B₂	B₂	—	B₂

建筑物及场所	建筑规模、性质	装修材料燃烧性能等级							
		顶棚	墙面	地面	隔断	固定家具	装饰织物		其他装饰材料
							窗帘	帷幕	
幼儿园、托儿所、医院病房楼、疗养院、养老院	—	A	B_1	B_1	B_1	B_2	B_1	—	B_2
纪念馆、展览馆、博物馆、图书馆、档案馆、资料馆等	国家级、省级	A	B_1	B_1	B_1	B_2	B_1	—	B_2
	省级以下	B_1	B_1	B_2	B_2	B_2	B_2	—	B_2
办公楼、综合楼	设有中央空调系统的办公楼、综合楼	A	B_1	B_1	B_1	B_2	B_1	—	B_2
	其他办公楼、综合楼	B_1	B_1	B_2	B_2	B_2	—	—	—
住宅	高级住宅	B_1	B_1	B_1	B_1	B_2	B_2	—	B_2
	普通住宅	B_1	B_1	B_2	B_2	B_2	—	—	—

② 单层、多层民用建筑内面积小于 $100m^2$ 的房间,当采用防火墙和耐火极限不低于 1.20h 的防火门窗与其他部位分隔时,其装修材料的燃烧性能等级可在表 4-1 的基础上降低一级。

③ 除 (1) 中⑱的规定外,当单层、多层民用建筑内装有自动灭火系统时,除顶棚外,其内部装修材料的燃烧性能等级可在表 4-1 规定的基础上降低一级;当同时装有火灾自动报警装置和自动灭火系统时,其顶棚装修材料的燃烧性能等级可在表 4-1 规定的基础上降低一级,其他装修材料的燃烧性能等级可不限制。

(3) 高层民用建筑规定

① 高层民用建筑内部各部位装修材料的燃烧性能等级,不应低于表 4-2 的规定。

表 4-2　高层民用建筑内部各部位装修材料的燃烧性能等级

建筑物及场所	建筑规模、性质	装修材料燃烧性能等级									其他装饰材料
		顶棚	墙面	地面	隔断	固定家具	装饰织物				
							窗帘	帷幕	床罩	家具包布	
高级旅馆	>800 座位的观众厅、会议厅、顶层餐厅	A	B_1	B_1	B_1	B_1	B_1	B_1	—	B_1	B_1
	≤800 座位的观众厅、会议厅	A	B_1	B_1	B_1	B_1	B_1	—	B_1	B_1	B_1
	其他部位	A	B_1	B_2	B_2	B_2	B_2	B_1	B_2	B_2	B_1
商业楼、展览楼、综合楼、商住楼、医院病房楼	一类建筑	A	B_1	B_1	B_1	B_1	B_1	—	—	B_1	B_1
	二类建筑	B_1	B_1	B_1	B_1	B_2	B_2	—	—	B_2	B_2
电信楼、财贸金融楼、邮政楼、广播电视楼、电力调度楼、防灾指挥调度楼	一类建筑	A	A	B_1	B_1	B_1	B_1	—	—	B_1	B_1
	二类建筑	B_1	B_1	B_2	B_2	B_2	B_2	—	—	B_2	B_2

建筑物及场所	建筑规模、性质	装修材料燃烧性能等级									
		顶棚	墙面	地面	隔断	固定家具	装饰织物				其他装饰材料
							窗帘	帷幕	床罩	家具包布	
教学楼、办公楼、科研楼、档案楼、图书馆	一类建筑	A	B_1	B_1	B_1	B_2	B_1	B_1	—	B_1	B_1
	二类建筑	B_1	B_1	B_2	B_2	B_2	B_2	B_2	—	B_2	B_2
住宅、普通旅馆	一类普通旅馆、高级住宅	A	B_1	B_1	B_1	B_2	B_1	B_1	—	B_1	B_1
	二类普通旅馆、普通住宅	B_1	B_1	B_2	B_2	B_2	B_2	—	—	B_2	B_2

注：1. "顶层餐厅"包括设在高空的餐厅，观光厅等。

2. 建筑物的类别、规模、性质应符合国家现行标准《建筑设计防火规范》(GB 50016—2014)的有关规定。

② 除(1)中⑱所规定的场所和 100m 以上的高层民用建筑及大于 800 座位的观众厅、会议厅，顶层餐厅外，当设有火灾自动报警装置和自动灭火系统时，除顶棚外，其内部装修材料的燃烧性能等级可在表 4-2 规定的基础上降低一级。

③ 电视塔等特殊高层建筑的内部装修，均应采用 A 级装修材料。

(4) 地下民用建筑规定

① 地下民用建筑内部各部位装修材料的燃烧性能等级，不应低于表 4-3 的规定。地下民用建筑系指单层、多层、高层民用建筑的地下部分，单独建造在地下的民用建筑以及平战结合的地下人防工程。

表 4-3　地下民用建筑内部各部位装修材料的燃烧性能等级

建筑物及场所	装修材料燃烧性能等级						
	顶棚	墙面	地面	隔断	固定家具	装饰织物	其他装饰材料
休息室和办公室等 旅馆的客房及公共活动用房等	A	B_1	B_1	B_1	B_1	B_1	B_2
娱乐场所、旱冰场等 舞厅、展览厅等 医院的病房、医疗用房等	A	A	B_1	B_1	B_1	B_1	B_2
电影院的观众厅 商场的营业厅	A	A	A	B_1	B_1	B_1	B_2
停车库 人行通道 图书资料库、档案库	A	A	A	A	A	—	—

② 地下民用建筑的疏散走道和安全出口的门厅，其顶棚、墙面和地面的装修材料应采用 A 级装修材料。

③ 单独建造的地下民用建筑的地上部分，其门厅、休息室、办公室等内部装修材料的燃烧性能等级可在表 4-3 的基础上降低一级要求。

④ 地下商场、地下展览厅的售货柜台、固定货架、展览台等，应采用 A 级装修材料。

4.1.1.2 工业厂房内部装修防火设计

① 工业厂房内部各部位装修材料的燃烧性能等级，不应低于表4-4的规定。

表4-4 工业厂房内部各部位装修材料的燃烧性能等级

工业厂房分类	建筑规模	装修材料燃烧性能等级			
		顶棚	墙面	地面	隔断
甲、乙类厂房 有明火的丁类厂房	—	A	A	A	A
丙类厂房	地下厂房	A	A	A	B₁
	高层厂房	A	B₁	B₁	B₂
	高度>24m的单层厂房 高度≤24m的单层、多层厂房	B₁	B₁	B₂	B₂
无明火的丁类厂房 戊类厂房	地下厂房	A	A	B₁	B₁
	高层厂房	B₁	B₁	B₂	B₂
	高度>24m的单层厂房 高度≤24m的单层、多层厂房	B₁	B₂	B₂	B₂

② 当厂房的地面为架空地板时，其地面装修材料的燃烧性能等级，除A级外，应在本节规定的基础上提高一级。

③ 计算机房、中央控制室等装有贵重机器、仪表、仪器的厂房，其顶棚和墙面应采用A级装修材料；地面和其他部位应采用不低于B₁级的装修材料。

④ 厂房附设的办公室、休息室等的内部装修材料的燃烧性能等级，应符合表4-4的规定。

4.1.2 钢结构耐火性能化设计

4.1.2.1 钢材的高温性能

（1）钢材在高温下的强度 建筑钢材可分为钢结构用钢材和钢筋混凝土结构用钢筋两类。它是在严格的技术控制下生产的材料，具有强度大、塑性和韧性好、制成的钢结构重量轻等优点。钢材在高温下的物理力学性能钢材属于不燃烧材料，可是在火灾条件下，裸露的钢结构会在十几分钟内发生倒塌破坏。因此，为了提高钢结构耐火性能，必须研究钢材在高温下的性能。

在建筑结构中广泛使用的普通低碳钢在高温下的性能如图4-1所示。抗拉强度在250～300℃时达到最大值；温度超过350℃，强度开始大幅度下降，在500℃时约为常温时的1/2。由此可见，钢材在高温下强度降低很快。

普通低合金钢是在普通碳素钢中加入一定量的合金元素冶炼成的。这种钢材在

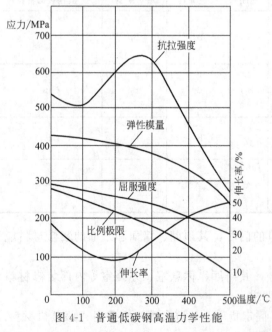

图4-1 普通低碳钢高温力学性能

高温下的强度变化与普通碳素钢基本相同，在 200～300℃ 的温度范围内极限强度增加，当温度超过 300℃ 后，强度逐渐降低。

冷加工钢筋是普通钢筋经过冷拉、冷拔、冷轧等加工强化过程得到的钢材，其内部晶格构架发生畸变，强度增加而塑性降低。这种钢材在高温下，内部晶格的畸变随着温度升高而逐渐恢复正常，冷加工所提高的强度也逐渐减少和消失，塑性得到一定恢复。因此，在相同的温度下，冷加工钢筋强度降低值比未加工钢筋大很多。当温度达到 300℃ 时，冷加工钢筋强度约为常温时的 1/3；400℃ 时强度急剧下降，约为常温时的 1/2；500℃ 左右时，其屈服强度接近甚至小于未冷加工钢筋在相应温度下的强度。

高强钢丝用于预应力混凝土结构。它属于硬钢，没有明显的屈服极限。在高温下，高强钢丝的抗拉强度的降低比其他钢筋更快。当温度在 150℃ 以内时，强度不降低；温度达 350℃ 时，强度约为常温时的 1/2；400℃ 时强度约为常温时的 1/3；500℃ 时强度不足常温时的 1/5。

预应力混凝土构件，由于所用的冷加工钢筋和高强钢丝在火灾高温下强度下降明显大于普通低碳钢筋和低合金钢筋，因此耐火性能远低于非预应力钢筋混凝土构件。

（2）钢材的弹性模量　钢材的弹性模量随着温度升高而连续地下降，如图 4-2 所示。

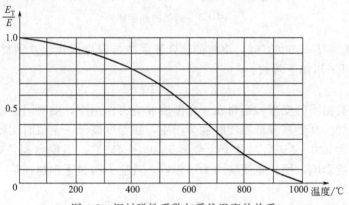

图 4-2　钢材弹性系数与受热温度的关系

在 0～1000℃ 这个温度范围内，钢材弹性模量的变化可用两个方程描述，其中 600℃ 之前为第一段，600～1000℃ 为第二段。当温度 T 大于 0 而小于或等于 600℃ 时热弹性模量 E_T 与普通弹性模量 E 的比值方程为：

$$\frac{E_T}{E} = 1.0 + \frac{T}{2000\ln\left(\dfrac{T}{1100}\right)} \quad (0℃ < T \leqslant 600℃) \tag{4-1}$$

当温度 T 大于 600℃ 小于 1000℃ 时，方程为：

$$\frac{E_T}{E} = \frac{690 - 0.69T}{T - 53.5} \quad (600℃ < T < 1000℃) \tag{4-2}$$

常用建筑钢材在高温下弹性模量的降低系数见表 4-5。

表 4-5　HPB300、Q345、HRB400 在高温下弹性模量降低系数

温度/℃ 钢材品种	100	200	300	400	500
HPB300	0.98	0.95	0.91	0.83	0.68

温度/℃ 钢材品种	100	200	300	400	500
Q345	1.00	0.94	0.95	0.83	0.65
HRB400	0.97	0.93	0.93	0.83	0.68

（3）钢材的热膨胀　钢材在高温作用下产生膨胀，如图 4-3 所示。

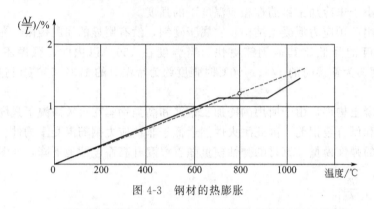

图 4-3　钢材的热膨胀

当温度在 $0℃ \leqslant T_s \leqslant 600℃$ 时，钢材的热膨胀系数与温度成正比，钢材的热膨胀系数 α_s $[m/(m \cdot ℃)]$ 可采用如下常数：

$$\alpha_s = 1.4 \times 10^{-5} \tag{4-3}$$

（4）钢材在高温下的变形　钢材在一定温度和应力作用下，随时间的推移，会发生缓慢塑性变形，即蠕变。蠕变在较低温度时就会产生，在温度高于一定值时比较明显，对于普通低碳钢这一温度为 $300 \sim 350℃$，对于合金钢为 $400 \sim 450℃$，温度愈高，蠕变现象愈明显。蠕变不仅受温度的影响，而且也受应力大小影响，若应力超过了钢材在某一温度下屈服强度时，蠕变会明显增大。

高温下钢材塑性增大，易于产生变形。钢材在高温下强度降低很快，塑性增大，加之其导热系数大是造成钢结构在火灾条件下极易在短时间内破坏的主要原因。为了提高钢结构的耐火性能，通常可采用防火隔热材料（如钢丝网抹灰、浇筑混凝土、砌砖块、泡沫混凝土块）包覆、喷涂钢结构防火涂料等方法对钢结构进行保护。

4.1.2.2　钢结构防火保护措施

（1）钢结构防火保护措施及选用原则

① 钢结构可采用下列防火保护措施。

a. 外包混凝土或砌筑砌体。

b. 涂敷防火涂料。

c. 防火板包理。

d. 复合防火保护，即在钢结构表面涂敷防火除料或采用柔性毡状隔热材料包覆，再用轻质防火板作饰面板。

e. 柔性毡状隔热材料包覆。

② 钢结构防火保护措施应按照安全可靠、经济实用的原则选用，并应考虑下列条件。

a. 在要求的耐火极限内能有效地保护钢构件。

b. 防火材料应易于与钢构件结合，并对钢构件不产生有害影响。

c. 当钢构件受火产生允许变形时，防火保护材料不应发生结构性破坏，仍能保持原有的保护作用直至规定的耐火时间。

d. 施工方便，易于保证施工质量。

e. 防火保护材料不应对人体有害。

③ 钢结构防火涂料品种的选用，应符合下列规定。

a. 高层建筑钢结构和单、多层钢结构的室内隐蔽构件，当规定的耐火极限为1.5h以上时，应选用非膨胀型钢结构防火涂料。

b. 室内裸露钢结构、轻型屋盖钢结构和有装饰要求的钢结构，当规定的耐火极限为1.50h以下时，可选用膨胀型钢结构防火涂料。

c. 当钢结构耐火极限要求不小于1.50h，以及对室外的钢结构工程，不宜选用膨胀型防火涂料。

d. 露天钢结构应选用适合室外用的钢结构防火涂料，且至少应经过一年以上室外钢结构工程的应用验证，涂层性能无明显变化。

e. 复层涂料应相互配套，底层涂料应能同普通防锈漆配合使用，或者底层涂料自身具有防锈功能。

f. 膨胀型防火涂料的保护层厚度应通过实际构件的耐火试验确定。

④ 防火板的安装应符合下列要求。

a. 防火板的包敷必须根据构件形状和所处部位进行包敷构造设计，在满足耐火要求的条件下充分考虑安装的牢固稳定。

b. 固定和稳定防火板的龙骨黏结剂应为不燃材料。龙骨材料应便于构件、防火板连接。黏接剂在高温下应仍能保持一定的强度，保证结构稳定和完整。

⑤ 采用复合防火保护时应符合下列要求。

a. 必须根据构件形状和所处部位进行包敷构造设计，在满足耐火要求的条件下充分考虑保护层的牢固稳定。

b. 在包敷构造设计时，应充分考虑外层包敷的施工不应对内防火层造成结构性破坏或损伤。

⑥ 采用柔性毡状隔热材料防火保护时应符合下列要求。

a. 仅适用于平时不受机械损伤和不易人为破坏，且不受水湿的部位。

b. 包覆构造的外层应设金属保护壳。金属保护壳应固定在支撑构件上，支撑构件应固定在钢构件上。支撑构件应为不燃材料。

c. 在材料自重下，毡状材料不应发生体积压缩不均的现象。

（2）钢结构防火构造

① 采用外包混凝土或砌筑砌体的钢结构防火保护构造宜按图4-4选用。采用外包混凝土的防火保护宜配构造钢筋。

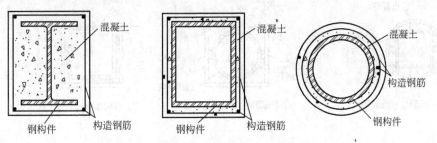

图4-4 采用外包混凝土的防火保护构造

② 采用防火涂料的钢结构防火保护构造宜按图 4-5 选用。当钢结构采用非膨胀型防火涂料进行防火保护且有下列情形之一时，涂层内应设置与钢构件相连接的钢丝网。

a. 承受冲击、振动荷载的构件。

b. 涂层厚度不小于 300m 的构件。

c. 黏结强度不大于 0.05MPa 的钢结构防火涂料。

d. 腹板高度超过 500mm 的构件。

e. 涂层幅面较大且长期暴露在室外。

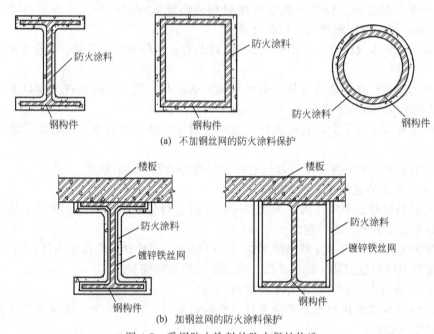

图 4-5　采用防火涂料的防火保护构造

③ 采用防火板的钢结构防火保护构造宜按图 4-6、图 4-7 选用。

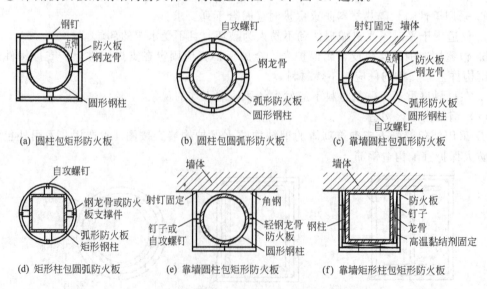

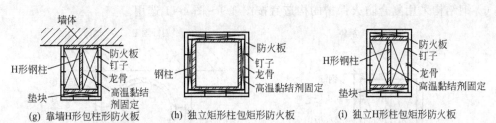

(g) 靠墙H形包柱形防火板　　(h) 独立矩形柱包矩形防火板　　(i) 独立H形柱包矩形防火板

图 4-6　钢柱采用防火板的防火保护构造

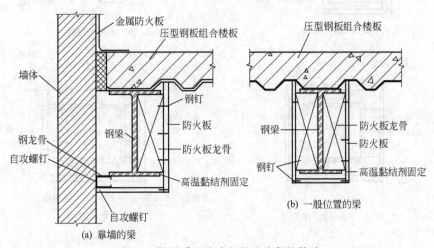

(a) 靠墙的梁

(b) 一般位置的梁

图 4-7　钢梁采用防火板的防火保护构造

④ 采用柔性毡状隔热材料的钢结构防火保护构造宜按图 4-8 选用。

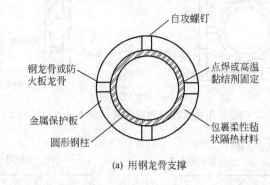

(a) 用钢龙骨支撑

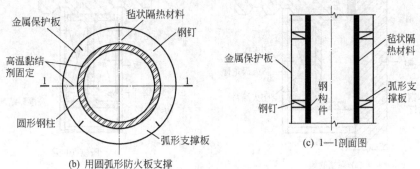

(b) 用圆弧形防火板支撑

(c) 1—1剖面图

图 4-8　采用柔性毡状隔热材料的防火保护构造

⑤ 钢结构采用复合防火保护的构造宜按图 4-9～图 4-11 选用。

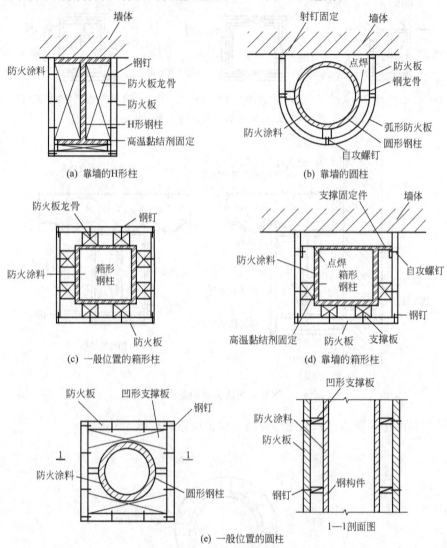

图 4-9　钢柱采用防火涂料和防火板的复合防火保护构造

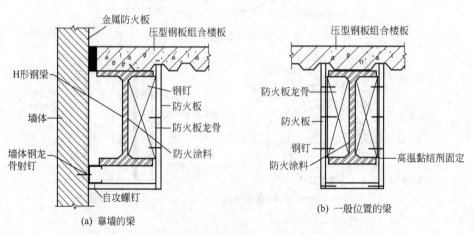

图 4-10　钢梁采用防火涂料和防火板的复合防火保护构造

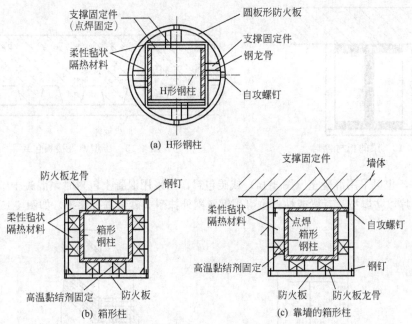

图 4-11 钢梁采用防火涂料和防火板的复合防火保护构造

（3）钢结构防火保护方法

① 现浇法　现浇法一般用普通混凝土、轻质混凝土或加气混凝土，是最可靠的钢结构防火方法。其优点是，防护材料费低，而且具有一定的防锈作用，无接缝，表面装饰方便，耐冲击，可以预制。其缺点是，支模、浇筑、养护等施工周期长，用普通混凝土时，自重较大。

现浇施工采用组合钢模，用钢管加扣件。浇灌时每隔 1.5～2m 设一道门子板，用振动棒振实。为保证混凝土层断面尺寸的准确，先在柱脚四周地坪上弹出保护层外边线，浇灌高 50mm 的定位底盘作为模板基准，模板上部位置则用厚 65mm 的小垫块控制。

② 喷涂法　喷涂法是目前钢结构防火保护使用最多的方法，可分为直接喷涂和先在工字形钢构件上焊接钢丝网，而将防火保护材料喷涂在钢丝网上，形成中空层的方法，喷涂材料一般用岩棉、矿棉等绝热性材料。

喷涂法的优点是，价格低，适合于形状复杂的钢构件，施工快，并可形成装饰层。其缺点是，养护、清扫麻烦，涂层厚度难于掌握，因工人技术水平而质量有差异，表面较粗糙。

喷涂法首先要严格控制喷涂厚度，每次不超过 20mm，否则会出现滑落或剥落；其次是在一周之内不得使喷涂结构发生振动，否则会发生剥落或造成日后剥落。

当遇到下列情况之一时，涂层内应设置与构件连接的钢丝网，以确保涂层牢固。

a. 承受冲击振动的梁。

b. 设计涂层厚度大于 40mm 时。

c. 涂料黏结强度小于 0.05MPa。

d. 腹板高度大于 1.5m 的梁。

③ 包封法　包封法是用防火材料把构件包裹起来。包封材料有防火板、混凝土或砖、钢丝网抹耐火砂浆等。图 4-12 为梁的板材包封示意图。图 4-13 为压型钢板楼板包封示意图。

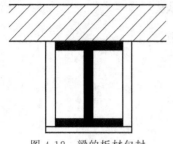

图 4-12　梁的板材包封

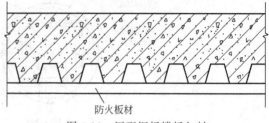

图 4-13　压型钢板楼板包封

对于柱，也可采用混凝土（图 4-14）或砖包封。当采用混凝土包封时，混凝土中布置一些细钢筋或钢网片以防爆裂。对梁或柱，也可用钢丝网外抹耐火砂浆进行保护，如图 4-15 所示。

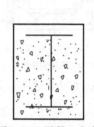

图 4-14　混凝土包封

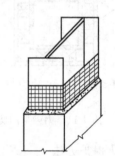

图 4-15　钢丝网外抹耐火砂浆

板材包封法适合于梁、柱、压型钢板楼板的保护。

④ 粘贴法　如图 4-16 所示为粘贴法示意图。

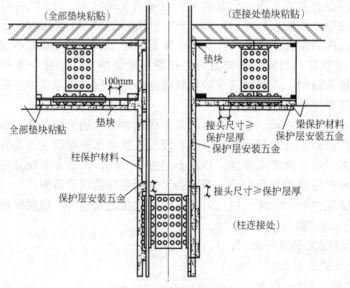

图 4-16　粘贴法示意图

先将石棉硅酸钙、矿棉、轻质石膏等防火保护材料预制成板材，用黏结剂粘贴在钢结构构件上，当构件的结合部有螺栓、铆钉等不平整时，可先在螺栓、铆钉等附近粘垫衬板材，然后将保护板材再粘到在垫衬板材上。粘贴法的优点是材质、厚度等容易掌握，对周围无污染，容易修复，对于质地好的石棉硅酸钙板，可以直接用作装饰层。其缺点是这种成型板材不耐撞击，易受潮吸水，降低黏结剂的黏结强度。

从板材的品种来看，矿棉板因成型后收缩大，结合部会出现缝隙，且强度较低，较少使用。石膏系列板材，因吸水后强度降低较多，破损率高，现在基本上不再使用。

防火板材与钢构件的黏结，关键要注意黏结剂的涂刷方法。钢构件与防火板材之间的黏结涂刷面积应在 30% 以上，且涂成不少于 3 条带状，下层垫板与上层板之间应全面涂刷，不应采用金属件加强。

⑤ 吊顶法　如图 4-17 所示为吊顶法示意图。

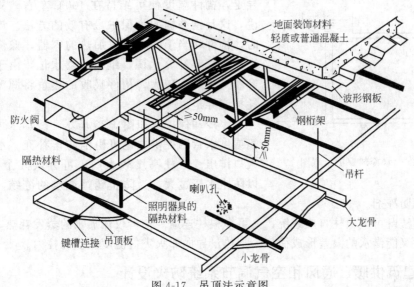

图 4-17　吊顶法示意图

用轻质、薄型、耐火的材料，制作吊顶，使吊顶具有防火性能，而省去钢桁架、钢网架、钢屋面等的防火保护层。采用滑槽式连接，可有效防止防火保护板的热变形。吊顶法的优点是，省略了吊顶空间内的耐火保护层施工（但主梁还要做保护层），施工速度快。缺点是，竣工后要有可靠地维护管理。

⑥ 组合法　如图 4-18、图 4-19 所示分别为钢柱、钢梁的组合法防火保护示意图。

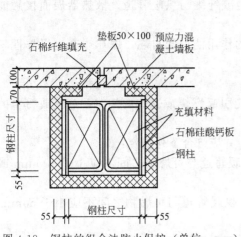

图 4-18　钢柱的组合法防火保护（单位：mm）

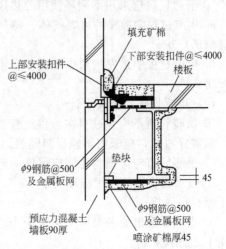

图 4-19　钢梁的组合法防火保护（单位：mm）

用两种以上的防火保护材料组合成的防火方法。将预应力混凝土幕墙及蒸压轻质混凝土板作为防火保护材料的一部分加以利用，从而可加快工期，减少费用。

组合法防火保护，对于高度很高的超高层建筑物，可以减少较危险的外部作业，并可减少粉尘等飞散在高空，有利于环境保护。

⑦ 疏导法　疏导法允许热流量传到构件上，然后设法把热量导走或消耗掉，可使构件温度升高不至于超过其临界温度，从而起到保护作用。

疏导法目前仅有充水冷却保护这一种方法。该方法是在空心封闭截面中（主要为柱）充满水，火灾时构件把从火场中吸收的热量传给水，依靠水的蒸发消耗热量或通过循环把热量导走，构件温度便可维持在100℃左右。从理论上来说，这是钢结构耐火保护最有效的方法。该系统工作时，构件相当于盛满水被加热的容器，像烧水锅一样工作。只要补充水源，维持足够水位，由于水的比热容和气化热均较大，构件吸收的热量将源源不断地被耗掉或导走。

水冷却保护法如图4-20所示。冷却水可由高位水箱或供水管网提供，也可由消防车补充。水蒸气由排气口排出。当柱高度较大时，可分成几个循环系统，以防止水压过大。为防止锈蚀或水的冻结，水中应添加阻锈剂和防冻剂。

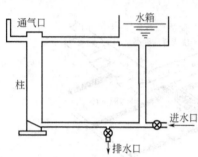

图 4-20　水冷却保护示意图

水冷却法既可单根柱自成系统，又可多根柱连通。前者仅依靠水的蒸发耗热，后者既能蒸发耗热，又能借水的温差形成循环，把热量导向非火灾区温度较低的柱内。

4.1.3　建筑供暖、通风和空气调节系统防火设计

4.1.3.1　供暖系统防火设计

（1）供暖装置的选用原则

① 在散发可燃粉尘、纤维的厂房内，散热器表面平均温度不应超过82.5℃。输煤廊的散热器表面平均温度不应超过130℃。

② 甲、乙类厂房（仓库）内严禁采用明火和电热散热器供暖。

③ 下列厂房应采用不循环使用的热风供暖：

a. 生产过程中散发的可燃气体、蒸气、粉尘或纤维与供暖管道、散热器表面接触能引起燃烧的厂房；

b. 生产过程中散发的粉尘受到水、水蒸气的作用能引起自燃、爆炸或产生爆炸性气体的厂房。

（2）供暖设施的防火设计

① 供暖管道不应穿过存在与供暖管道接触能引起燃烧或爆炸的气体、蒸气或粉尘的房间，确需穿过时，应采用不燃材料隔热。

② 供暖管道与可燃物之间应保持一定距离，并应符合下列规定：

a. 当供暖管道的表面温度大于100℃时，供暖管道与可燃物之间不应小于100mm或采用不燃材料隔热；

b. 当供暖管道的表面温度不大于100℃时，供暖管道与可燃物之间不应小于50mm或采用不燃材料隔热。

③ 建筑内供暖管道和设备的绝热材料应符合下列规定：

a. 对于甲、乙类厂房（仓库），应采用不燃材料；

b. 对于其他建筑，宜采用不燃材料，不得采用可燃材料。

4.1.3.2　通风和空调系统防火设计

(1) 通风和空气调节系统，横向宜按防火分区设置，竖向不宜超过 5 层。当管道设置防止回流设施或防火阀时，管道布置可不受此限制。竖向风管应设置在管井内。

(2) 厂房内有爆炸危险场所的排风管道，严禁穿过防火墙和有爆炸危险的房间隔墙。

(3) 甲、乙、丙类厂房内的送、排风管道宜分层设置。当水平或竖向送风管在进入生产车间处设置防火阀时，各层的水平或竖向送风管可合用一个送风系统。

(4) 空气中含有易燃、易爆危险物质的房间，其送、排风系统应采用防爆型的通风设备。当送风机布置在单独分隔的通风机房内且送风干管上设置防止回流设施时，可采用普通型的通风设备。

(5) 含有燃烧和爆炸危险粉尘的空气，在进入排风机前应采用不产生火花的除尘器进行处理。对于遇水可能形成爆炸的粉尘，严禁采用湿式除尘器。

(6) 处理有爆炸危险粉尘的除尘器、排风机的设置应与其他普通型的风机、除尘器分开设置，并宜按单一粉尘分组布置。

(7) 净化有爆炸危险粉尘的干式除尘器和过滤器宜布置在厂房外的独立建筑内，建筑外墙与所属厂房的防火间距不应小于 10m。

具备连续清灰功能，或具有定期清灰功能且风量不大于 15000m³/h、集尘斗的储尘量小于 60kg 的干式除尘器和过滤器，可布置在厂房内的单独房间内，但应采用耐火极限不低于 3.00h 的防火隔墙和 1.50h 的楼板与其他部位分隔。

(8) 净化或输送有爆炸危险粉尘和碎屑的除尘器、过滤器或管道，均应设置泄压装置。净化有爆炸危险粉尘的干式除尘器和过滤器应布置在系统的负压段上。

(9) 排除有燃烧或爆炸危险气体、蒸气和粉尘的排风系统，应符合下列规定：

① 排风系统应设置导除静电的接地装置；

② 排风设备不应布置在地下或半地下建筑（室）内；

③ 排风管应采用金属管道，并应直接通向室外安全地点，不应暗设。

(10) 排除和输送温度超过 80℃ 的空气或其他气体以及易燃碎屑的管道，与可燃或难燃物体之间的间隙不应小于 150mm，或采用厚度不小于 50mm 的不燃材料隔热；当管道上下布置时，表面温度较高者应布置在上面。

(11) 通风、空气调节系统的风管在下列部位应设置公称动作温度为 70℃ 的防火阀。

① 穿越防火分区处；

② 穿越通风、空气调节机房的房间隔墙和楼板处；

③ 穿越重要或火灾危险性大的场所的房间隔墙和楼板处；

④ 穿越防火分隔处的变形缝两侧；

⑤ 竖向风管与每层水平风管交接处的水平管段上。

注意：当建筑内每个防火分区的通风、空气调节系统均独立设置时，水平风管与竖向总管的交接处可不设置防火阀。

(12) 公共建筑的浴室、卫生间和厨房的竖向排风管，应采取防止回流措施并宜在支管上设置公称动作温度为 70℃ 的防火阀。

公共建筑内厨房的排油烟管道宜按防火分区设置，且在与竖向排风管连接的支管处应设置公称动作温度为 150℃ 的防火阀。

(13) 防火阀的设置应符合下列规定。

① 防火阀宜靠近防火分隔处设置。

② 防火阀安装时，应在安装部位设置方便维护的检修口。

③ 在防火阀两侧各 2.0m 范围内的风管及其绝热材料应采用不燃材料。

④ 防火阀应符合现行国家标准《建筑通风和排烟系统用防火阀门》（GB 15930—2007）的规定。

（14）除下列情况外，通风、空气调节系统的风管应采用不燃材料。

① 接触腐蚀性介质的风管和柔性接头可采用难燃材料。

② 体育馆、展览馆、候机（车、船）建筑（厅）等大空间建筑，单、多层办公建筑和丙、丁、戊类厂房内通风、空气调节系统的风管，当不跨越防火分区且在穿越房间隔墙处设置防火阀时，可采用难燃材料。

（15）设备和风管的绝热材料、用于加湿器的加湿材料、消声材料及其黏结剂，宜采用不燃材料，确有困难时，可采用难燃材料。

风管内设置电加热器时，电加热器的开关应与风机的启停联锁控制。电加热器前后各 0.8m 范围内的风管和穿过有高温、火源等容易起火房间的风管，均应采用不燃材料。

（16）燃油或燃气锅炉房应设置自然通风或机械通风设施。燃气锅炉房应选用防爆型的事故排风机。当采取机械通风时，机械通风设施应设置导除静电的接地装置，通风量应符合下列规定。

① 燃油锅炉房的正常通风量应按换气次数不少于 3 次/h 确定，事故排风量应按换气次数不少于 6 次/h 确定。

② 燃气锅炉房的正常通风量应按换气次数不少于 6 次/h 确定，事故排风量应按换气次数不少于 12 次/h 确定。

4.1.4 工业企业建筑防爆设计

4.1.4.1 工业建筑防爆总平面布置

① 对于有爆炸危险的厂房和仓库，应采取集中分区布置。有爆炸危险的生产界区及仓库应尽可能布置在厂区边缘。界区内建筑物、构筑物以及露天生产设备相互之间应留有足够的防火间距。界区与界区之间也应留有防火间距。有爆炸危险的厂房与库房应远离高层民用建筑。

② 有爆炸危险的厂房和仓库的平面主轴线宜与当地全年主导风向垂直，或者夹角不小于 45°，以利于用自然风力排除可燃气体、可燃蒸气以及可燃粉尘。其朝向宜避免朝西，以减少阳光照射，避免室温升高。在山区应布置在迎风山坡一面，并应位于自然通风良好的地方。

③ 按当地全年主导风向，有爆炸危险的厂房和仓库宜布置在明火或者散发火花地点以及其他建筑物的下风向。

4.1.4.2 工业建筑防爆平面及空间布置

① 防爆厂房的平面形状不宜变化过多，通常应为矩形；面积也不宜过大。厂房内部尽量用防火、防爆墙分隔，以使在发生事故时缩小受灾范围。多层厂房的跨度不宜大于 18m，以便设置足够的泄压面积。

② 有爆炸危险的生产部位不应设在建筑物的地下室与半地下室内，以免发生事故时影响上层，同时不利于进行疏散与扑救。这些部位应设在单层厂房靠外墙处或者多层厂房最顶层靠外墙处，如有可能，应尽量设在敞开或者半敞开的建筑物内，以利于通风及防爆泄压，

减少事故损失。

③ 易发生爆炸的设备，其上部应为轻质屋盖。设备的周围还应尽量将建筑结构的主要承重构件避开，但如布置有具体困难无法避开时，则对主梁或桁架等结构要加强，以避免发生事故时造成建筑物的倒塌。这样做还能起到阻挡重大设备部件向外飞出的作用。

④ 防爆厂房内应有良好的自然通风或者机械通风。高大设备应布置在厂房中间，矮小设备可靠窗布置，以避免挡风。易爆生产装置在厂房内应布置在当地全年主导风向的下风侧，并使工人的操作部位处在上风侧，以保障职工的安全。

⑤ 防爆厂房内不应设置办公室、休息室以及化验分析室等辅助用房。供本车间使用的辅助用房可在厂房外贴邻，且至多只能两面贴邻。贴邻部分应用耐火极限不小于 3.00h 的非燃烧实体墙分隔。

⑥ 防爆厂房宜单独设置。如必须与非防爆厂房贴邻时，只能一面贴邻，并且在两者之间用防火墙或防爆墙隔开。相邻两厂房之间不应直接有门相通，如必须互相联系时，可通过外廊或阳台通行；也可在中间的防火墙或防爆墙上做双门斗，门斗内的两个门应错开，以减弱爆炸冲击波的影响。

⑦ 几种防爆厂房的平面布置示例，如图 4-21～图 4-24 所示。

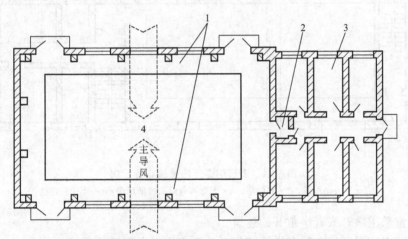

图 4-21　厂房跨度较大，屋顶有天窗时，生产设备可布置在中央
1—工人操作区；2—双门斗；3—无爆炸危险的辅助用房；4—生产设备区

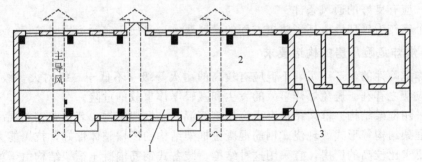

图 4-22　厂房狭长应将生产设备布置在一侧，且处于常年主导风向的下风向
1—工厂操作区，2—生产设备区，3—无爆炸危险的辅助用房；

根据以上的要求。对防爆厂房的设计及布置，主要可以归纳为：敞、侧、单、顶、通五个字。每个字的有关含义，即：

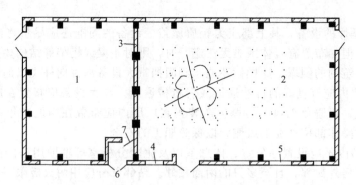

图 4-23　与无爆炸危险生产工序之间设置防爆隔墙

1—无爆炸危险生产工序；2—有爆炸危险生产工序；3—防爆隔墙；
4—防火窗；5—泄压窗；6—弹簧门；7—双门斗

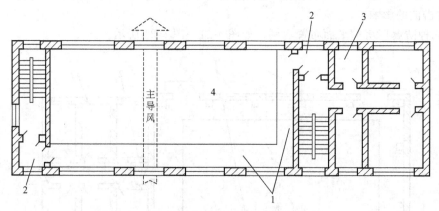

图 4-24　多层防爆厂房平面布置示例

1—工人操作区；2—双门斗；3—无爆炸危险的辅助用房；4—生产装置区

敞——宜采用敞开或者半敞开的建筑。

侧——应将防爆区域布置在靠外墙侧，并且至少要有两面是外墙。

单——要求在建造时，能尽量采用单独的建筑物或者单层建筑。

顶——应将有爆炸危险性的部位布置于建筑物的最高顶层。

通——应有良好的通风条件。

这五个字较为确切地概括了防爆方面的设置要求，又便于实际运用时熟记。

4.1.4.3　爆炸危险厂房的构造要求

有爆炸危险性的生产厂房，不但应有较高的耐火等级（不低于二级耐火等级），且对它的构造也应使之有利于避免爆炸事故的发生和减轻爆炸事故的危险。

（1）采用框架结构　框架结构有现浇式钢筋混凝土框架结构、装备式钢筋混凝土框架结构以及钢框架结构等形式。现浇式钢筋混凝土框架结构的厂房整体性好，抗爆能力较强。对抗爆能力要求比较高的厂房，宜采用这种结构。装备式钢筋混凝土框架结构由于梁与柱的节点处的刚性比较差，抗爆能力不如现浇钢筋混凝土结构；钢框架结构的抗爆能力虽然比较高，但是耐火极限低，遇到高温会变形倒塌。因此，在装备式钢筋混凝土框架结构的梁、柱、板等节点处，应对留住的钢筋先进行焊接，再用高标号混凝土连接牢固，做成刚性接头；楼板上还要配置钢筋现浇混凝土垫底，以使结构的整体刚度增加，提高其抗爆能力。钢框架结构的外露钢构件，应用非燃材料加做隔热保护层或喷、刷钢结构防火涂料，以使其耐火极限提高。

（2）提高砖墙承重结构的抗爆能力　规模较小的单层防爆厂房有时宜采用砖墙承重结构。因为这种结构的整体稳定性比较差，抗爆能力很低，应该增设封闭式钢筋混凝土圈梁。应用在砖墙内置钢筋，增设屋架支撑，将檩条与屋架或屋面大梁的连接处焊接牢固等措施，增强结构的刚度及抗爆能力，防止承重构件在爆炸时遭受破坏。

（3）采用不发火地面　散发至空气中可燃气体、可燃蒸气的甲类生产厂房与散发可燃纤维或粉层的乙类生产厂房，宜采用不发火花的地面。通常采用不发火细石混凝土等。其结构与一般水泥地面的结构相同，只是面层上严格选用粒径为 3～5mm 的白云石、大理石等不会发生火花的细石骨料，并且有铜条或铝条分格。最后还需经过一定转速的电动金刚砂轮机进行打磨试验，应达到在夜间或者暗处，看不到火花产生为合格。

（4）便于内表面清除积尘　有可燃粉尘和纤维的车间，内表面应经粉刷或者油漆处理，以便于清除积尘，防止发生爆炸。

（5）防止门窗玻璃聚光　有爆炸危险性的甲、乙类生产厂房，外窗如用普通平玻璃时易受阳光直射，并且玻璃中的气泡还有可能将阳光聚焦于一点，导致局部高温，产生事故。应使用磨砂玻璃或能吸收紫外光线的蓝色玻璃，有可燃粉尘产生的厂房，若使用磨砂玻璃时，应将光面朝里，以便于清扫。

（6）设置防爆墙　防爆房间内或贴邻之间设置的防爆墙，宜能够抵抗爆炸冲击波的作用，还要具有一定的耐火性能。有防爆钢筋的混凝土墙应用较广泛。如工艺需要在防爆墙上穿过管道传动轴时，穿墙处应有严格的密封设施。当需要在防爆墙上开设防爆观察窗口时，面积不应过大，通常以 0.3m×0.5m 左右为宜；并用角钢框镶嵌夹层玻璃（防弹玻璃或钢化玻璃），也采用双层玻璃窗（木框间用橡胶带密封）。

（7）防止气体积聚　散发比空气轻的可燃气体、可燃蒸气的甲类生产厂房，应在屋顶最高处设排放气孔，并且不得使屋顶结构形成死角或做天棚闷顶，以避免可燃气体、可燃蒸气在顶部积聚不散，发生事故。

4.1.4.4　防爆泄压设计

（1）泄压设计的作用　爆炸能够在瞬间释放出大量气体和热量，使室内形成很高的压力。为了避免建筑物的承重构件因强大的爆炸压力遭到破坏，因此将一定面积的建筑构件（如屋盖、非承重外墙等）做成轻体结构，并加大外墙开窗面积（包括易于脱落的门）等，这些面积叫作泄压面积。当发生爆炸时，作为泄压面积的建筑构、配件首先遭到破坏。把爆炸产生的气体及时泄放，使室内形成的爆炸压力骤然下降，从而保全建筑物的主体结构。其中以设置轻质屋盖的泄压效果比较好。

一般等量的同一爆炸介质在密闭的小空间内和在开敞的空间爆炸，爆炸压强差别较大。在密闭的空间内，爆炸破坏力将大很多，因此相对封闭的有爆炸危险性厂房需要考虑设置必要的泄压设施。

（2）泄压设施的构造

① 泄压轻质屋盖构造

a. 无保温层和防水层的泄压轻质屋盖构造　其构造与一般波形石棉水泥瓦屋面基本相同，所不同之处是在波形石棉水泥瓦下面增设安全网，避免在发生爆炸时瓦的碎片落下伤人。

安全网通常用 24 号镀锌铁丝绑扎，在有腐蚀气体的厂房，应采用钢筋、扁钢条制作，网孔不宜大于 250mm×250mm，钢筋、扁钢条与檩条的连接应采取焊接固定，并且涂刷防腐蚀的涂料。镀锌铁丝网与檩条的连接可以采用 24 号镀锌铁丝绑扎,网与网之间也应采用 24 号镀锌铁丝缠绕,使之连接成一个整体。

b. 有防水层无保温层轻质泄压屋盖构造 该泄压屋盖适用于要求防水条件比较高的有爆炸危险的厂房和库房。其构造是在波形石棉水泥瓦上面铺设轻质水泥砂浆找平层,然后再铺设油毡沥青防水层。轻质水泥砂浆宜采用蛭石水泥砂浆、珍珠岩水泥砂浆,以将屋盖自重减轻。

c. 有保温层和防水层轻质泄压屋盖构造 该泄压屋盖除适用于寒冷地区有采暖保温要求的有爆炸危险的厂房及库房外,还适用于炎热地区有隔热降温要求的有爆炸危险的厂房与库房。此类屋盖的构造,系在波形石棉水泥瓦上面铺设轻质水泥砂浆找平层和保温层、防水层,因为自重不宜大于 $120kg/m^2$,故保温层必须选用相对密度较小的保温材料,如泡沫混凝土、加气混凝土、水泥膨胀珍珠岩、水泥膨胀蛭石等。

② 泄压墙构造

a. 无保温轻质泄压外墙构造 没有保温轻质泄压墙适用于无采暖、无保温要求的爆炸危险厂房,常以石棉水泥波形瓦作为墙体材料。它采用预制钢筋混凝土横梁作为骨架,在其上悬挂石棉水泥波形瓦,螺栓柔性连接,在石棉水泥波形瓦的室内表面涂抹石灰水或者白色油漆。在有爆炸危险的多层厂房如设置此类轻质泄压外墙时,在靠近窗、板处应设置保护栏杆,避免碰坏石棉水泥波形瓦或发生意外事故。

b. 有保温轻质泄压外墙构造 有保温层的轻质泄压外墙适用于有采暖保温或者隔热降温要求的有爆炸危险的厂房。该墙是在石棉水泥波形瓦的内壁增设保温层。保温层采用难燃烧的木丝板及不燃烧的矿棉板等。

③ 泄压窗构造 泄压窗宜采用木窗,并且可自动弹开。高窗可用轴心偏上的中悬式。

泄压窗设置在有爆炸危险厂房及仓库的外墙,应向外开。在发生爆炸瞬时,泄压窗应能在爆炸压力递增稍大于室外风压时自动开启,瞬时释放大量气体及热量,使室内爆炸压力降低,以达到保护承重结构的目的。

(3) 泄压设施设置要求 有粉尘爆炸危险的筒仓,其顶部盖板应设置必要的泄压设施。粮食筒仓工作塔和上通廊的泄压面积应按式(2-1)的规定计算确定。有粉尘爆炸危险的其他粮食储存设施应采取防爆措施。

设置泄压设施时应注意下列问题。

① 泄压设施的设置应避开人员密集场所和主要交通道路,并宜靠近有爆炸危险的部位。

② 用门、窗、轻质墙体作为泄压面积时,不应影响相邻车间及其他建筑物的安全。

③ 散发较空气轻的可燃气体、可燃蒸气的甲类厂房,宜采用轻质屋面板作为泄压面积。顶棚应尽量平整、无死角,厂房上部空间应通风良好。

④ 消除影响泄压的障碍物。

⑤ 采取一定的措施避免负压的影响。

⑥ 设置位置尽可能够避开常年主导风向。

4.2 火灾自动报警与消防联动系统设计与施工

4.2.1 火灾自动报警系统

4.2.1.1 火灾自动报警系统的组成

火灾自动报警系统通常由触发器件、火灾报警装置、火灾警报装置以及具有其他辅助功

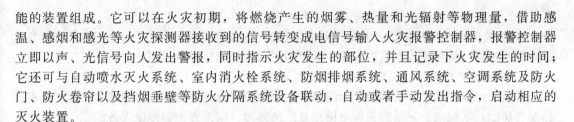

能的装置组成。它可以在火灾初期，将燃烧产生的烟雾、热量和光辐射等物理量，借助感温、感烟和感光等火灾探测器接收到的信号转变成电信号输入火灾报警控制器，报警控制器立即以声、光信号向人发出警报，同时指示火灾发生的部位，并且记录下火灾发生的时间；它还可与自动喷水灭火系统、室内消火栓系统、防烟排烟系统、通风系统、空调系统及防火门、防火卷帘以及挡烟垂壁等防火分隔系统设备联动，自动或者手动发出指令，启动相应的灭火装置。

（1）触发器件　触发器件是指在火灾自动报警系统中，自动或者手动产生火灾报警信号的器件，主要包括火灾探测器和手动报警按钮。火灾探测器是能对火灾参数（如烟、温、光、火焰辐射以及气体浓度等）响应，并自动产生火灾报警信号的器件。根据响应火灾参数的不同，火灾探测器分成感温火灾探测器、感烟火灾探测器、感光火灾探测器、可燃气体探测器以及复合火灾探测器五种基本类型。不同类型的火灾探测器适用于不同类型的火灾及不同的场所。手动火灾报警按钮是手动方式产生火灾报警信号、启动火灾自动报警系统的器件，也是火灾自动报警系统中必不可少的组成部分之一。

（2）火灾报警装置　火灾报警装置是指在火灾自动报警系统中，用以接收、显示以及传递火灾报警信号，并能发出控制信号和具有其他辅助功能的控制指示设备。火灾报警控制器就是其中最为基本的一种。

（3）火灾警报装置　火灾警报装置是指在火灾自动报警系统中，用以发出区别于环境声及光的火灾警报信号的装置。火灾警报器是一种最基本的火灾警报装置，通常与火灾报警控制器（如区域显示器火灾显示盘、集中火灾报警控制器）组合在一起，它以声、光音响方式向报警区域发出火灾警报信号，以此警示人们采取安全疏散、灭火救灾措施。

警铃也是一种火灾警报装置，是把火灾报警信息进行声音中继的一种电气设备，警铃大部分安装于建筑物的公共空间部分，如走廊及大厅等。

（4）消防控制设备　消防控制设备是指在火灾自动报警系统中，当接收到来自触发器件的火灾报警之后，能自动或手动启动相关消防设备开关、显示其状态的设备。主要包括火灾报警控制器，室内消火栓系统的控制装置，自动灭火系统的控制装置，防烟排烟系统及空调通风系统的控制装置，常开防火门，防火卷帘的控制装置，电梯回降控制装置，以及火灾应急广播、消防通信设备、火灾警报装置、火灾应急照明与疏散指示标志的控制装置等控制装置中的部分或全部。消防控制设备通常设置在消防控制中心，以便于实行集中统一控制。也有的消防控制设备设置在被控消防设备现场，但是其动作信号必须返回消防控制室，实行集中与分散相结合的控制方式，

（5）电源　火灾自动报警系统属于消防用电设备，其主电源应采用消防电源，备用电采用蓄电池。系统电源除为火灾报警控制器供电之外，还为与系统相关的消防控制设备等供电。

4.2.1.2　火灾自动报警系统的形式

（1）火灾自动报警系统的形式和设计要求与保护对象及消防安全目标的设立直接相关。火灾自动报警系统形式的选择，应符合下列规定。

① 仅需要报警，不需要联动自动消防设备的保护对象宜采用区域报警系统。

② 不仅需要报警，同时需要联动自动消防设备，且只设置一台具有集中控制功能的火灾报警控制器和消防联动控制器的保护对象，应采用集中报警系统，并应设置一个消防控制室。

③ 设置两个及以上消防控制室的保护对象，或已设置两个及以上集中报警系统的保护对象，应采用控制中心报警系统。

（2）区域报警系统的设计，应符合下列规定。

① 系统应由火灾探测器、手动火灾报警按钮、火灾声光警报器及火灾报警控制器等组成，系统中可包括消防控制室图形显示装置和指示楼层的区域显示器。

② 火灾报警控制器应设置在有人值班的场所。

③ 系统设置消防控制室图形显示装置时，该装置应具有传输表 4-6 和表 4-7 规定的有关信息的功能；系统未设置消防控制室图形显示装置时，应设置火警传输设备。

表 4-6 火灾报警、建筑消防设施运行状态信息

设施名称		内容
火灾探测报警系统		火灾报警信息、可燃气体探测报警信息、电气火灾监控报警信息、屏蔽信息、故障信息
消防联动控制系统	消防联动控制器	动作状态、屏蔽信息、故障信息
	消火栓系统	消防水泵电源的工作状态，消防水泵的启、停状态和故障状态，消防水箱（小）水位、管网压力报警信息及消火栓按钮的报警信息
	自动喷水灭火系统、水喷雾（细水雾）灭火系统（泵供水方式）	喷淋泵电源工作状态，喷淋泵的启、停状态和故障状态，水流指示器、信号阀、报警阀、压力开关的正常工作状态和动作状态
	气体灭火系统、细水雾灭火系统（压力容器供水方式）	系统的手动、自动工作状态及故障状态，阀驱动装置的正常工作状态和动作状态，防护区域中的防火门（窗）、防火阀、通风空调等设备的正常工作状态和动作状态，系统的启、停信息，紧急停止信号和管网压力信号
	泡沫灭火系统	消防水泵、泡沫液泵电源的工作状态，系统的手动、自动工作状态及故障状态，消防水泵、泡沫液泵的正常工作状态和动作状态
	干粉灭火系统	系统的手动、自动工作状态及故障状态，阀驱动装置的正常工作状态和动作状态，系统的启、停信息，紧急停止信号和管网压力信号
	防烟排烟系统	系统的手动、自动工作状态，防烟排烟风机电源的工作状态，风机、电动防火阀、电动排烟防火阀、常闭送风口、排烟阀（口）、电动排烟窗、电动挡烟垂壁的正常工作状态和动作状态
	防火门及卷帘系统	防火卷帘控制器、防火门监控器的工作状态和故障状态；卷帘门的工作状态，具有反馈信号的各类防火门、疏散门的工作状态和故障状态等动态信息
	消防电梯	消防电梯的停用和故障状态
	消防应急广播	消防应急广播的启动、停止和故障状态
	消防应急照明和疏散指示系统	消防应急照明和疏散指示系统的故障状态和应急工作状态信息
	消防电源	系统内各消防用电设备的供电电源和备用电源工作状态和欠压报警信息

表 4-7 消防安全管理信息

序号	名称	内容
1	基本情况	单位名称、编号、类别、地址、联系电话、邮政编码、消防控制室电话；单位职工人数、成立时间、上级主管（或管辖）单位名称、占地面积、总建筑面积、单位总平面图（含消防车道、毗邻建筑等）；单位法人代表、消防安全责任人、消防安全管理人及专、兼职消防管理人的姓名、身份证号码、电话

序号	名称		内容
2	主要建、构筑物等信息	建(构)筑	建筑物名称、编号、使用性质、耐火等级、结构类型、建筑高度、地上层数及建筑面积、地下层数及建筑面积、隧道高度及长度、建造日期、主要储存物名称及数量、建筑物内最大容纳人数、建筑立面图及消防设施平面布置图;消防控制室位置、安全出口的数量、位置及形式(指疏散楼梯)、毗邻建筑的使用性质、结构类型、建筑高度、与本建筑的间距
		堆场	堆场名称、主要堆放物品名称、总储量、最大堆高、堆场平面图(含消防车道、防火间距)
		储罐	储罐区名称、储罐类型(指地上、地下、立式、卧式、浮顶、固定顶等)、总容积、最大单罐容积及高度、储存物名称、性质和形态、储罐区平面图(含消防车道、防火间距)
		装置	装置区名称、占地面积、最大高度、设计日产量、主要原料、主要产品、装置区平面图(含消防车道、防火间距)
3	单位(场所)内消防安全重点部位信息		重点部位名称、所在位置、使用性质、建筑面积、耐火等级、有无消防设施、责任人姓名、身份证号码及电话
4	室内外消防设施信息	火灾自动报警系统	设置部位、系统形式、维保单位名称、联系电话;控制器(含火灾报警、消防联动、可燃气体报警、电气火灾监控等)、探测器(含火灾探测、可燃气体探测、电气火灾探测等)、手动火灾报警按钮、消防电气控制装置等的类型、型号、数量、制造商;火灾自动报警系统图
		消防水源	市政给水管网形式(指环状、支状)及管径、市政管网向建(构)筑物供水的进水管数量及管径、消防水池位置及容量、屋顶水箱位置及容量、其他水源形式及供水量、消防泵房设置位置及水泵数量、消防给水系统平面布置网
		室外消火栓	室外消火栓管网形式(指环状、支状)及管径、消火栓数量、室外消火栓平面布置图
		室内消火栓系统	室内消火栓管网形式(指环状、支状)及管径、消火栓数量、水泵接合器位置及数量、有无与本系统相连的屋顶消防水箱
		自动喷水灭火系统(含雨淋、水幕)	设置部位、系统形式(指湿式、干式、预作用、开式、闭式等)、报警阀位置及数量、水泵接合器位置及数量、有无与本系统相连的屋顶消防水箱、自动喷水灭火系统图
		水喷雾(细水雾)灭火系统	设置部位、报警阀位置及数量、水喷雾(细水雾)灭火系统图
		气体灭火系统	系统形式(指有管网、无管网,组合分配、独立式,高压、低压等)、系统保护的防护区数量及位置、手动控制装置的位置、钢瓶间位置、灭火剂类型、气体灭火系统图
		泡沫灭火系统	设置部位、泡沫种类(指低倍、中倍、高倍,抗溶、氟蛋白等)、系统形式(指液上、液下,固定、半固定等)、泡沫灭火系统图
		干粉灭火系统	设置部位、干粉储罐位置、干粉灭火系统图
		防烟排烟系统	设置部位、风机安装位置、风机数量、风机类型、防烟排烟系统图
		防火门及卷帘	设置部位、数量

序号	名称		内容
4	室内外消防设施信息	消防应急广播	设置部位、数量、消防应急广播系统图
		应急照明及疏散指示系统	设置部位、数量、应急照明及疏散指示系统图
		消防电源	设置部位、消防主电源在配电室是否有独立配电柜供电、备用电源形式(市电、发电机、EPS等)
		灭火器	设置部位、配置类型(指手提式、推车式等)、数量、生产日期、更换药剂日期
5	消防设施定期检查及维护保养信息		检查人姓名、检查日期、检查类别(指日检、月检、季检、年检等)、检查内容(指各类消防设施相关技术规范规定的内容)及处理结果,维护保养日期、内容
6	日常防火巡查记录	基本信息	值班人员姓名、每日巡查次数、巡查时间、巡查部位
		用火用电	用火、用电、用气有无违章情况
		疏散通道	安全出口、疏散通道、疏散楼梯是否畅通,是否堆放可燃物;疏散走道、疏散楼梯、顶棚装修材料是否合格
		防火门、防火卷帘	常闭防火门是否处于正常工作状态,是否被锁闭;防火卷帘是否处于正常工作状态,防火卷帘下方是否堆放物品影响使用
		消防设施	疏散指示标志、应急照明是否处于正常完好状态;火灾自动报警系统探测器是否处于正常完好状态;自动喷水灭火系统喷头、末端放(试)水装置、报警阀是否处于正常完好状态;室内、室外消火栓系统是否处于正常完好状态;灭火器是否处于正常完好状态
7	火灾信息		起火时间、起火部位、起火原因、报警方式(指自动、人工等)、灭火方式(指气体、喷水、水喷雾、泡沫、干粉灭火系统、灭火器、消防队等)

(3) 集中报警系统的设计,应符合下列规定。

① 系统应由火灾探测器、手动火灾报警按钮、火灾声光警报器、消防应急广播、消防专用电话、消防控制室图形显示装置、火灾报警控制器、消防联动控制器等组成。

② 系统中的火灾报警控制器、消防联动控制器和消防控制室图形显示装置、消防应急广播的控制装置、消防专用电话总机等起集中控制作用的消防设备,应设置在消防控制室内。

③ 系统设置的消防控制室图形显示装置应具有传输表4-6和表4-7规定的有关信息的功能。

(4) 控制中心报警系统的设计,应符合下列规定。

① 有两个及以上消防控制室时,应确定一个主消防控制室。

② 主消防控制室应能显示所有火灾报警信号和联动控制状态信号,并应能控制重要的消防设备;各分消防控制室内消防设备之间可互相传输、显示状态信息,但不应互相控制。

③ 系统设置的消防控制室图形显示装置应具有传输表4-6和表4-7规定的有关信息的功能。

④ 其他设计应符合(3)的规定。

4　常见消防系统设计与施工

4.2.2　火灾探测器

4.2.2.1　火灾探测器的类型

火灾探测器在火灾报警系统中的地位非常重要，它是整个系统中最早发现火情的设备。其种类多、科技含量高。常用的主要参数有额定工作电压、允许压差、监视电流、报警电流、灵敏度、保护半径和工作环境等。

火灾探测器通常由敏感元件（传感器）、探测信号处理单元和判断及指示电路等组成。其可以从结构造型、火灾参数、使用环境、安装方式等几个方面进行分类。

（1）按结构造型分类　按照火灾探测器结构造型特点分类，可以分为线型探测器和点型探测器两种。

① 线型探测器　线型探测器是一种响应连续线路周围的火灾参数的探测器。"连续线路"可以是"硬"线路，也可以是"软"线路。所谓硬线路是由一条细长的铜管或不锈钢管做成，如差动气管式感温探测器和热敏电缆感温探测器等。软线路是由发送和接收的红外线光束形成的，如投射光束的感烟探测器等。这种探测器当通向受光器的光路被烟遮蔽或干扰时产生报警信号。因此在光路上要时刻保持无挡光的障碍物存在。

② 点型探测器　点型探测器是探测元件集中在一个特定位置上，探测该位置周围火灾情况的装置，或者说是一种响应某点周围火灾参数的装置。点型探测器广泛应用于住宅、办公楼、旅馆等建筑的探测器。

（2）按火灾参数分类　根据火灾探测方法和原理，火灾探测器通常可分为 5 类，即感烟式、感温式、感光式、可燃气体探测式和复合式火灾探测器。每一类型又按其工作原理分为若干种类型，见表 4-8。

表 4-8　火灾探测器分类

序号	名称及种类		
1	感烟火灾探测器	点型	离子式
			光电式
			电容式
			半导体式
		线型	红外光束型
			激光型
2	感温火灾探测器	点型	定温式
			差温式
			差定温式
		线型	定温式
			差温式
3	感光火灾探测器	紫外光型	
		红外光型	
4	可燃气体探测器	气敏半导体型	
		铂丝型	
		光电型	
		固体电介质型	

序号	名称及种类	
5	复合式火灾探测器	感温感烟型
		感温感光型
		感烟感光型
		感温感烟感光型

① 感烟探测器　用于探测物质初期燃烧所产生的气溶胶或烟粒子浓度。可分为点型探测器和线型探测器两种。点型感烟探测器可分为离子感烟探测器、光电感烟探测器、电容式感烟探测器与半导体式感烟探测器，民用建筑中大多数场所采用点型感烟探测器。线型探测器包括红外光束感烟探测器和激光型感烟探测器，线型感烟探测器由发光器和接收器两部分组成，中间为光束区。当有烟雾进入光束区时，探测器接收的光束衰减，从而发出报警信号，主要用于无遮挡大空间或有特殊要求的场所。

② 感温探测器　感温火灾探测器对异常温度、温升速率和温差等火灾信号予以响应，可分为点型和线型两类。点型感温探测器又称为定点型探测器，其外形与感烟式类似，它有定温、差温和差定温复合式三种；按其构造又可分为机械定温、机械差温、机械差定温、电子定温、电子差温及电子差定温等。缆式线型定温探测器适用于电缆隧道、电缆竖井、电缆夹层、电缆桥架、配电装置、开关设备、变压器、各种皮带输送装置、控制室和计算机室的闷顶内、地板下及重要设施的隐蔽处等。空气管式线型差温探测器用于可能产生油类火灾且环境恶劣的场所，不宜安装点型探测器的夹层、闷顶。

③ 感光火灾探测器　感光火灾探测器又称为火焰探测器，主要对火焰辐射出的红外、紫外、可见光予以响应，常用的有红外火焰型和紫外火焰型两种。按火灾的发生规律，发光是在烟的生成及高温之后，因而它属于火灾晚期探测器，但对于易燃、易爆物有特殊的作用。紫外线探测器对火焰发出的紫外光产生反应；红外线探测器对火焰发出的红外光产生反应，而对灯光、太阳光、闪电、烟雾和热量均不反应，其规格为监视角。

④ 可燃气体探测器　可燃气体探测器利用对可燃气体敏感的元件来探测可燃气体浓度，当可燃气体浓度达到危险值（超过限度）时报警。主要用于易燃、易爆场所中探测可燃气体（粉尘）的浓度，一般整定在爆炸浓度下限的 $1/6 \sim 1/4$ 时动作报警。适用于宾馆厨房或燃料气储备间、汽车库、压气机站、过滤车间、溶剂库、燃油电厂等有可燃气体的场所。

⑤ 复合火灾探测器　复合火灾探测器可以响应两种或两种以上火灾参数，主要有感温感烟型、感光感烟型和感光感温型等。

（3）按使用环境分类　按使用场所、环境的不同，火灾探测器可分为陆用型（无腐蚀性气体，温度在 $-10 \sim +50℃$，相对湿度 85% 以下）、船用型（高温 50℃ 以上，高湿 90%～100% 相对湿度）、耐寒型（40℃ 以下的场所，或平均气温低于 $-10℃$ 的地区）、耐酸碱型、耐爆型等。

（4）按安装方式分类　有外露型和埋入型（隐蔽型）两种探测器。后者用于特殊装饰的建筑中。

（5）按探测到火灾后的动作分类　有延时与非延时动作的两种探测器。延时动作便于人员疏散。

（6）按操作后能否复位分类

① 可复位火灾探测器　在产生火灾报警信号的条件不再存在的情况下，不需更换组件即可从报警状态恢复到监视状态。

②　不可复位火灾探测器　在产生火灾报警信号的条件不再存在的情况下，需更换组件才能从报警状态恢复到监视状态。

根据其维修保养时是否可拆卸，可分为可拆式和不可拆式火灾探测器。

4.2.2.2　火灾探测器的型号

（1）型号标注　火灾报警产品都是按照国家标准编制命名的。国标型号均是按汉语拼音字头的大写字母组合而成，从名称就可以看出产品类型与特征。

火灾探测器产品型号的形式如下：

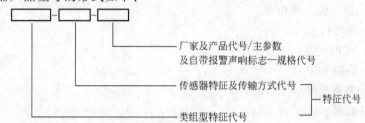

（2）类组型特征表示法

①　J（警）——消防产品中火灾报警设备分类代号。

②　T（探）——火灾探测器代号。

③　火灾探测器类型分组代号　各种类型火灾探测器的具体表示方法是：

Y（烟）——感烟火灾探测器。

W（温）——感温火灾探测器。

G（光）——感光火灾探测器。

Q（气）——气体敏感火灾探测器。

T（图）——图像摄像方式火灾探测器。

S（声）——感声火灾探测器。

F（复）——复合式火灾探测器。

④　应用范围特征表示法　火灾探测器的应用范围特征是指火灾探测器的适用场所，适用于爆炸危险场所的为防爆型，否则为非防爆型；适用于船上使用的为船用型；适用于陆上使用的为陆用型。其具体表示方式是：

B（爆）——防爆型（型号中无"B"代号即为非防爆型，其名称亦无需指出"非防爆型"）。

C（船）——船用型（型号中无"C"代号即为陆用型，其名称中亦无需指出"陆用型"）。

（3）传感器特征表示法

①　感烟火灾探测器传感器特征表示法：

L（离）——离子。

G（光）——光电。

H（红）——红外光束。

对于吸气型感烟火灾探测器传感器特征表示法：

LX——吸气型离子感烟火灾探测器。

GX——吸气型光电感烟火灾探测器。

例如，JTY-LM-XXYY/B表示XX厂生产的编码、自带报警声响、离子感烟火灾探测器，产品序列号为YY。

②　感温火灾探测器传感器特征表示法　感温火灾探测器的传感器特征由两个字母表示，

前一个字母为敏感元件特征代号，后一个字母为敏感方式特征代号。

    a. 感温火灾探测器敏感元件特征代号表示法：

M（膜）——膜盒。

S（双）——双金属。

Q（球）——玻璃球。

G（管）——空气管。

L（缆）——热敏电缆。

O（偶）——热电偶，热电堆。

B（半）——半导体。

Y（银）——水银接点。

Z（阻）——热敏电阻。

R（熔）——易溶材料。

X（纤）——光纤。

    b. 感温火灾探测器敏感方式特征代号表示法：

D（定）——定温。

C（差）——差温。

O——差定温。

    例如，JTW-BOF-XXYY/60B 表示 XX 厂生产的非编码、自带报警声响、动作温度为 60℃、半导体感温元件、差定温火灾探测器，产品序列号为 YY。

    ③ 感光火灾探测器传感器特征表示法

Z（紫）——紫外。

H（红）——红外。

U——多波段。

    例如，JTG-ZF-XXYY/Ⅰ表示 XX 厂生产的非编码、紫外火焰探测器、灵敏度级别为Ⅰ级，产品序列号为 YY。

    ④ 气体敏感火灾探测器传感器特征表示法

B（半）——气敏半导体。

C（催）——催化。

    例如，JTQ-BF-XXYYY/aB 表示 XX 厂生产的非编码、自带报警声响、气敏半导体式火灾探测器，主参数为 a，产品序列号为 YYY。

    ⑤ 图像摄像方式火灾探测器、感声火灾探测器传感器特征可省略。

    例如，JTT-M-XXYY 表示 XX 厂生产的编码，图像摄像方式火灾探测器，产品序列号为 YY。

    JTS-M-XXYY 表示 XX 厂生产的编码、感声火灾探测器，产品序列号为 YY。

    ⑥ 复合式火灾探测器传感器特征表示法　复合式火灾探测器是对两种或两种以上火灾参数响应的火灾探测器。复合式火灾探测器的传感器特征用组合在一起的火灾探测器类型分组代号或传感器特征代号表示。列出传感器特征的火灾探测器用其传感器特征表示，其他用火灾探测器类型分组代号表示，感温火灾探测器用其敏感方式特征代号表示。

    例如，JTF-LOSM-XXYY/60/Ⅰ表示 XX 厂生产的编码、感声与离子感烟与差定温复合式火灾探测器，动作温度为 60℃，感声灵敏度级别为Ⅰ级，产品序列号为 YY。

    （4）传输方式表示法

    ① W（无）——无线传输方式。

② M（码）——编码方式。

③ F（非）——非编码方式。

④ H（混）——编码、非编码混合方式。

（5）厂家及产品代号表示法　厂家及产品代号为四到六位，前两位或三位使用厂家名称中具有代表性的汉语拼音字母或英文字母表示厂家代号，其后用阿拉伯数字表示产品序列号。

（6）主参数及自带报警声响标志表示法

① 定温、差定温火灾探测器用灵敏度级别或动作温度值表示。

② 差温火灾探测器、感烟火灾探测器的主参数无需反映。

③ 其他火灾探测器用能代表其响应特征的参数表示；复合火灾探测器主参数如为两个以上，其间用"/"隔开。

④ 对于自带报警声响的火灾探测器，在主参数之后用大写汉语拼音字母B标明。

4.2.2.3　火灾探测器的选择

（1）一般规定　火灾探测器的选择应符合下列规定。

① 对火灾初期有阴燃阶段，产生大量的烟和少量的热，很少或没有火焰辐射的场所，应选择感烟火灾探测器。

② 对火灾发展迅速，可产生大量热、烟和火焰辐射的场所，可选择感温火灾探测器、感烟火灾探测器、火焰探测器或其组合。

③ 对火灾发展迅速，有强烈的火焰辐射和少量烟、热的场所，应选择火焰探测器。

④ 对火灾初期有阴燃阶段，且需要早期探测的场所，宜增设一氧化碳火灾探测器。

⑤ 对使用、生产可燃气体或可燃蒸气的场所，应选择可燃气体探测器。

⑥ 应根据保护场所可能发生火灾的部位和燃烧材料的分析，以及火灾探测器的类型、灵敏度和响应时间等选择相应的火灾探测器，对火灾形成特征不可预料的场所，可根据模拟试验的结果选择火灾探测器。

⑦ 同一探测区域内设置多个火灾探测器时，可选择具有复合判断火灾功能的火灾探测器和火灾报警控制器。

（2）点型火灾探测器的选择

① 对不同高度的房间，可按表4-9选择点型火灾探测器。

表4-9　对不同高度的房间点型火灾探测器的选择

房间高度 h/m	点型感烟火灾探测器	点型感温火灾探测器			火焰探测器
		A1、A2	B	C、D、E、F、G	
12<h≤20	不适合	不适合	不适合	不适合	适合
8<h≤12	适合	不适合	不适合	不适合	适合
6<h≤8	适合	适合	不适合	不适合	适合
4<h≤6	适合	适合	适合	不适合	适合
h≤4	适合	适合	适合	适合	适合

注：表中A1、A2、B、C、D、E、F、G为点型感温火灾探测器的不同类型，其具体参数应符合表4-10的规定。

表4-10　点型感温火灾探测器分类

探测器类别	典型应用温度/℃	最高应用温度/℃	动作温度下限值/℃	动作温度上限值/℃
A1	25	50	54	65

探测器类别	典型应用温度/℃	最高应用温度/℃	动作温度下限值/℃	动作温度上限值/℃
A2	25	50	54	70
B	40	65	69	85
C	55	80	84	100
D	70	95	99	115
E	85	110	114	130
F	100	125	129	145
G	115	140	144	160

② 下列场所宜选择点型感烟火灾探测器。

a. 饭店、旅馆、教学楼、办公楼的厅堂、卧室、办公室、商场、列车载客车厢等。

b. 计算机房、通信机房、电影或电视放映室等。

c. 楼梯、走道、电梯机房、车库等。

d. 书库、档案库等。

③ 符合下列条件之一的场所，不宜选择点型离子感烟火灾探测器。

a. 相对湿度经常大于95%。

b. 气流速度大于5m/s。

c. 有大量粉尘、水雾滞留。

d. 可能产生腐蚀性气体。

e. 在正常情况下有烟滞留。

f. 产生醇类、醚类、酮类等有机物质。

④ 符合下列条件之一的场所，不宜选择点型光电感烟火灾探测器。

a. 有大量粉尘、水雾滞留。

b. 可能产生蒸气和油雾。

c. 高海拔地区。

d. 在正常情况下有烟滞留。

⑤ 符合下列条件之一的场所，宜选择点型感温火灾探测器；且应根据使用场所的典型应用温度和最高应用温度选择适当类别的感温火灾探测器。

a. 相对湿度经常大于95%。

b. 可能发生无烟火灾。

c. 有大量粉尘。

d. 吸烟室等在正常情况下有烟或蒸气滞留的场所。

e. 厨房、锅炉房、发电机房、烘干车间等不宜安装感烟火灾探测器的场所。

f. 需要联动熄灭"安全出口"标志灯的安全出口内侧。

g. 其他无人滞留且不适合安装感烟火灾探测器，但发生火灾时需要及时报警的场所。

⑥ 可能产生阴燃或发生火灾不及时报警将造成重大损失的场所，不宜选择点型感温火灾探测器；温度在0℃以下的场所，不宜选择定温探测器；温度变化较大的场所，不宜选择具有差温特性的探测器。

⑦ 符合下列条件之一的场所，宜选择点型火焰探测器或图像型火焰探测器。

a. 火灾时有强烈的火焰辐射。

b. 可能发生液体燃烧等无阴燃阶段的火灾。

c. 需要对火焰做出快速反应。

⑧ 符合下列条件之一的场所，不宜选择点型火焰探测器和图像型火焰探测器：

a. 在火焰出现前有浓烟扩散。

b. 探测器的镜头易被污染。

c. 探测器的"视线"易被油雾、烟雾、水雾和冰雪遮挡。

d. 探测区域内的可燃物是金属和无机物。

e. 探测器易受阳光、白炽灯等光源直接或间接照射。

⑨ 探测区域内正常情况下有高温物体的场所，不宜选择单波段红外火焰探测器。

⑩ 正常情况下有明火作业，探测器易受 X 射线、弧光和闪电等影响的场所，不宜选择紫外火焰探测器。

⑪ 下列场所宜选择可燃气体探测器。

a. 使用可燃气体的场所。

b. 燃气站和燃气表房以及存储液化石油气罐的场所。

c. 其他散发可燃气体和可燃蒸气的场所。

⑫ 在火灾初期产生一氧化碳的下列场所可选择点型一氧化碳火灾探测器：

a. 烟不容易对流或顶棚下方有热屏障的场所。

b. 在棚顶上无法安装其他点型火灾探测器的场所。

c. 需要多信号复合报警的场所。

⑬ 污物较多且必须安装感烟火灾探测器的场所，应选择间断吸气的点型采样吸气式感烟火灾探测器或具有过滤网和管路自清洗功能的管路采样吸气式感烟火灾探测器。

（3）线型火灾探测器的选择

① 无遮挡的大空间或有特殊要求的房间，宜选择线型光束感烟火灾探测器。

② 符合下列条件之一的场所，不宜选择线型光束感烟火灾探测器。

a. 有大量粉尘、水雾滞留。

b. 可能产生蒸气和油雾。

c. 在正常情况下有烟滞留。

d. 固定探测器的建筑结构由于振动等原因会产生较大位移的场所。

③ 下列场所或部位，宜选择缆式线型感温火灾探测器。

a. 电缆隧道、电缆竖井、电缆夹层、电缆桥架。

b. 不易安装点型探测器的夹层、闷顶。

c. 各种皮带输送装置。

d. 其他环境恶劣不适合点型探测器安装的场所。

④ 下列场所或部位，宜选择线型光纤感温火灾探测器。

a. 除液化石油气外的石油储罐。

b. 需要设置线型感温火灾探测器的易燃易爆场所。

c. 需要监测环境温度的地下空间等场所宜设置具有实时温度监测功能的线型光纤感温火灾探测器。

d. 公路隧道、敷设动力电缆的铁路隧道和城市地铁隧道等。

⑤ 线型定温火灾探测器的选择，应保证其不动作温度符合设置场所的最高环境温度的要求。

4.2.2.4 火灾探测器的设置

（1）火灾探测器可设置在下列部位。

① 财贸金融楼的办公室、营业厅、票证库。

② 电信楼、邮政楼的机房和办公室。

③ 商业楼、商住楼的营业厅、展览楼的展览厅和办公室。

④ 旅馆的客房和公共活动用房。

⑤ 电力调度楼、防灾指挥调度楼等的微波机房、计算机房、控制机房、动力机房和办公室。

⑥ 广播电视楼的演播室、播音室、录音室、办公室、节目播出技术用房、道具布景房。

⑦ 图书馆的书库、阅览室、办公室。

⑧ 档案楼的档案库、阅览室、办公室。

⑨ 办公楼的办公室、会议室、档案室。

⑩ 医院病房楼的病房、办公室、医疗设备室、病历档案室、药品库。

⑪ 科研楼的办公室、资料室、贵重设备室、可燃物较多的和火灾危险性较大的实验室。

⑫ 教学楼的电化教室、理化演示和实验室、贵重设备和仪器室。

⑬ 公寓（宿舍、住宅）的卧房、书房、起居室（前厅）、厨房。

⑭ 甲、乙类生产厂房及其控制室。

⑮ 甲、乙、丙类物品库房。

⑯ 设在地下室的丙、丁类生产车间和物品库房。

⑰ 堆场、堆垛、油罐等。

⑱ 地下铁道的地铁站厅、行人通道和设备间，列车车厢。

⑲ 体育馆、影剧院、会堂、礼堂的舞台、化妆室、道具室、放映室、观众厅、休息厅及其附设的一切娱乐场所。

⑳ 陈列室、展览室、营业厅、商业餐厅、观众厅等公共活动用房。

㉑ 消防电梯、防烟楼梯的前室及合用前室、走道、门厅、楼梯间。

㉒ 可燃物品库房、空调机房、配电室（间）、变压器室、自备发电机房、电梯机房。

㉓ 净高超过 2.6m 且可燃物较多的技术夹层。

㉔ 敷设具有可延燃绝缘层和外护层电缆的电缆竖井、电缆夹层、电缆隧道、电缆配线桥架。

㉕ 贵重设备间和火灾危险性较大的房间。

㉖ 电子计算机的主机房、控制室、纸库、光或磁记录材料库。

㉗ 经常有人停留或可燃物较多的地下室。

㉘ 歌舞娱乐场所中经常有人滞留的房间和可燃物较多的房间。

㉙ 高层汽车库，Ⅰ类汽车库，Ⅰ、Ⅱ类地下汽车库，机械立体汽车库，复式汽车库，采用升降梯作汽车疏散出口的汽车库（敞开车库可不设）。

㉚ 污衣道前室、垃圾道前室、净高超过 0.8m 的具有可燃物的闷顶、商业用或公共厨房。

㉛ 以可燃气为燃料的商业和企、事业单位的公共厨房及燃气表房。

㉜ 其他经常有人停留的场所、可燃物较多的场所或燃烧后产生重大污染的场所。

㉝ 需要设置火灾探测器的其他场所。

（2）点型火灾探测器的设置应符合下列规定。

① 探测区域的每个房间应至少设置一只火灾探测器。

② 感烟火灾探测器和 A1、A2、B 型感温火灾探测器的保护面积和保护半径，应按表 4-11 确定；C、D、E、F、G 型感温火灾探测器的保护面积和保护半径，应根据生产企业设计

说明书确定，但不应超过表 4-11 的规定。

表 4-11　感烟火灾探测器和 A1、A2、B 型感温火灾探测器的保护面积和保护半径

火灾探测器的种类	地面面积 S/m^2	房间高度 h/m	一只探测器的保护面积 A 和保护半径 R					
			屋顶坡度 θ					
			$\theta \leqslant 15°$		$15° < \theta \leqslant 30°$		$\theta > 30°$	
			A/m^2	R/m	A/m^2	R/m	A/m^2	R/m
感烟火灾探测器	$S \leqslant 80$	$h \leqslant 12$	80	6.7	80	7.2	80	8.0
	$S > 80$	$6 < h \leqslant 12$	80	6.7	100	8.0	120	9.9
		$h \leqslant 6$	60	5.8	80	7.2	100	9.0
A1、A2、B 型感温火灾探测器	$S \leqslant 30$	$h \leqslant 8$	30	4.4	30	4.9	30	5.5
	$S > 30$	$h \leqslant 8$	20	3.6	30	4.9	40	6.3

注：建筑高度不超过 14m 的封闭探测空间，且火灾初期会产生大量的烟时，可设置点型感烟火灾探测器。

③ 感烟火灾探测器、感温火灾探测器的安装间距，应根据探测器的保护面积 A 和保护半径 R 确定，并不应超过图 4-25 探测器安装间距的极限曲线 $D_1 \sim D_{11}$（含 D_9'）规定的范围。

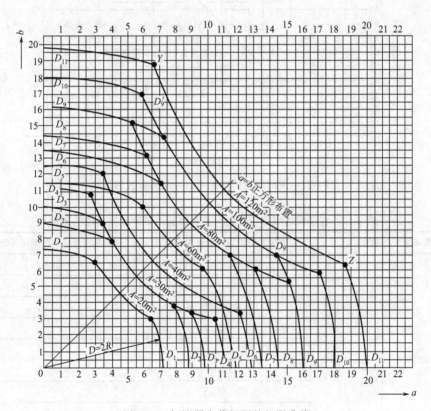

图 4-25　探测器安装间距的极限曲线

A—探测器的保护面积（m²）；a、b—探测器的安装间距（m）；

$D_1 \sim D_{11}$（含 D_9'）—在不同保护面积 A 和保护半径下确定探测器安装间距 a、b 的极限曲线；

Y、Z—极限曲线的端点（在 Y 和 Z 两点间的曲线范围内，保护面积可得到充分利用）

④ 一个探测区域内所需设置的探测器数量，不应小于公式(4-4)的计算值：

$$N = \frac{S}{KA}$$ (4-4)

式中　N——探测器数量，只（N 应取整数）；

　　　S——该探测区域面积，m²；

　　　K——修正系数，容纳人数超过 10000 人的公共场所宜取 $0.7\sim0.8$；容纳人数为 $2000\sim10000$ 人的公共场所宜取 $0.8\sim0.9$，容纳人数为 $500\sim2000$ 人的公共场所宜取 $0.9\sim1.0$，其他场所可取 1.0；

　　　A——探测器的保护面积，m²。

（3）在有梁的顶棚上设置点型感烟火灾探测器、感温火灾探测器时，应符合下列规定。

① 当梁突出顶棚的高度小于 200mm 时，可不计梁对探测器保护面积的影响。

② 当梁突出顶棚的高度为 $200\sim600$mm 时，应按图 4-26、表 4-12 确定梁对探测器保护面积的影响和一只探测器能够保护的梁间区域的数量。

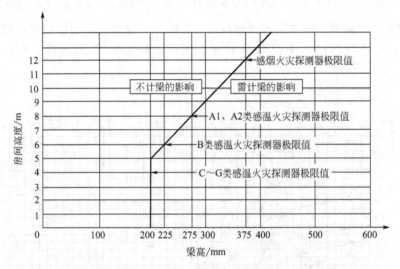

图 4-26　不同高度的房间梁对探测器设置的影响

表 4-12　按梁间区域面积确定一只探测器保护的梁间区域的数量

探测器的保护面积 A/m^2		梁隔断的梁间区域面积 Q/m^2	一只探测器保护的梁间区域的数量/个
感温探测器	20	$Q>12$	1
		$8<Q\leqslant12$	2
		$6<Q\leqslant8$	3
		$4<Q\leqslant6$	4
		$Q\leqslant4$	5
	30	$Q>18$	1
		$12<Q\leqslant18$	2
		$9<Q\leqslant12$	3
		$6<Q\leqslant9$	4
		$Q\leqslant6$	5

探测器的保护面积 A/m^2		梁隔断的梁间区域面积 Q/m^2	一只探测器保护的梁间区域的数量/个
感烟探测器	60	$Q>36$	1
		$24<Q\leqslant36$	2
		$18<Q\leqslant24$	3
		$12<Q\leqslant18$	4
		$Q\leqslant12$	5
	80	$Q>48$	1
		$32Q\leqslant48$	2
		$24<Q\leqslant32$	3
		$16<Q\leqslant24$	4
		$Q\leqslant16$	5

③ 当梁突出顶棚的高度超过 600mm 时，被梁隔断的每个梁间区域应至少设置一只探测器。

④ 当被梁隔断的区域面积超过一只探测器的保护面积时，被隔断的区域应按式(4-4)计算设置探测器的数量。

⑤ 当梁间净距小于 1m 时，可不计梁对探测器保护面积的影响。

(4) 在宽度小于 3m 的内走道顶棚上设置点型探测器时，宜居中布置。感温火灾探测器的安装间距不应超过 10m；感烟火灾探测器的安装间距不应超过 15m；探测器至端墙的距离，不应大于探测器安装间距的 1/2。

(5) 点型探测器至墙壁、梁边的水平距离，不应小于 0.5m。

(6) 点型探测器周围 0.5m 内，不应有遮挡物。

(7) 房间被书架、设备或隔断等分隔，其顶部至顶棚或梁的距离小于房间净高的 5% 时，每个被隔开的部分应至少安装一只点型探测器。

(8) 点型探测器至空调送风口边的水平距离不应小于 1.5m，并宜接近回风口安装。探测器至多孔送风顶棚孔口的水平距离不应小于 0.5m。

(9) 当屋顶有热屏障时，点型感烟火灾探测器下表面至顶棚或屋顶的距离，应符合表 4-13 的规定。

表 4-13　点型感烟火灾探测器下表面至顶棚或屋顶的距离

探测器的安装高度 h/m	点型感烟火灾探测器下表面至顶棚或屋顶的距离 d/mm					
	顶棚或屋顶坡度 θ					
	$\theta\leqslant15°$		$15°<\theta\leqslant30°$		$\theta>30°$	
	最小	最大	最小	最大	最小	最大
$h\leqslant6$	30	200	200	300	300	500
$6<h\leqslant8$	70	250	250	400	400	600
$8<h\leqslant10$	100	300	300	500	500	700
$10<h\leqslant12$	150	350	350	600	600	800

(10) 锯齿形屋顶和坡度大于 15° 的人字形屋顶，应在每个屋脊处设置一排点型探测器，探测器下表面至屋顶最高处的距离，应符合表 4-13 的规定。

（11）点型探测器宜水平安装。当倾斜安装时，倾斜角不应大于45°。

（12）在电梯井、升降机井设置点型探测器时，其位置宜在井道上方的机房顶棚上。

（13）一氧化碳火灾探测器可设置在气体能够扩散到的任何部位。

（14）火焰探测器和图像型火灾探测器的设置，应符合下列规定。

① 应计及探测器的探测视角及最大探测距离，可通过选择探测距离长、火灾报警响应时间短的火焰探测器，提高保护面积要求和报警时间要求。

② 探测器的探测视角内不应存在遮挡物。

③ 应避免光源直接照射在探测器的探测窗口。

④ 单波段的火焰探测器不应设置在平时有阳光、白炽灯等光源直接或间接照射的场所。

（15）线型光束感烟火灾探测器的设置应符合下列规定。

① 探测器的光束轴线至顶棚的垂直距离宜为0.3~1.0m，距地高度不宜超过20m。

② 相邻两组探测器的水平距离不应大于14m，探测器至侧墙水平距离不应大于7m，且不应小于0.5m，探测器的发射器和接收器之间的距离不宜超过100m。

③ 探测器应设置在固定结构上。

④ 探测器的设置应保证其接收端避开日光和人工光源直接照射。

⑤ 选择反射式探测器时，应保证在反射板与探测器间任何部位进行模拟试验时，探测器均能正确响应。

（16）线型感温火灾探测器的设置应符合下列规定。

① 探测器在保护电缆、堆垛等类似保护对象时，应采用接触式布置；在各种皮带输送装置上设置时，宜设置在装置的过热点附近。

② 设置在顶棚下方的线型感温火灾探测器，至顶棚的距离宜为0.1m。探测器的保护半径应符合点型感温火灾探测器的保护半径要求；探测器至墙壁的距离宜为1~1.5m。

③ 光栅光纤感温火灾探测器的每个光栅的保护面积和保护半径，应符合点型感温火灾探测器的保护面积和保护半径要求。

④ 设置线型感温火灾探测器的场所有联动要求时，宜采用两只不同火灾探测器的报警信号组合。

⑤ 与线型感温火灾探测器连接的模块不宜设置在长期潮湿或温度变化较大的场所。

（17）管路采样式吸气感烟火灾探测器的设置，应符合下列规定。

① 非高灵敏型探测器的采样管网安装高度不应超过16m；高灵敏型探测器的采样管网安装高度可超过16m；采样管网安装高度超过16m时，灵敏度可调的探测器应设置为高灵敏度，且应减小采样管长度和采样孔数量。

② 探测器的每个采样孔的保护面积、保护半径，应符合点型感烟火灾探测器的保护面积、保护半径的要求。

③ 一个探测单元的采样管总长不宜超过200m，单管长度不宜超过100m，同一根采样管不应穿越防火分区。采样孔总数不宜超过100个，单管上的采样孔数量不宜超过25个。

④ 当采样管道采用毛细管布置方式时，毛细管长度不宜超过4m。

⑤ 吸气管路和采样孔应有明显的火灾探测器标识。

⑥ 有过梁、空间支架的建筑，采样管路应固定在过梁、空间支架上。

⑦ 当采样管道布置形式为垂直采样时，每2℃温差间隔或3m间隔（取最小者）应设置一个采样孔，采样孔不应背对气流方向。

⑧ 采样管网应按经过确认的设计软件或方法进行设计。

⑨ 探测器的火灾报警信号、故障信号等信息应传给火灾报警控制器，涉及消防联动控

制时，探测器的火灾报警信号还应传给消防联动控制器。

（18）感烟火灾探测器在格栅吊顶场所的设置，应符合下列规定。

① 镂空面积与总面积的比例不大于 15％时，探测器应设置在吊顶下方。

② 镂空面积与总面积的比例大于 30％时，探测器应设置在吊顶上方。

③ 镂空面积与总面积的比例为 15％～30％时，探测器的设置部位应根据实际试验结果确定。

④ 探测器设置在吊顶上方且火警确认灯无法观察时，应在吊顶下方设置火警确认灯。

⑤ 地铁站台等有活塞风影响的场所，镂空面积与总面积的比例为 30％～70％时，探测器宜同时设置在吊顶上方和下方。

（19）本节未涉及的其他火灾探测器的设置应按企业提供的设计手册或使用说明书进行设置，必要时可通过模拟保护对象、火灾场景等方式对探测器的设置情况进行验证。

4.2.3 手动火灾报警按钮

4.2.3.1 手动报警按钮的分类

手动报警按钮按是否带电话可分为普通型和带电话插孔型，按是否带编码可分为编码型和非编码型，其外形示意如图 4-27 所示。

（1）普通型手动报警按钮　普通型手动报警按钮操作方式一般为人工手动压下玻璃（一般为可恢复型），分为带编码型和不带编码型（子型），编码型手动报警按钮通常可带数个子型手动报警按钮。

（2）带电话插孔手动报警按钮　带电话插孔手动报警按钮附加有电话插孔，以供巡逻人员使用手持电话机插入插孔后，可直接与消防控制室或消防中心进行电话联系。电话接线端子一般连接于二线制（非编码型）消防电话系统，如图 4-28 所示。

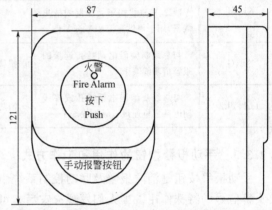

图 4-27　手动报警按钮外形示意图（单位：mm）

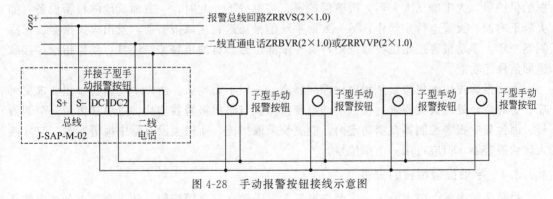

图 4-28　手动报警按钮接线示意图

4.2.3.2 手动报警按钮的布线

手动报警按钮接线端子如图 4-29 及图 4-30 所示。

图中各端子的意义见表 4-14。

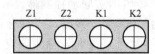

图 4-29 手动报警按钮（不带插孔）接线端子

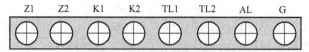

图 4-30 手动报警按钮（带消防电话插孔）接线端子

表 4-14 手动报警按钮各端子的意义

端子名称	端子的作用	布线要求
Z1、Z2	无极性信号二总线端子	布线时 Z1、Z2 采用 RVS 双绞线，导线截面≥1.0mm²
	与控制器信号弹二总线连接的端子	布线时信号 Z1、Z2 采用 RVS 双绞线，截面积≥1.0mm²
K1、K2	无源常开输出端子	—
	DC24V 进线端子及控制线输出端子，用于提供直流 24V 开关信号	—
AL、G	与总线制编码电话插孔连接的报警请求线端子	报警请求线 AL、G 采用 BV 线，截面积≥1.0mm²
TL1、TL2	与总线制编码电话插孔或多线制电话主机连接音频接线端子	消防电话线 TL1、TL2 采用 RVVP 屏蔽线，截面积≥1.0mm²

4.2.3.3 手动报警按钮的作用和工作方式

手动报警按钮是消防报警及联动控制系统中必备的设备之一。它具有确认火情或人工发出火警信号的特殊作用。当人们发现火灾后，可通过装于走廊、楼梯口等处的手动报警按钮进行人工报警。手动报警按钮为装于金属盒内的按键，一般将金属盒嵌入墙内，外露红色边框的保护罩。人工确认火灾后，敲破保护罩，将键按下，此时，一方面就地的报警设备（如火警讯响器、火警电铃）动作；另一方面手动信号被送到区域报警器，发出火灾报警。像探测器一样，手动报警按钮也在系统中占有一个部位号。有的报警按钮还具有动作指示，接收返回信号等功能。

手动报警按钮的报警紧急程度比探测器高，一般不需确认。所以手动报警按钮要求更可靠、更确切，处理火灾要求更快。手动报警按钮宜与集中报警器连接，且单独占用一个部位号。因为集中报警控制器在消防室内，能更快采取措施，所以当没有集中报警器时，它才接入区域报警器，但应占用一个部位号。

4.2.3.4 手动报警按钮的安装

报警区域内每个防火分区，应至少设置 1 只手动火灾报警按钮。从 1 个防火分区内的任何位置到最邻近的 1 个手动火灾报警按钮的步行距离，应不大于 30m。手动火灾报警按钮宜设置在公共活动场所的出入口，如大厅、过厅、餐厅、多功能厅等主要公共场所的出入口；各楼层的电梯间、电梯前室、主要通道等。

手动火灾报警按钮应安装在明显的和便于操作的部位。当安装在墙上时，其底边距地

（楼）面高度宜为 1.3～1.5m 处，且在其端部应有明显的标志。

安装时，有的还应有预埋接线盒，手动报警按钮应安装牢固，且不得倾斜。为了便于调试、维修，手动报警按钮外接导线，应留有 15cm 以上的余量，且在其端部应有明显标志。手动报警按钮底盒背面和底部各有一个敲落孔，可明装也可暗装，明装时可将底盒装在预埋盒上；暗装时可将底盒装进埋入墙内的预埋盒里，如图 4-31 所示。

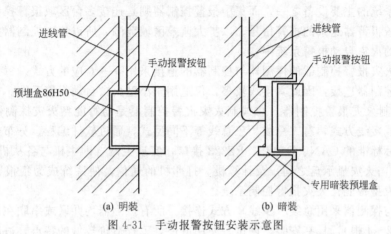

图 4-31 手动报警按钮安装示意图

4.2.4 火灾报警控制器

4.2.4.1 火灾报警控制器的分类

（1）按使用环境分类

① 陆用型火灾报警控制器 建筑物内或其附近安装的，系统中通用的火灾报警控制器。陆用型火灾报警控制器是最通用的火灾报警控制器。

② 船用型火灾报警控制器 船用型火灾报警控制器用于船舶、海上作业。其技术性能指标相应提高，例如，工作环境温度、湿度、耐腐蚀、抗颠簸等要求高于陆用型火灾报警控制器。

根据国家标准，其技术性能指标要求较高。如其工作环境温度、湿度要求均高于陆用型火灾报警控制器。

（2）按其防爆性能分类

① 非防爆型火灾报警控制器 无防爆性能，目前民用建筑中使用的绝大部分火灾报警控制器就属于这一类。

② 防爆型火灾报警控制器 有防爆性能，常用于有防爆要求的场所，如石油、化工企业用的工业型火灾报警控制器。其性能指标应满足《火灾报警控制器》（GB 4717—2005）的要求。

（3）按内部电路设计分类

① 普通型火灾报警控制器 普通型火灾报警控制器电路设计采用通用逻辑组合形式。具有成本低廉、使用简单等特点，易于实现标准单元的插板组合方式进行功能扩展，其功能一般较简单。

② 微机型火灾报警控制器 微机型火灾报警控制器电路设计采用微机结构，对硬件和程序软件均有相应要求。具有功能使用方便，技术要求复杂、硬件可靠性高等特点，是火灾报警控制器设计发展的首选型式。

（4）按系统布线方式分类

① 多线制火灾报警控制器　多线制（也称为二线制）报警控制器按用途分为区域报警控制器和集中报警控制器两种。区域报警控制器（总根数为 $n+1$），以进行区域范围内的火灾监测和报警工作。因此每台区域报警控制器与其区域内的控制器等正确连接后，经过严格调试验收合格后，就构成了完整独立的火灾自动报警系统，因此区域报警控制器是多线制火灾自动报警系统的主要设备之一。而集中报警控制器则是连接多台区域报警控制器，收集处理来自各区域报警器送来的报警信号，以扩大监控区域范围。所以集中控制器主要用于监探器容量较大的火灾自动报警系统中。

多线制火灾报警控制器的探测器与控制器的连接采用一一对应的方式。每个探测器至少有一根线与控制器连接，因此其连线较多，仅适用于小型火灾自动报警系统。

② 总线制火灾报警控制器　总线制火灾报警控制器是与智能型火灾探测器和模块相配套，采用总线接线方式，有二总线、三总线等不同型式，通过软件编程，分布式控制。同时系统采用国际标准的 CAN、RS485、RS323 接口，实现主网（即主机与各从机之间）、从网（即各控制器与火灾显示盘之间）及计算机、打印机的通信，使系统成为集报警、监视和控制为一体的大型智能化火灾报警控制系统。

控制器与探测器采用总线（少线）方式连接。所有探测器均并联或串联在总线上（一般总线数量为 2～4 根），具有安装、调试、使用方便，工程造价较低的特点，适用于大型火灾自动报警系统。目前总线制火灾自动报警系统已经在工程中得到普遍使用。

（5）按信号处理方式分类

① 有阈值火灾报警控制器　使用有阈值火灾探测器，处理的探测信号为阶跃开关量信号，对火灾探测器发出的火灾报警信号不能进行进一步的处理，火灾报警取决于探测器。

② 无阈值火灾报警控制器　基本使用无阈值火灾探测器，处理的探测信号为连续的模拟量信号。其报警主动权掌握在控制器方面，可以具有智能结构，是将来火灾报警控制器的发展方向。

（6）按控制范围分类

① 区域报警控制器　区域报警控制器由输入回路、声报警单元、自动监控单元、光报警单元、手动检查试验单元、输出回路和稳压电源及备用电源等组成。

控制器直接连接火灾探测器，处理各种报警信息，是组成自动报警系统最常用的设备之一。区域火灾报警控制器主要功能有：供电功能、火警记忆功能、消声后再声响功能、输出控制功能、监视传输线切断功能、主备电源自动转换功能、熔丝烧断告警功能、火警优先功能和手动检查功能。

② 集中报警控制器　集中报警控制器由输入回路、声报警单元、自动监控单元、光报警单元、手动检查试验单元和稳压电源、备用电源等电源组成。

集中报警控制器一般不与火灾探测器相连，而与区域火灾报警控制器相连。处理区级火灾报警控制器送来的报警信号，常使用在较大型系统中。

集中火灾报警控制器的电路除输入单元和显示单元的构成和要求与区域火灾报警控制器有所不同外，其基本组成部分与区域火灾报警控制器大同小异。

③ 通用火灾报警控制器　通用火灾报警控制器兼有区域，集中两级火灾报警控制器的双重特点。通过设置或修改某些参数（可以是硬件或者是软件方面），即可作区域级使用，连接探测器；又可作集中级使用，连接区域火灾报警控制器。

（7）按其容量分类

① 单路火灾报警控制器　单路火灾报警控制器仅处理一个回路的探测器工作信号，通

常仅用在某些特殊的联动控制系统。

② 多路火灾报警控制器 多路火灾报警控制器能同时处理多个回路的探测器工作信号，并显示具体报警部位。它的性能价格比较高，是目前最常见的使用类型。

（8）按结构型式分类

① 壁挂式火灾报警控制器 一般来说，壁挂式火灾报警控制器的连接探测器回路数相应少一些。控制功能较简单，通常区域火灾报警控制器常采用这种结构。

② 台式火灾报警控制器 台式火灾报警控制器连接探测器回路数较多，联动控制功能较复杂。操作使用方便，一般常见于集中火灾报警控制器。

③ 柜式火灾报警控制器 柜式火灾报警控制器与台式火灾报警控制器基本相同。内部电路结构多设计成插板组合式，易于功能扩展。

4.2.4.2 火灾报警控制器的接线

对于不同厂家生产的不同型号的火灾报警控制器其线制各异，如三线制、四线制、两线制、全总线制及二总线制等。传统的有两线制和现代的全总线制、二总线制三种。

（1）两线制 两线制接线，其配线较多，自动化程度较低，大多在小系统中应用，目前已很少使用。两线制接线如图 4-32 所示。

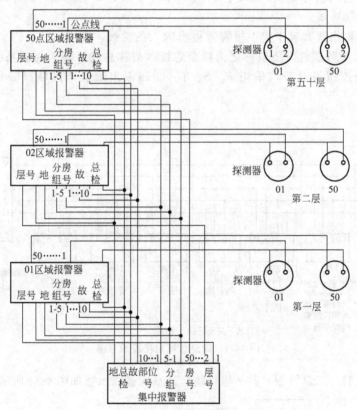

图 4-32 两线制接线

因生产厂家的不同，其产品型号也不完全相同，两线制的接线计算方法有所区别，以下介绍的计算方法具有一般性。

① 区域报警控制器的配线 区域报警控制器既要与其区域内的探测器连接，又可能要与集中报警控制器连接。

区域报警控制器输出导线是指该台区域报警控制器与配套的集中报警控制器之间连接导线的数目。区域报警控制器的输出导线根数为：

$$N_0 = 10 + n/10 + 4 \tag{4-5}$$

式中　10——与集中报警控制器连接的火警信号线数；

n/10——巡检分组线（取整数），n 为报警回路；

4——层巡线、故障线、地线和总检线各一根。

② 集中报警控制器的配线　集中报警控制器配线根数是指与其监控范围内的各区域报警控制器之间的连接导线。其配线根数为：

$$Q_i = 10 + n/10 + m + 3 \tag{4-6}$$

式中　Q_i——集中报警控制器的配线根数；

n/10——巡检分组线；

m——层巡（层号）线；

3——故障信号线 1 根、总检线 1 根、地线 1 根。

（2）全总线制　全总线制接线方式大系统中显示出其明显的优势，接线非常简单，大大缩短了施工工期。

区域报警器输入线为 5 根，即 P、S、T、G 及 V 线，即电源线、信号线、巡检控制线、回路地线及 DC 24V 线。

区域报警器输出线数等于集中报警器接出的六条总线，即 P_0、S_0、T_0、G_0、C_0、D_0，C_0 为同步线，D_0 为数据线。所以称之为四全总线（或称总线）是因为该系统中所使用的探测器、手动报警按钮等设备均采用 P、S、T、G 四根出线引至区域报警器上，如图 4-33 所示。

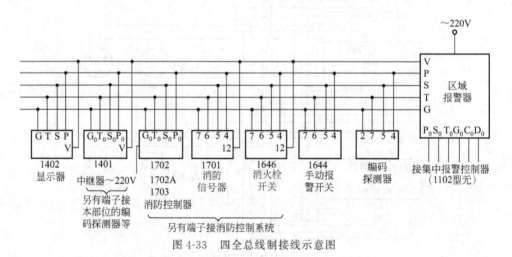

图 4-33　四全总线制接线示意图

（3）二总线制　二总线制（共 2 根导线）其系统接线示意如图 4-34 所示。其中 S— 为公

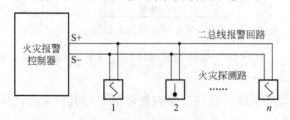

图 4-34　二总线制连接方式

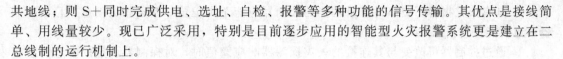

共地线；则 S＋同时完成供电、选址、自检、报警等多种功能的信号传输。其优点是接线简单、用线量较少。现已广泛采用，特别是目前逐步应用的智能型火灾报警系统更是建立在二总线制的运行机制上。

4.2.4.3 火灾报警控制器的基本功能

（1）火灾报警功能

① 控制器应能直接或间接地接收来自火灾探测器及其他火灾报警触发器件的火灾报警信号，发出火灾报警声、光信号，指示火灾发生部位，记录火灾报警时间，并予以保持，直至手动复位。

② 当有火灾探测器火灾报警信号输入时，控制器应在 10s 内发出火灾报警声、光信号。对来自火灾探测器的火灾报警信号可设置报警延时，其最大延时不应超过 1min，延时期间应有延时光指示，延时设置信息应能通过本机操作查询。

③ 当有手动火灾报警按钮报警信号输入时，控制器应在 10s 内发出火灾报警声、光信号，并明确指示该报警是手动火灾报警按钮报警。

④ 控制器应有专用火警总指示灯（器）。控制器处于火灾报警状态时，火警总指示灯（器）应点亮。

⑤ 火灾报警声信号应能手动消除，当再有火灾报警信号输入时，应能再次启动。

⑥ 控制器采用字母（符）-数字显示时，还应满足下述要求。

a. 应能显示当前火灾报警部位的总数。

b. 应采用下述方法之一显示最先火灾报警部位：

ⅰ. 用专用显示器持续显示；

ⅱ. 如未设专用显示器，应在共用显示器的顶部持续显示。

c. 后续火灾报警部位应按报警时间顺序连续显示。当显示区域不足以显示全部火灾报警部位时，应按顺序循环显示；同时应设手动查询按钮（键），每手动查询一次，只能查询一个火灾报警部位及相关信息。

⑦ 控制器需要接收来自同一探测器（区）两个或两个以上火灾报警信号才能确定发出火灾报警信号时，还应满足下述要求。

a. 控制器接收到第一个火灾报警信号时，应发出火灾报警声信号或故障声信号，并指示相应部位，但不能进入火灾报警状态。

b. 接收到第一个火灾报警信号后，控制器在 60s 内接收到要求的后续火灾报警信号时，应发出火灾报警声、光信号，并进入火灾报警状态。

c. 接收到第一个火灾报警信号后，控制器在 30min 内仍未接收到要求的后续火灾报警信号时，应对第一个火灾报警信号自动复位。

⑧ 控制器需要接收到不同部位两只火灾探测器的火灾报警信号才能确定发出火灾报警信号时，还应满足下述要求。

a. 控制器接收到第一只火灾探测器的火灾报警信号时，应发出火灾报警声信号或故障声信号，并指示相应部位，但不能进入火灾报警状态。

b. 控制器接收到第一只火灾探测器火灾报警信号后，在规定的时间间隔（不小于 5min）内未接收到要求的后续火灾报警信号时，可对第一个火灾报警信号自动复位。

⑨ 控制器应设手动复位按钮（键），复位后，仍然存在的状态及相关信息均应保持或在 20s 内重新建立。

⑩ 控制器火灾报警计时装置的日计时误差不应超过 30s，使用打印机记录火灾报警时间时，应打印出月、日、时、分等信息，但不能仅使用打印机记录火灾报警时间。

⑪ 具有火灾报警历史事件记录功能的控制器应能至少记录 999 条相关信息，且在控制器断电后能保持信息 14d。

⑫ 通过控制器可改变与其连接的火灾探测器响应阈值时，对探测器设定的响应阈值应能手动可查。

⑬ 除复位操作外，对控制器的任何操作均不应影响控制器接收和发出火灾报警信号。

（2）火灾报警控制功能

① 控制器在火灾报警状态下应有火灾声和/或光警报器控制输出。

② 控制器可设置其他控制输出（应少于 6 点），用于火灾报警传输设备和消防联动设备等设备的控制，每一控制输出应有对应的手动直接控制按钮（键）。

③ 控制器在发出火灾报警信号后 3s 内应启动相关的控制输出（有延时要求时除外）。

④ 控制器应能手动消除和启动火灾声和/或光警报器的声警报信号，消声后，有新的火灾报警信号时，声警报信号应能重新启动。

⑤ 具有传输火灾报警信息功能的控制器，在火灾报警信息传输期间应有光指示，并保持至复位，如有反馈信号输入，应有接收显示对于采用独立指示灯（器）作为传输火灾报警信息显示的控制器，如有反馈信号输入，可用该指示灯（器）转为接收显示，并保持至复位。

⑥ 控制器发出消防联动设备控制信号时，应发出相应的声光信号指示，该光信号指示不能被覆盖且应保持至手动恢复；在接收到消防联动控制设备反馈信号 10s 内应发出相应的声光信号，并保持至消防联动设备恢复。

⑦ 如需要设置控制输出延时，延时应按下述方式设置。

a. 对火灾声和/或光警报器及对消防联动设备控制输出的延时，应通过火灾探测器和/或手动火灾报警按钮和/或特定部位的信号实现。

b. 控制火灾报警信息传输的延时应通过火灾探测器和/或特定部位的信号实现。

c. 延时应不超过 10min，延时时间变化步长不应超过 1min。

d. 在延时期间，应能手动插入或通过手动火灾报警按钮而直接启动输出功能。

e. 任一输出延时均不应影响其他输出功能的正常工作，延时期间应有延时光指示。

⑧ 当控制器要求接收来自火灾探测器和/或手动火灾报警按钮的 1 个以上火灾报警信号才能发出控制输出时，当收到第一个火灾报警信号后，在收到要求的后续火灾报警信号前，控制器应进入火灾报警状态；但可设有分别或全部禁止对火灾声和/或光警报器、火灾报警传输设备和消防联动设备输出操作的手段。对某一设备输出操作不应影响对其他设备的输出操作。

⑨ 控制器在机箱内设有消防联动控制设备时，即火灾报警控制器（联动型），还应满足《消防联动控制系统》（GB 16806—2006）相关要求，消防联动控制设备故障应不影响控制器的火灾报警功能。

（3）故障报警功能

① 控制器应设专用故障总指示灯（器），无论控制器处于何种状态，只要有故障信号存在，该故障总指示灯（器）应点亮。

② 当控制器内部、控制器与其连接的部件间发生故障时，控制器应在 100s 内发出与火灾报警信号有明显区别的故障声、光信号，故障声信号应能手动消除，再有故障信号输入时，应能再启动；故障光信号应保持至故障排除。

③ 控制器应能显示下述故障的部位。

a. 控制器与火灾探测器、手动火灾报警按钮及完成传输火灾报警信号功能部件间连接线的断路、短路（短路时发出火灾报警信号除外）和影响火灾报警功能的接地、探头与底座间连接断路。

b. 控制器与火灾显示盘间连接线的断路、短路和影响功能的接地。

c. 控制器与其控制的火灾声和/或光警报器、火灾报警传输设备和消防联动设备间连接线的断路、短路和影响功能的接地。

其中 a、b 两项故障在有火灾报警信号时可以不显示，c 项故障显示不能受火灾报警信号影响。

④ 控制器应能显示下述故障的类型。

a. 给备用电源充电的充电器与备用电源间连接线的断路、短路。

b. 备用电源与其负载间连接线的断路、短路。

c. 主电源欠压。

⑤ 控制器应能显示所有故障信息。在不能同时显示所有故障信息时，未显示的故障信息应手动可查。

⑥ 当主电源断电，备用电源不能保证控制器正常工作时，控制器应发出故障声信号并能保持 1h 以上。

⑦ 对于软件控制实现各项功能的控制器，当程序不能正常运行或存储器内容出错时，控制器应有单独的故障指示灯显示系统故障。

⑧ 控制器的故障信号在故障排除后，可以自动或手动复位。复位后，控制器应在 100s 内重新显示尚存在的故障。

⑨ 任一故障均不应影响非故障部分的正常工作。

⑩ 当控制器采用总线工作方式时，应设有总线短路隔离器。短路隔离器动作时，控制器应能指示出被隔离部件的部位号。当某一总线发生一处短路故障导致短路隔离器动作时，受短路隔离器影响的部件数量不应超过 32 个。

（4）自检功能

① 控制器应能检查本机的火灾报警功能（以下称自检），控制器在执行自检功能期间，受其控制的外接设备和输出接点均不应动作。控制器自检时间超过 1min 或其不能自动停止自检功能时，控制器的自检功能应不影响非自检部位、探测区和控制器本身的火灾报警功能。

② 控制器应能手动检查其面板所有指示灯（器）、显示器的功能。

③ 具有能手动检查各部位或探测区火灾报警信号处理和显示功能的控制器，应设专用自检总指示灯（器），只要有部位或探测区处于检查状态，该自检总指示灯（器）均应点亮，并满足下述要求。

a. 控制器应显示（或手动可查）所有处于自检状态中的部位或探测区。

b. 每个部位或探测区均应能单独手动启动和解除自检状态。

c. 处于自检状态的部位或探测区不应影响其他部位或探测区的显示和输出，控制器的所有对外控制输出接点均不应动作（检查声和/或光警报器警报功能时除外）。

（5）信息显示与查询功能 控制器信息显示按火灾报警、监管报警及其他状态顺序由高至低排列信息显示等级，高等级的状态信息应优先显示，低等级状态信息显示不应影响高等级状态信息显示，显示的信息应与对应的状态一致且易于辨识。当控制器处于某一高等级状态显示时，应能通过手动操作查询其他低等级状态信息，各状态信息不应交替显示。

（6）电源功能

① 控制器的电源部分应具有主电源和备用电源转换装置。当主电源断电时，能自动转换到备用电源，主电源恢复时，能自动转换到主电源。应有主、备电源工作状态指示，主电源应有过流保护措施。主、备电源的转换不应使控制器产生误动作。

② 控制器至少一个回路按设计容量连接真实负载，其他回路连接等效负载，主电源容量应能保证控制器在下述条件下连续正常工作4h。

a. 控制器容量不超过10个报警部位时，所有报警部位均处于报警状态。

b. 控制器容量超过10个报警部位时，20％的报警部位（不少于10个报警部位，但不超过32个报警部位）处于报警状态。

③ 控制器至少一个回路按设计容量连接真实负载，其他回路连接等效负载。备用电源在放电至终止电压条件下，充电24h，其容量应可提供控制器在监视状态下工作8h后，在下述条件下工作30min。

a. 控制器容量不超过10个报警部位时，所有报警部位均处于报警状态。

b. 控制器容量超过10个报警部位时，1/15的报警部位（不少于10个报警部位，但不超过32个报警部位）处于报警状态。

④ 当交流供电电压变动幅度在额定电压（220V）的110％和85％范围内，频率为50Hz±1Hz时，控制器应能正常工作。在②的规定条件下，其输出直流电压稳定度和负载稳定度应不大于5％。

⑤ 采用总线工作方式的控制器至少一个回路按设计容量连接真实负载（该回路用于连接真实负载的导线为长度1000m，截面积1.0mm^{2}的铜质绞线，或生产企业声明的连接条件），其他回路连接等效负载，同时报警部位的数量应不少于10个。

4.2.4.4 智能火灾报警控制器

随着技术的不断革新，新一代的火灾报警控制器层出不穷，其功能更加强大、操作更加简便。

（1）火灾报警控制器的智能化 火灾报警控制器采用大屏幕汉字液晶显示，清晰直观。除可显示各种报警信息外，还可显示各类图形。报警控制器可直接接收火灾探测器传送的各类状态信号，通过控制器可将现场火灾探测器设置成信号传感器，并将传感器采集到的现场环境参数信号进行数据及曲线分析，为更准确地判断现场是否发生火灾提供了有利的工具。

（2）报警及联动控制一体化 控制器采用内部并行总线设计、积木式结构，容量扩充简单方便。系统可采用报警和联动共线式布线，也可采用报警和联动分线式布线，适用于目前各种报警系统的布线方式，彻底解决了变更产品设计带来的原设计图纸改动的问题。

（3）数字化总线技术 探测器与控制器采用无极性信号二总线技术，通过数字化总线通信，控制器可方便地设置探测器的灵敏度等工作参数，查阅探测器的运行状态。由于采用二总线，整个报警系统的布线极大简化，便于工程安装、线路维修，降低了工程造价。系统还设有总线故障报警功能，随时监测总线工作状态，保证系统可靠工作。

4.2.5 消防联动控制系统

4.2.5.1 一般规定

① 消防联动控制器应能按设定的控制逻辑向各相关的受控设备发出联动控制信号，并

接受相关设备的联动反馈信号。

② 消防联动控制器的电压控制输出应采用直流 24V，其电源容量应满足受控消防设备同时启动且维持工作的控制容量要求。

③ 各受控设备接口的特性参数应与消防联动控制器发出的联动控制信号相匹配。

④ 消防水泵、防烟和排烟风机的控制设备，除应采用联动控制方式外，还应在消防控制室设置手动直接控制装置。

⑤ 启动电流较大的设备宜分时启动。

⑥ 需要火灾自动报警系统联动控制的消防设备，其联动触发信号应采用两个独立的报警触发装置报警信号的"与"逻辑组合。

4.2.5.2　自动喷水灭火系统的联动控制设计

(1) 湿式系统和干式系统的联动控制设计，应符合下列规定。

① 联动控制方式，应由湿式报警阀压力开关的动作信号作为触发信号，直接控制启动喷淋消防泵，联动控制不应受消防联动控制器处于自动或手动状态影响。

② 手动控制方式，应将喷淋消防泵控制箱（柜）的启动、停止按钮用专用线路直接连接至设置在消防控制室内的消防联动控制器的手动控制盘，直接手动控制喷淋消防泵的启动、停止。

③ 水流指示器、信号阀、压力开关、喷淋消防泵的启动和停止的动作信号应反馈至消防联动控制器。

(2) 预作用系统的联动控制设计，应符合下列规定。

① 联动控制方式，应由同一报警区域内两只及以上独立的感烟火灾探测器或一只感烟火灾探测器与一只手动火灾报警按钮的报警信号，作为预作用阀组开启的联动触发信号。由消防联动控制器控制预作用阀组的开启，使系统转变为湿式系统；当系统设有快速排气装置时，应联动控制排气阀前的电动阀的开启。湿式系统的联动控制设计应符合(1) 的规定。

② 手动控制方式，应将喷淋消防泵控制箱（柜）的启动和停止按钮、预作用阀组和快速排气阀入口前的电动阀的启动和停止按钮，用专用线路直接连接至设置在消防控制室内的消防联动控制器的手动控制盘，直接手动控制喷淋消防泵的启动、停止及预作用阀组和电动阀的开启。

③ 水流指示器、信号阀、压力开关、喷淋消防泵的启动和停止的动作信号，有压气体管道气压状态信号和快速排气阀入口前电动阀的动作信号应反馈至消防联动控制器。

(3) 雨淋系统的联动控制设计，应符合下列规定。

① 联动控制方式，应由同一报警区域内两只及以上独立的感温火灾探测器或一只感温火灾探测器与一只手动火灾报警按钮的报警信号，作为雨淋阀组开启的联动触发信号。应由消防联动控制器控制雨淋阀组的开启。

② 手动控制方式，应将雨淋消防泵控制箱（柜）的启动和停止按钮、雨淋阀组的启动和停止按钮，用专用线路直接连接至设置在消防控制室内的消防联动控制器的手动控制盘，直接手动控制雨淋消防泵的启动、停止及雨淋阀组的开启。

③ 水流指示器、压力开关、雨淋阀组、雨淋消防泵的启动和停止的动作信号应反馈至消防联动控制器。

(4) 自动控制的水幕系统的联动控制设计，应符合下列规定。

① 联动控制方式，当自动控制的水幕系统用于防火卷帘的保护时，应由防火卷帘下落到楼板面的动作信号与本报警区域内任一火灾探测器或手动火灾报警按钮的报警信号作为水

幕阀组启动的联动触发信号，并应由消防联动控制器联动控制水幕系统相关控制阀组的启动。仅用水幕系统作为防火分隔时，应由该报警区域内两只独立的感温火灾探测器的火灾报警信号作为水幕阀组启动的联动触发信号，并应由消防联动控制器联动控制水幕系统相关控制阀组的启动。

② 手动控制方式，应将水幕系统相关控制阀组和消防泵控制箱（柜）的启动、停止按钮用专用线路直接连接至设置在消防控制室内的消防联动控制器的手动控制盘，并应直接手动控制消防泵的启动、停止及水幕系统相关控制阀组的开启。

③ 压力开关、水幕系统相关控制阀组和消防泵的启动、停止的动作信号，应反馈至消防联动控制器。

4.2.5.3 消火栓系统的联动控制设计

（1）联动控制方式，应由消火栓系统出水干管上设置的低压压力开关、高位消防水箱出水管上设置的流量开关或报警阀压力开关等信号作为触发信号，直接控制启动消火栓泵，联动控制不应受消防联动控制器处于自动或手动状态影响。当设置消火栓按钮时，消火栓按钮的动作信号应作为报警信号及启动消火栓泵的联动触发信号，由消防联动控制器联动控制消火栓泵的启动。

（2）手动控制方式，应将消火栓泵控制箱（柜）的启动、停止按钮用专用线路直接连接至设置在消防控制室内的消防联动控制器的手动控制盘，并应直接手动控制消火栓泵的启动、停止。

（3）消火栓泵的动作信号应反馈至消防联动控制器。

4.2.5.4 气体灭火系统、泡沫灭火系统的联动控制设计

（1）气体灭火系统、泡沫灭火系统应分别由专用的气体灭火控制器、泡沫灭火控制器控制。

（2）气体灭火控制器、泡沫灭火控制器直接连接火灾探测器时，气体灭火系统、泡沫灭火系统的自动控制方式应符合下列规定。

① 应由同一防护区域内两只独立的火灾探测器的报警信号、一只火灾探测器与一只手动火灾报警按钮的报警信号或防护区外的紧急启动信号，作为系统的联动触发信号，探测器的组合宜采用感烟火灾探测器和感温火灾探测器，各类探测器应按 4.2.2 中"火灾探测器的设置"的规定分别计算保护面积。

② 气体灭火控制器、泡沫灭火控制器在接收到满足联动逻辑关系的首个联动触发信号后，应启动设置在该防护区内的火灾声光警报器，且联动触发信号应为任一防护区域内设置的感烟火灾探测器、其他类型火灾探测器或手动火灾报警按钮的首次报警信号。在接收到第二个联动触发信号后，应发出联动控制信号，且联动触发信号应为同一防护区域内与首次报警的火灾探测器或手动火灾报警按钮相邻的感温火灾探测器、火焰探测器或手动火灾报警按钮的报警信号。

③ 联动控制信号应包括下列内容：

a. 关闭防护区域的送（排）风机及送（排）风阀门；

b. 停止通风和空气调节系统及关闭设置在该防护区域的电动防火阀；

c. 联动控制防护区域开口封闭装置的启动，包括关闭防护区域的门、窗；

d. 启动气体灭火装置、泡沫灭火装置，气体灭火控制器、泡沫灭火控制器，可设定不大于 30s 的延迟喷射时间。

④ 平时无人工作的防护区，可设置为无延迟的喷射，应在接收到满足联动逻辑关系的

首个联动触发信号后按③的规定执行除启动气体灭火装置、泡沫灭火装置外的联动控制。在接收到第二个联动触发信号后，应启动气体灭火装置、泡沫灭火装置。

⑤ 气体灭火防护区出口外上方应设置表示气体喷洒的火灾声光警报器，指示气体释放的声信号应与该保护对象中设置的火灾声警报器的声信号有明显区别。启动气体灭火装置、泡沫灭火装置的同时，应启动设置在防护区入口处表示气体喷洒的火灾声光警报器。组合分配系统应首先开启相应防护区域的选择阀，然后启动气体灭火装置、泡沫灭火装置。

（3）气体灭火控制器、泡沫灭火控制器不直接连接火灾探测器时，气体灭火系统、泡沫灭火系统的自动控制方式应符合下列规定。

① 气体灭火系统、泡沫灭火系统的联动触发信号应由火灾报警控制器或消防联动控制器发出。

② 气体灭火系统、泡沫灭火系统的联动触发信号和联动控制均应符合（2）的规定。

（4）气体灭火系统、泡沫灭火系统的手动控制方式应符合下列规定。

① 在防护区疏散出口的门外应设置气体灭火装置、泡沫灭火装置的手动启动和停止按钮，手动启动按钮按下时，气体灭火控制器、泡沫灭火控制器应执行符合（2）中③和⑤规定的联动操作；手动停止按钮按下时，气体灭火控制器、泡沫灭火控制器应停止正在执行的联动操作。

② 气体灭火控制器、泡沫灭火控制器上应设置对应于不同防护区的手动启动和停止按钮，手动启动按钮按下时，气体灭火控制器、泡沫灭火控制器应执行符合（2）中③和⑤规定的联动操作；手动停止按钮按下时，气体灭火控制器、泡沫灭火控制器应停止正在执行的联动操作。

（5）气体灭火装置、泡沫灭火装置启动及喷放各阶段的联动控制及系统的反馈信号，应反馈至消防联动控制器。系统的联动反馈信号应包括下列内容。

① 气体灭火控制器、泡沫灭火控制器直接连接的火灾探测器的报警信号。

② 选择阀的动作信号。

③ 压力开关的动作信号。

（6）在防护区域内设有手动与自动控制转换装置的系统，其手动或自动控制方式的工作状态应在防护区内、外的手动和自动控制状态显示装置上显示，该状态信号应反馈至消防联动控制器。

4.2.5.5 防烟排烟系统的联动控制设计

（1）防烟系统的联动控制方式应符合下列规定。

① 应由加压送风口所在防火分区的两只独立的火灾探测器或一只火灾探测器与一只手动火灾报警按钮的报警信号，作为送风口开启和加压送风机启动的联动触发信号，并应由消防联动控制器联动控制相关层前室等需要加压送风场所的加压送风口开启和加压送风机启动。

② 应由同一防烟分区内且位于电动挡烟垂壁附近的两只独立的感烟火灾探测器的报警信号，作为电动挡烟垂壁降落的联动触发信号，并应由消防联动控制器联动控制电动挡烟垂壁的降落。

（2）排烟系统的联动控制方式应符合下列规定。

① 应由同一防烟分区内的两只独立的火灾探测器的报警信号，作为排烟口、排烟窗或排烟阀开启的联动触发信号，并应由消防联动控制器联动控制排烟口、排烟窗或排烟阀的开启，同时停止该防烟分区的空气调节系统。

② 应由排烟口、排烟窗或排烟阀开启的动作信号，作为排烟风机启动的联动触发信号，并应由消防联动控制器联动控制排烟风机的启动。

（3）防烟系统、排烟系统的手动控制方式，应能在消防控制室内的消防联动控制器上手动控制送风口、电动挡烟垂壁、排烟口、排烟窗、排烟阀的开启或关闭及防烟风机、排烟风机等设备的启动或停止，防烟、排烟风机的启动、停止按钮应采用专用线路直接连接至设置在消防控制室内的消防联动控制器的手动控制盘，并应直接手动控制防烟、排烟风机的启动、停止。

（4）送风口、排烟口、排烟窗或排烟阀开启和关闭的动作信号，防烟、排烟风机启动和停止及电动防火阀关闭的动作信号，均应反馈至消防联动控制器。

（5）排烟风机入口处的总管上设置的280℃排烟防火阀在关闭后直接联动控制风机停止，排烟防火阀及风机的动作信号应反馈至消防联动控制器。

4.2.5.6 防火门及防火卷帘系统的联动控制设计

（1）防火门系统的联动控制设计，应符合下列规定。

① 应由常开防火门所在防火分区内的两只独立的火灾探测器或一只火灾探测器与一只手动火灾报警按钮的报警信号，作为常开防火门关闭的联动触发信号，联动触发信号应由火灾报警控制器或消防联动控制器发出，并应由消防联动控制器或防火门监控器联动控制防火门关闭。

② 疏散通道上各防火门的开启、关闭及故障状态信号应反馈至防火门监控器。

（2）防火卷帘的升降应由防火卷帘控制器控制。

（3）疏散通道上设置的防火卷帘的联动控制设计，应符合下列规定。

① 联动控制方式，防火分区内任两只独立的感烟火灾探测器或任一只专门用于联动防火卷帘的感烟火灾探测器的报警信号应联动控制防火卷帘下降至距楼板面1.8m处；任一只专门用于联动防火卷帘的感温火灾探测器的报警信号应联动控制防火卷帘下降到楼板面；在卷帘的任一侧距卷帘纵深0.5～5m内应设置不少于2只专门用于联动防火卷帘的感温火灾探测器。

② 手动控制方式，应由防火卷帘两侧设置的手动控制按钮控制防火卷帘的升降。

（4）非疏散通道上设置的防火卷帘的联动控制设计，应符合下列规定。

① 联动控制方式，应由防火卷帘所在防火分区内任两只独直的火灾探测器的报警信号，作为防火卷帘下降的联动触发信号，并应联动控制防火卷帘直接下降到楼板面。

② 手动控制方式，应由防火卷帘两侧设置的手动控制按钮控制防火卷帘的升降，并应能在消防控制室内的消防联动控制器上手动控制防火卷帘的降落。

（5）防火卷帘下降至距楼板面1.8m处、下降到楼板面的动作信号和防火卷帘控制器直接连接的感烟、感温火灾探测器的报警信号，应反馈至消防联动控制器。

4.2.5.7 电梯的联动控制设计

① 消防联动控制器应具有发出联动控制信号强制所有电梯停于首层或电梯转换层的功能。

② 电梯运行状态信息和停于首层或转换层的反馈信号，应传送给消防控制室显示，轿厢内应设置能直接与消防控制室通话的专用电话。

4.2.5.8 火灾警报和消防应急广播系统的联动控制设计

① 火灾自动报警系统应设置火灾声光警报器，并应在确认火灾后启动建筑内的所有火灾声光警报器。

② 未设置消防联动控制器的火灾自动报警系统，火灾声光警报器应由火灾报警控制器控制；设置消防联动控制器的火灾自动报警系统，火灾声光警报器应由火灾报警控制器或消防联动控制器控制。

③ 公共场所宜设置具有同一种火灾变调声的火灾声警报器；具有多个报警区域的保护对象，宜选用带有语音提示的火灾声警报器；学校、工厂等各类日常使用电铃的场所，不应使用警铃作为火灾声警报器。

④ 火灾声警报器设置带有语音提示功能时，应同时设置语音同步器。

⑤ 同一建筑内设置多个火灾声警报器时，火灾自动报警系统应能同时启动和停止所有火灾声警报器工作。

⑥ 火灾声警报器单次发出火灾警报时间宜为 8～20s，同时设有消防应急广播时，火灾声警报应与消防应急广播交替循环播放。

⑦ 集中报警系统和控制中心报警系统应设置消防应急广播。

⑧ 消防应急广播系统的联动控制信号应由消防联动控制器发出。当确认火灾后，应同时向全楼进行广播。

⑨ 消防应急广播的单次语音播放时间宜为 10～30s，应与火灾声警报器分时交替工作，可采取 1 次火灾声警报器播放、1 次或 2 次消防应急广播播放的交替工作方式循环播放。

⑩ 在消防控制室应能手动或按预设控制逻辑联动控制选择广播分区、启动或停止应急广播系统，并应能监听消防应急广播。在通过传声器进行应急广播时，应自动对广播内容进行录音。

⑪ 消防控制室内应能显示消防应急广播的广播分区的工作状态。

⑫ 消防应急广播与普通广播或背景音乐广播合用时，应具有强制切入消防应急广播的功能。

4.2.5.9 消防应急照明和疏散指示系统的联动控制设计

(1) 消防应急照明和疏散指示系统的联动控制设计，应符合下列规定。

① 集中控制型消防应急照明和疏散指示系统，应由火灾报警控制器或消防联动控制器启动应急照明控制器实现。

② 集中电源非集中控制型消防应急照明和疏散指示系统，应由消防联动控制器联动应急照明集中电源和应急照明分配电装置实现。

③ 自带电源非集中控制型消防应急照明和疏散指示系统，应由消防联动控制器联动消防应急照明配电箱实现。

(2) 当确认火灾后，由发生火灾的报警区域开始，顺序启动全楼疏散通道的消防应急照明和疏散指示系统，系统全部投入应急状态的启动时间不应大于 5s。

4.2.5.10 相关联动控制设计

① 消防联动控制器应具有切断火灾区域及相关区域的非消防电源的功能，当需要切断正常照明时，宜在自动喷淋系统、消火栓系统动作前切断。

② 消防联动控制器应具有自动打开涉及疏散的电动栅栏等的功能，宜开启相关区域安全技术防范系统的摄像机监视火灾现场。

③ 消防联动控制器应具有打开疏散通道上由门禁系统控制的门和庭院电动大门的功能，并应具有打开停车场出入口挡杆的功能。

4.2.6　消防控制室

消防控制室是建筑物内防火、灭火设施的显示、控制中心，必须确保控制室具有足够的防火性能，设置的位置能便于安全进出。

设置火灾自动报警系统和需要联动控制的消防设备的建筑（群）应设置消防控制室。消防控制室的设置应符合下列规定。

（1）单独建造的消防控制室，其耐火等级不应低于二级。

（2）附设在建筑内的消防控制室，宜设置在建筑内首层或地下一层，并宜布置在靠外墙部位。

（3）不应设置在电磁场干扰较强及其他可能影响消防控制设备正常工作的房间附近。

（4）疏散门应直通室外或安全出口。

（5）消防控制室内的设备构成及其对建筑消防设施的控制与显示功能以及向远程监控系统传输相关信息的功能，应符合下列要求。

① 消防控制室内设置的消防设备应包括火灾报警控制器、消防联动控制器、消防控制室图形显示装置、消防专用电话总机、消防应急广播控制装置、消防应急照明和疏散指示系统控制装置、消防电源监控器等设备或具有相应功能的组合设备。消防控制室内设置的消防控制室图形显示装置应能显示表 4-6 规定的建筑物内设置的全部消防系统及相关设备的动态信息和表 4-7 规定的消防安全管理信息，并应为远程监控系统预留接口，同时应具有向远程监控系统传输表 4-6 和表 4-7 规定的有关信息的功能。

② 消防控制室应设有用于火灾报警的外线电话。

③ 消防控制室应有相应的竣工图纸、各分系统控制逻辑关系说明、设备使用说明书、系统操作规程、应急预案、值班制度、维护保护制度及值班记录等文件资料。

④ 消防控制室送、回风管的穿墙处应设防火阀。

⑤ 消防控制室内严禁穿过与消防设施无关的电气线路及管路。

⑥ 消防控制室不应设置在电磁场干扰较强及其他影响消防控制室设备工作的设备用房附近。

⑦ 消防控制室内设备的布置应符合下列规定。

a. 设备面盘前的操作距离，单列布置时不应小于 1.5m；双列布置时不应小于 2m。

b. 在值班人员经常工作的一面，设备面盘至墙的距离不应小于 3m。

c. 设备面盘后的维修距离不宜小于 1m。

d. 设备面盘的排列长度大于 4m 时，其两端应设置宽度不小于 1m 的通道。

e. 与建筑其他弱电系统合用的消防控制室内，消防设备应集中设置，并应与其他设备间有明显间隔。

⑧ 消防控制室的显示与控制，应符合下列规定。

a. 消防控制室图形显示装置应符合下列要求：

ⅰ. 应能显示消防控制室规定的资料及表 4-7 规定的其他相关信息。

ⅱ. 应能用同一界面显示建（构）筑物周边消防车道、消防登高车操作场地、消防水源位置，以及相邻建筑的防火间距、建筑面积、建筑高度、使用性质等情况。

ⅲ. 应能显示消防系统及设备的名称、位置和"b.～g."规定的动态信息。

ⅳ. 当有火灾报警信号、监管报警信号、反馈信号、屏蔽信号、故障信号输入时，应有相应状态的专用总指示，在总平面布局图中应显示输入信号所在的建（构）筑物的位置，在建筑平面图上应显示输入信号所在的位置和名称，并记录时间、信号类别和部位等信息。

ⅴ. 应在 10s 内显示输入的火灾报警信号和反馈信号的状态信息，100s 内显示其他输入信号的状态信息。

ⅵ. 应采用中文标注和中文界面，界面对角线长度不应小于 430mm。

ⅶ. 应能显示可燃气体探测报警系统、电气火灾监控系统的报警信息、故障信息和相关联动反馈信息。

b. 火灾报警控制器应符合下列要求：

ⅰ. 应能显示火灾探测器、火灾显示盘、手动火灾报警按钮的正常工作状态、火灾报警状态、屏蔽状态及故障状态等相关信息。

ⅱ. 应能控制火灾声光警报器启动和停止。

c. 消防联动控制器对自动喷水灭火系统的控制和显示应符合下列要求：

ⅰ. 应能显示喷淋泵电源的工作状态。

ⅱ. 应能显示喷淋泵（稳压或增压泵）的启、停状态和故障状态，并显示水流指示器、信号阀、报警阀、压力开关等设备的正常工作状态和动作状态、消防水箱（池）最低水位信息和管网最低压力报警信息。

ⅲ. 应能手动控制喷淋泵的启、停，并显示其手动启、停和自动启动的动作反馈信号。

d. 消防联动控制器对消火栓系统的控制和显示应符合下列要求：

ⅰ. 应能显示消防水泵电源的工作状态。

ⅱ. 应能显示消防水泵（稳压或增压泵）的启、停状态和故障状态，并显示消火栓按钮的正常工作状态和动作状态及位置等信息，消防水箱（池）最低水位信息和管网最低压力报警信息。

ⅲ. 应能手动和自动控制消防水泵启、停，并显示其动作反馈信号。

e. 消防联动控制器对气体灭火系统的控制和显示应符合下列要求：

ⅰ. 应能显示系统的手动、自动工作状态及故障状态。

ⅱ. 应能显示系统的驱动装置的正常工作状态和动作状态，并能显示防护区域中的防火门（窗）、防火阀、通风空调等设备的正常工作状态和动作状态。

ⅲ. 应能手动控制系统的启、停，并显示延时状态信号、紧急停止信号和管网压力信号。

f. 消防联动控制器对水喷雾、细水雾灭火系统的控制和显示应符合下列要求：

ⅰ. 水喷雾灭火系统、采用水泵供水的细雾灭火系统应符合 c. 的要求。

ⅱ. 采用压力容器供水的细水雾灭火系统应符合 e. 的要求。

g. 消防联动控制器对泡沫灭火系统的控制和显示应符合下列规定：

ⅰ. 应能显示消防水泵、泡沫液泵电源的工作状态。

ⅱ. 应能显示系统的手动、自动工作状态及故障状态。

ⅲ. 应能显示消防水泵、泡沫液泵的启、停状态和故障状态，并显示消防水池（箱）最低水位和泡沫液罐最低液位信息。

ⅳ. 应能手动控制消防水泵和泡沫液泵的启、停，并显示其动作反馈信号。

h. 消防联动控制器对干粉灭火系统的控制和显示应符合下列要求：

ⅰ. 应能显示系统的手动、自动工作状态及故障状态。

ⅱ. 应能显示系统的驱动装置的正常工作状态和动作状态，并能显示防护区域中的防火门窗、防火阀、通风空调等设备的正常工作状态和动作状态。

ⅲ．应能手动控制系统的启动和停止，并显示延时状态信号、紧急停止信号和管网压力信号。

i．消防联动控制器对防烟排烟系统及通风空调系统的控制和显示应符合下列要求：

ⅰ．应能显示防烟排烟系统风机电源的工作状态。

ⅱ．应能显示防烟排烟系统的手动、自动工作状态及防烟排烟系统风机的正常工作状态和动作状态。

ⅲ．应能控制防烟排烟系统及通风空调系统的风机和电动排烟防火阀、电控挡烟垂壁、电动防火阀、常闭送风口、排烟阀（口）、电动排烟窗的动作，并显示其反馈信号。

j．消防联动控制器对防火门及防火卷帘系统的控制和显示应符合下列要求：

ⅰ．应能显示防火门控制器、防火卷帘控制器的工作状态和故障状态等动态信息。

ⅱ．应能显示防火卷帘、常开防火门、人员密集场所中因管理需要平时常闭的疏散门及具有信号反馈功能的防火门的工作状态。

ⅲ．应能关闭防火卷帘和常开防火门，并显示其反馈信号。

k．消防联动控制器对电梯的控制和显示应符合下列要求：

ⅰ．应能控制所有电梯全部回降首层，非消防电梯应开门停用，消防电梯应开门待用，并显示反馈信号及消防电梯运行时所在楼层。

ⅱ．应能显示消防电梯的故障状态和停用状态。

⑨ 消防控制室的信息记录、信息传输，应符合下列规定。

a．应记录表 4-6 中规定的建筑消防设施运行状态信息，记录容量不应少于 10000 条，记录备份后方可被覆盖。

b．应具有产品维护保养的内容和时间、系统程序的进入和退出时间、操作人员姓名或代码等内容的记录，存储记录容量不应少于 10000 条，记录备份后方可被覆盖。

c．应记录表 4-7 中规定的消防安全管理信息及系统内各个消防设备（设施）的制造商、产品有效期，记录容量不应少于 10000 条，记录备份后方可被覆盖。

d．应能对历史记录打印归档或刻录存盘归档。

e．消防控制室图形显示装置应能在接收到火灾报警信号或联动信号后 10s 内将相应信息按规定的通信协议格式传送给监控中心。

f．消防控制室图形显示装置应能在接收到建筑消防设施运行状态信息后 100s 内将相应信息按规定的通信协议格式传送给监控中心。

g．当具有自动向监控中心传输消防安全管理信息功能时，消防控制室图形显示装置应能在发出传输信息指令后 100s 内将相应信息按规定的通信协议格式传送给监控中心。

h．消防控制室图形显示装置应能接收监控中心的查询指令并按规定的通信协议格式将表 4-6、表 4-7 规定的信息传送给监控中心。

i．消防控制室图形显示装置应有信息传输指示灯，在处理和传输信息时，该指示灯应闪亮，在得到监控中心的正确接收确认后，该指示灯应常亮并保持直至该状态复位。当信息传送失败时应有声、光指示。

j．火灾报警信息应优先于其他信息传输。

k．信息传输不应受保护区域内消防系统及设备任何操作的影响。

4.2.7　火灾自动报警系统主要组件安装

4.2.7.1　控制器类设备安装

（1）火灾报警控制器、可燃气体报警控制器、区域显示器、消防联动控制器等控制器类设备（以下称控制器）在墙上安装时，其底边距地（楼）面高度宜为 1.3～1.5m，其靠近门轴的侧面距墙不应小于 0.5m，正面操作距离不应小于 1.2m；落地安装时，其底边宜高出地（楼）面 0.1～0.2m。

（2）控制器应安装牢固，不应倾斜；安装在轻质墙上时，应采取加固措施。

（3）引入控制器的电缆或导线，应符合下列要求。

① 配线应整齐，不宜交叉，并应固定牢靠。

② 电缆芯线和所配导线的端部，均应标明编号，并与图纸一致，字迹应清晰且不易褪色。

③ 端子板的每个接线端，接线不得超过 2 根。

④ 电缆芯和导线，应留有不小于 200mm 的余量。

⑤ 导线应绑扎成束。

⑥ 导线穿管、线槽后，应将管口、槽口封堵。

（4）控制器的主电源应有明显的永久性标志，并应直接与消防电源连接，严禁使用电源插头。控制器与其外接备用电源之间应直接连接。

（5）控制器的接地应牢固，并有明显的永久性标志。

4.2.7.2 火灾探测器安装

（1）点型感烟、感温火灾探测器的安装应符合下列要求。

① 探测器至墙壁、梁边的水平距离，不应小于 0.5m。

② 探测器周围水平距离 0.5m 内，不应有遮挡物。

③ 探测器至空调送风口最近边的水平距离，不应小于 1.5m；探测器至多孔送风顶棚孔口的水平距离，不应小于 0.5m。

④ 在宽度小于 3m 的内走道顶棚上安装探测器时，宜居中安装。点型感温火灾探测器的安装间距，不应超过 10m；点型感烟火灾探测器的安装间距，不应超过 15m。探测器至端墙的距离，不应大于安装间距的一半。

⑤ 探测器宜水平安装，当确需倾斜安装时，倾斜角不应大于 45°。

（2）线型红外光束感烟火灾探测器的安装应符合下列要求。

① 当探测区域的高度不大于 20m 时，光束轴线至顶棚的垂直距离宜为 0.3～1.0m；当探测区域的高度大于 20m 时，光束轴线距探测区域的地（楼）面高度不宜超过 20m。

② 发射器和接收器之间的探测区域长度不宜超过 100m。

③ 相邻两组探测器光束轴线的水平距离不应大于 14m。探测器光束轴线至侧墙水平距离不应大于 7m，且不应小于 0.5m。

④ 发射器和接收器之间的光路上应无遮挡物或干扰源。

⑤ 发射器和接收器应安装牢固，并不应产生位移。

（3）缆式线型感温火灾探测器在电缆桥架、变压器等设备上安装时，宜采用接触式布置；在各种皮带输送装置上敷设时，宜敷设在装置的过热点附近。

（4）敷设在顶棚下方的线型差温火灾探测器，至顶棚距离宜为 0.1m，相邻探测器之间水平距离不宜大于 5m；探测器至墙壁距离宜为 1～1.5m。

（5）可燃气体探测器的安装应符合下列要求。

① 安装位置应根据探测气体密度确定。若其密度小于空气密度，探测器应位于可能出现泄漏点的上方或探测气体的最高可能聚焦点上方；若其密度大于或等于空气密度，探测器应位于可能出现泄漏点的下方。

② 在探测器周围应适当留出更换和标定的空间。

③ 在有防爆要求的场所，应按防爆要求施工。

④ 线型可燃气体探测器安装时，应使发射器和接收器的窗口避免日光直射，且在发射器与接收器之间不应有遮挡物，两组探测器之间的距离不应大于 14m。

（6）通过管路采样的吸气式感烟火灾探测器的安装应符合下列要求。

① 采样管应固定牢固。

② 采样管（含支管）的长度和采样孔应符合产品说明书的要求。

③ 非高灵敏度的吸气式感烟火灾探测器不宜安装在天棚高度大于 16m 的场所。

④ 高灵敏度吸气式感烟火灾探测器在设为高灵敏度时可安装在天棚高度大于 16m 的场所，并保证至少有 2 个采样孔低于 16m。

⑤ 安装在大空间时，每个采样孔的保护面积应符合点型感烟火灾探测器的保护面积要求。

（7）点型火焰探测器和图像型火灾探测器的安装应符合下列要求。

① 安装位置应保证其视场角覆盖探测区域。

② 与保护目标之间不应有遮挡物。

③ 安装在室外时应有防尘、防雨措施。

（8）探测器的底座应安装牢固，与导线连接必须可靠压接或焊接。当采用焊接时，不应使用带腐蚀性的助焊剂。

（9）探测器底座的连接导线应留有不小于 150mm 的余量，且在其端部应有明显标志。

（10）探测器底座的穿线孔宜封堵，安装完毕的探测器底座应采取保护措施。

（11）探测器报警确认灯应朝向便于人员观察的主要入口方向。

（12）探测器在即将调试时方可安装，在调试前应妥善保管并应采取防尘、防潮、防腐蚀措施。

4.2.7.3 手动火灾报警按钮安装

① 手动火灾报警按钮应安装在明显和便于操作的部位。当安装在墙上时，其底边距地（楼）面高度宜为 1.3～1.5m。

② 手动火灾报警按钮应安装牢固，不应倾斜。

③ 手动火灾报警按钮的连接导线应留有不小于 150mm 的余量，且在其端部应有明显标志。

4.2.7.4 消防电气控制装置安装

① 消防电气控制装置在安装前，应进行功能检查，检查结果不合格的装置严禁安装。

② 消防电气控制装置外接导线的端部应有明显的永久性标志。

③ 消防电气控制装置箱体内不同电压等级、不同电流类别的端子应分开布置，并应有明显的永久性标志。

④ 消防电气控制装置应安装牢固，不应倾斜；安装在轻质墙上时，应采取加固措施。消防电气控制装置在消防控制室内安装时，还应符合 4.2.7.1 中（1）的要求。

4.2.7.5 模块安装

① 同一报警区域内的模块宜集中安装在金属箱内。

② 模块（或金属箱）应独立支撑或固定，安装牢固，并应采取防潮、防腐蚀等措施。

③ 模块的连接导线应留有不小于 150mm 的余量，其端部应有明显标志。

④ 隐蔽安装时，在安装处应有明显的部位显示和检修孔。

4.2.7.6　火灾应急广播扬声器和火灾警报装置安装

① 火灾应急广播扬声器和火灾警报装置安装应牢固可靠，表面不应有破损。

② 火灾光警报装置应安装在安全出口附近明显处，距地面 1.8m 以上。光警报器与消防应急疏散指示标志不宜在同一面墙上，安装在同一面墙上时，距离应大于 1m。

③ 扬声器和火灾声警报装置宜在报警区域内均匀安装。

4.2.7.7　消防电话安装

① 消防电话、电话插孔、带电话插孔的手动报警按钮宜安装在明显、便于操作的位置；当在墙面上安装时，其底边距地（楼）面高度宜为 1.3～1.5m。

② 消防电话和电话插孔应有明显的永久性标志。

4.2.7.8　消防设备应急电源安装

① 消防设备应急电源的电池应安装在通风良好地方，当安装在密封环境中时应有通风措施。

② 酸性电池不得安装在带有碱性介质的场所，碱性电池不得安装在带酸性介质的场所。

③ 消防设备应急电源不应安装在靠近带有可燃气体的管道、仓库、操作间等场所。

④ 单相供电额定功率大于 30kW、三相供电额定功率大于 120kW 的消防设备应安装独立的消防应急电源。

4.3　消防给水及消火栓系统设计与施工

4.3.1　供水设施

4.3.1.1　消防水泵

（1）消防水泵宜根据可靠性、安装场所、消防水源、消防给水设计流量和扬程等综合因素确定水泵的型式，水泵驱动器宜采用电动机或柴油机直接传动，消防水泵不应采用双电动机或基于柴油机等组成的双动力驱动水泵。

（2）消防水泵机组应由水泵、驱动器和专用控制柜等组成；一组消防水泵可由同一消防给水系统的工作泵和备用泵组成。

（3）消防水泵生产厂商应提供完整的水泵流量扬程性能曲线，并应标示流量、扬程、汽蚀余量、功率和效率等参数。

（4）单台消防水泵的最小额定流量不应小于 10L/s，最大额定流量不宜大于 320L/s。

（5）当消防水泵采用离心泵时，泵的型式宜根据流量、扬程、汽蚀余量、功率和效率、转速、噪声，以及安装场所的环境要求等因素综合确定。

（6）消防水泵的选择和应用应符合下列规定。

① 消防水泵的性能应满足消防给水系统所需流量和压力的要求。

② 消防水泵所配驱动器的功率应满足所选水泵流量扬程性能曲线上任何一点运行所需功率的要求。

③ 当采用电动机驱动的消防水泵时，应选择电动机干式安装的消防水泵。

④ 流量扬程性能曲线应为无驼峰、无拐点的光滑曲线，零流量时的压力不应大于设计工作压力的 140%，且宜大于设计工作压力的 120%。

⑤ 当出流量为设计流量的 150% 时，其出口压力不应低于设计工作压力的 65%。

⑥ 泵轴的密封方式和材料应满足消防水泵在低流量时运转的要求。

⑦ 消防给水同一泵组的消防水泵型号宜一致，且工作泵不宜超过 3 台。

⑧ 多台消防水泵并联时，应校核流量叠加对消防水泵出口压力的影响。

（7）消防水泵的主要材质应符合下列规定。

① 水泵外壳宜为球墨铸铁。

② 叶轮宜为青铜或不锈钢。

（8）当采用柴油机消防水泵时应符合下列规定：

① 柴油机消防水泵应采用压缩式点火型柴油机。

② 柴油机的额定功率应校核海拔高度和环境温度对柴油机功率的影响。

③ 柴油机消防水泵应具备连续工作的性能，试验运行时间不应小于 24h。

④ 柴油机消防水泵的蓄电池应保证消防水泵随时自动启泵的要求。

⑤ 柴油机消防水泵的供油箱应根据火灾延续时间确定，且油箱最小有效容积应按 1.5L/kW 配置，柴油机消防水泵油箱内储存的燃料不应小于 50% 的储量。

（9）轴流深井泵宜安装于水井、消防水池和其他消防水源上，并应符合下列规定。

① 轴流深井泵安装于水井时，其淹没深度应满足其可靠运行的要求，在水泵出流量为 150% 设计流量时，其最低淹没深度应是第一个水泵叶轮底部水位线以上不少于 3.20m，且海拔设计每增加 300m，深井泵的最低淹没深度应至少增加 0.30m。

② 轴流深井泵安装在消防水池等消防水源上时，其第一个水泵叶轮底部应低于消防水池的最低有效水位线，且淹没深度应根据水力条件经计算确定，并应满足消防水池等消防水源有效储水量或有效水位能全部被利用的要求；当水泵设计流量大于 125L/s 时，应根据水泵性能确定淹没深度，并应满足水泵汽蚀余量的要求。

③ 轴流深井泵的出水管与消防给水管网连接应符合（13）中③的规定。

④ 轴流深井泵出水管的阀门设置应符合（13）中⑤和⑥的规定。

⑤ 当消防水池最低水位低于离心水泵出水管中心线或水源水位不能保证离心水泵吸水时，可采用轴流深井泵，并应采用湿式深坑的安装方式安装于消防水池等消防水源上。

⑥ 当轴流深井泵的电动机露天设置时，应有防雨功能。

⑦ 其他应符合现行国家标准《室外给水设计规范》（GB 50013—2006）的有关规定。

（10）消防水泵应设置备用泵，其性能应与工作泵性能一致，但下列建筑除外。

① 建筑高度小于 54m 的住宅和室外消防给水设计流量小于或等于 25L/s 的建筑。

② 室内消防给水设计流量小于或等于 10L/s 的建筑。

（11）一组消防水泵应在消防水泵房内设置流量和压力测试装置，并应符合下列规定。

① 单台消防水泵的流量不大于 20L/s、设计工作压力不大于 0.50MPa 时，泵组应预留测量用流量计和压力计接口，其他泵组宜设置泵组流量和压力测试装置。

② 消防水泵流量检测装置的计量精度应为 0.4 级，最大量程的 75% 应大于最大一台消防水泵设计流量值的 175%。

③ 消防水泵压力检测装置的计量精度应为 0.5 级，最大量程的 75% 应大于最大一台消防水泵设计压力值的 165%。

④ 每台消防水泵出水管上应设置 DN65 的试水管，并应采取排水措施。

（12）消防水泵吸水应符合下列规定。

① 消防水泵应采取自灌式吸水。

② 消防水泵从市政管网直接抽水时，应在消防水泵出水管上设置有空气隔断的倒流防

水器。

③ 当吸水口处无吸水井时，吸水口处应设置旋流防止器。

(13) 离心式消防水泵吸水管、出水管和阀门等，应符合下列规定。

① 一组消防水泵，吸水管不应少于两条，当其中一条损坏或检修时，其余吸水管应仍能通过全部消防给水设计流量。

② 消防水泵吸水管布置应避免形成气囊。

③ 一组消防水泵应设不少于两条的输水干管与消防给水环状管网连接，当其中一条输水管检修时，其余输水管应仍能供应全部消防给水设计流量。

④ 消防水泵吸水口的淹没深度应满足消防水泵在最低水位运行安全的要求，吸水管喇叭口在消防水池最低有效水位下的淹没深度应根据吸水管喇叭口的水流速度和水力条件确定，但不应小于 600mm，当采用旋流防止器时，淹没深度不应小于 200mm。

⑤ 消防水泵的吸水管上应设置明杆闸阀或带自锁装置的蝶阀，但当设置暗杆阀门时应设有开启刻度和标志；当管径超过 DN300 时，宜设置电动阀门。

⑥ 消防水泵的出水管上应设止回阀、明杆闸阀；当采用蝶阀时，应带有自锁装置；当管径大于 DN300 时，宜设置电动阀门。

⑦ 消防水泵吸水管的直径小于 DN250 时，其流速宜为 1.0~1.2m/s；直径大于 DN250 时，宜为 1.2~1.6m/s。

⑧ 消防水泵出水管的直径小于 DN250 时，其流速宜为 1.5~2.0m/s；直径大于 DN250 时，宜为 2.0~2.5m/s。

⑨ 吸水井的布置应满足井内水流顺畅、流速均匀、不产生涡旋的要求，并应便于安全施工。

⑩ 消防水泵的吸水管、出水管道穿越外墙时，应采用防水套管；当穿越墙体和楼板时，应加设套管，套管长度不应小于墙体厚度，或应高出楼面或地面 50mm；套管与管道的间隙应采用不燃材料填塞，管道的接口不应位于套管内。

⑪ 消防水泵的吸水管穿越消防水池时，应采用柔性套管；采用刚性防水套管时应在水泵吸水管上设置柔性接头，且管径不应大于 DN150。

(14) 当有两路消防供水且允许消防水泵直接吸水时，应符合下列规定。

① 每一路消防供水应满足消防给水设计流量和火灾时必须保证的其他用水。

② 火灾时室外给水管网的压力从地面算起不应小于 0.10MPa。

③ 消防水泵扬程应按室外给水管网的最低水压计算，并应以室外给水的最高水压校核消防水泵的工作情况。

(15) 消防水泵吸水管可设置管道过滤器，管道过滤器的过水面积应大于管道过水面积的 4 倍，且孔径不宜小于 3mm。

(16) 临时高压消防给水系统应采取防止消防水泵低流量空转过热的技术措施。

(17) 消防水泵吸水管和出水管上应设置压力表，并应符合下列规定。

① 消防水泵出水管压力表的最大量程不应低于其设计工作压力的 2 倍，且不应低于 1.60MPa。

② 消防水泵吸水管宜设置真空表、压力表或真空压力表，压力表的最大量程应根据工程具体情况确定，但不应低于 0.70MPa，真空表的最大量程宜为 -0.10MPa。

③ 压力表的直径不应小于 100mm，应采用直径不小于 6mm 的管道与消防水泵进出口管相接，并应设置关断阀门。

4.3.1.2　高位消防水箱

(1) 临时高压消防给水系统的高位消防水箱的有效容积应满足初期火灾消防用水量的要求，并应符合下列规定。

① 一类高层公共建筑，不应小于 $36m^3$，但当建筑高度大于 100m 时，不应小于 $50m^3$，当建筑高度大于 150m 时，不应小于 $100m^3$。

② 多层公共建筑、二类高层公共建筑和一类高层住宅，不应小于 $18m^3$，当一类高层住宅建筑高度超过 100m 时，不应小于 $36m^3$。

③ 二类高层住宅，不应小于 $12m^3$。

④ 建筑高度大于 21m 的多层住宅，不应小于 $6m^3$。

⑤ 工业建筑室内消防给水设计流量当小于或等于 25L/s 时，不应小于 $12m^3$，大于 25L/s 时，不应小于 $18m^3$。

⑥ 总建筑面积大于 $10000m^2$ 且小于 $30000m^2$ 的商店建筑，不应小于 $36m^3$，总建筑面积大于 $30000m^2$ 的商店建筑，不应小于 $506m^3$，当与①规定不一致时应取其较大值。

(2) 高位消防水箱的设置位置应高于其所服务的水灭火设施，且最低有效水位应满足水灭火设施最不利点处的静水压力，并应按下列规定确定。

① 一类高层公共建筑，不应低于 0.10MPa，但当建筑设计高度超过 100m 时，不应低于 0.15MPa。

② 高层住宅、二类高层公共建筑、多层公共建筑，不应低于 0.07MPa，多层住宅不宜低于 0.07MPa。

③ 工业建筑不应低于 0.01MPa，当建筑体积小于 $20000m^3$ 时，不宜低于 0.07MPa。

④ 自动喷水灭火系统等自动水灭火系统应根据喷头灭火需求压力确定，但最小不应小于 0.10MPa。

⑤ 当高位消防水箱不能满足①～④的静压要求时，应设稳压泵。

(3) 高位消防水箱可采用热浸镀锌钢板、钢筋混凝土、不锈钢板等建造。

(4) 高位消防水箱的设置应符合下列规定。

① 当高位消防水箱在屋顶露天设置时，水箱的人孔以及进出水管的阀门等应采取锁具或阀门箱等保护措施。

② 严寒、寒冷等冬季冰冻地区的消防水箱应设置在消防水箱间内，其他地区宜设置在室内，当必须在屋顶露天设置时，应采取防冻隔热等安全措施。

③ 高位消防水箱与基础应牢固连接。

(5) 高位消防水箱间应通风良好，不应结冰，当必须设置在严寒、寒冷等冬季结冰地区的非采暖房间时，应采取防冻措施，环境温度或水温不应低于 5℃。

(6) 高位消防水箱应符合下列规定。

① 高位消防水箱的有效容积、出水、排水和水位等，应符合《消防给水及消火栓系统技术规范》(GB 50974—2014) 第 4.3.8 条和第 4.3.9 条的规定。

② 高位消防水箱的最低有效水位应根据出水管喇叭口和防止旋流器的淹没深度确定，当采用出水管喇叭口时，应符合 4.3.1.1 (13) 中④的规定；当采用防止旋流器时应根据产品确定，且不应小于 150mm 的保护高度。

③ 高位消防水箱的通气管、呼吸管等应符合《消防给水及消火栓系统技术规范》(GB 50974—2014) 第 4.3.10 条的规定。

④ 高位消防水箱外壁与建筑本体结构墙面或其他池壁之间的净距，应满足施工或装配的需要，无管道的侧面，净距不宜小于 0.7m；安装有管道的侧面，净距不宜小于 1.0m，

且管道外壁与建筑本体墙面之间的通道宽度不宜小于 0.6m，设有人孔的水箱顶，其顶面与其上面的建筑物本体板底的净空不应小于 0.8m。

⑤ 进水管的管径应满足消防水箱 8h 充满水的要求，但管径不应小于 $DN32$，进水管宜设置液位阀或浮球阀。

⑥ 进水管应在溢流水位以上接入，进水管口的最低点高出溢流边缘的高度应等于进水管管径，但最小不应小于 100mm，最大不应大于 150mm。

⑦ 当进水管为淹没出流时，应在进水管上设置防止倒流的措施或在管道上设置虹吸破坏孔和真空破坏器，虹吸破坏孔的孔径不宜小于管径的 1/5，且不应小于 25mm。但当采用生活给水系统补水时，进水管不应淹没出流。

⑧ 溢流管的直径不应小于进水管直径的 2 倍，且不应小于 $DN100$，溢流管的喇叭口直径不应小于溢流管直径的 1.5～2.5 倍。

⑨ 高位消防水箱出水管管径应满足消防给水设计流量的出水要求，且不应小于 $DN100$。

⑩ 高位消防水箱出水管应位于高位消防水箱最低水位以下，并应设置防止消防用水进入高位消防水箱的止回阀。

⑪ 高位消防水箱的进、出水管应设置带有指示启闭装置的阀门。

4.3.1.3　稳压泵

(1) 稳压泵宜采用离心泵，并宜符合下列规定。

① 宜采用单吸单级或单吸多级离心泵。

② 泵外壳和叶轮等主要部件的材质宜采用不锈钢。

(2) 稳压泵的设计流量应符合下列规定。

① 稳压泵的设计流量不应小于消防给水系统管网的正常泄漏量和系统自动启动流量。

② 消防给水系统管网的正常泄漏量应根据管道材质、接口形式等确定，当没有管网泄漏量数据时，稳压泵的设计流量宜按消防给水设计流量的 1%～3% 计，且不宜小于 1L/s。

③ 消防给水系统所采用报警阀压力开关等自动启动流量应根据产品确定。

(3) 稳压泵的设计压力应符合下列要求。

① 稳压泵的设计压力应满足系统自动启动和管网充满水的要求。

② 稳压泵的设计压力应保持系统自动启泵压力设置点处的压力在准工作状态时大于系统设置自动启泵压力值，且增加值宜为 0.07～0.10MPa。

③ 稳压泵的设计压力应保持系统最不利点处水灭火设施在准工作状态时的静水压力应大于 0.15MPa。

(4) 设置稳压泵的临时高压消防给水系统应设置防止稳压泵频繁启停的技术措施，当采用气压水罐时，其调节容积应根据稳压泵启泵次数不大于 15 次/h 计算确定，但有效储水容积不宜小于 150L。

(5) 稳压泵吸水管应设置明杆闸阀，稳压泵出水管应设置消声止回阀和明杆闸阀。

(6) 稳压泵应设置备用泵。

4.3.1.4　消防水泵接合器

(1) 下列场所的室内消火栓给水系统应设置消防水泵接合器。

① 高层民用建筑。

② 设有消防给水的住宅、超过五层的其他多层民用建筑。

③ 超过 2 层或建筑面积大于 10000m² 的地下或半地下建筑（室）、室内消火栓设计流量大于 10L/s 平战结合的人防工程。

④ 高层工业建筑和超过四层的多层工业建筑。

⑤ 城市交通隧道。

(2) 自动喷水灭火系统、水喷雾灭火系统、泡沫灭火系统和固定消防炮灭火系统等水灭火系统，均应设置消防水泵接合器。

(3) 消防水泵接合器的给水流量宜按每个 10～15L/s 计算。每种水灭火系统的消防水泵接合器设置的数量应按系统设计流量经计算确定，但当计算数量超过 3 个时，可根据供水可靠性适当减少。

(4) 临时高压消防给水系统向多栋建筑供水时，消防水泵接合器应在每座建筑附近就近设置。

(5) 消防水泵接合器的供水范围，应根据当地消防车的供水流量和压力确定。

(6) 消防给水为竖向分区供水时，在消防车供水压力范围内的分区，应分别设置水泵接合器；当建筑高度超过消防车供水高度时，消防给水应在设备层等方便操作的地点设置手抬泵或移动泵接力供水的吸水和加压接口。

(7) 水泵接合器应设在室外便于消防车使用的地点，且距室外消火栓或消防水池的距离不宜小于 15m，并不宜大于 40m。

(8) 墙壁消防水泵接合器的安装高度距地面宜为 0.70m；与墙面上的门、窗、孔、洞的净距离不应小于 2.0m，且不应安装在玻璃幕墙下方；地下消防水泵接合器的安装，应使进水口与井盖底面的距离不大于 0.40m，且不应小于井盖的半径。

(9) 水泵接合器处应设置永久性标志铭牌，并应标明供水系统、供水范围和额定压力。

4.3.1.5 消防水泵房

(1) 消防水泵房应设置起重设施，并应符合下列规定。

① 消防水泵的重量小于 0.5t 时，宜设置固定吊钩或移动吊架。

② 消防水泵的重量为 0.5～3t 时，宜设置手动起重设备。

③ 消防水泵的重量大于 3t 时，应设置电动起重设备。

(2) 消防水泵机组的布置应符合下列规定。

① 相邻两个机组及机组至墙壁间的净距，当电机容量小于 22kW 时，不宜小于 0.60m；当电机容量不小于 22kW，且不大于 55kW 时，不宜小于 0.8m；当电机容量大于 55kW 且小于 255kW 时，不宜小于 1.2m；当电机容量大于 255kW 时，不宜小于 1.5m。

② 当消防水泵就地检修时，应至少在每个机组一侧设消防水泵机组宽度加 0.5m 的通道，并应保证消防水泵和电动机转子在检修时能拆卸。

③ 消防水泵房的主要通道宽度不应小于 1.2m。

(3) 当采用柴油机消防水泵时，机组间的净距宜按 (2) 的规定值增加 0.2m，但不应小于 1.2m。

(4) 当消防水泵房内设有集中检修场地时，其面积应根据水泵或电动机外形尺寸确定，并应在周围留有宽度不小于 0.7m 的通道。地下式泵房宜利用空间设集中检修场地。对于装有深井水泵的湿式竖井泵房，还应设堆放泵管的场地。

(5) 消防水泵房内的架空水管道，不应阻碍通道和跨越电气设备，当必须跨越时，应采取保证通道畅通和保护电气设备的措施。

(6) 独立的消防水泵房地面层的地坪至屋盖或天花板等的突出构件底部间的净高，除应按通风采光等条件确定外，且应符合下列规定。

① 当采用固定吊钩或移动吊架时，其值不应小于 3.0m。

② 当采用单轨起重机时，应保持吊起物底部与吊运所越过物体顶部之间有 0.50m 以上的净距。

③ 当采用桁架式起重机时，除应符合②的规定外，还应另外增加起重机安装和检修空间的高度。

（7）当采用轴流深井水泵时，水泵房净高应按消防水泵吊装和维修的要求确定，当高度过高时，应根据水泵传动轴长度产品规格选择较短规格的产品。

（8）消防水泵房应至少有一个可以搬运最大设备的门。

（9）消防水泵房的设计应根据具体情况设计相应的采暖、通风和排水设施，并应符合下列规定。

① 严寒、寒冷等冬季结冰地区采暖温度不应低于 10℃，但当无人值守时不应低于 5℃。

② 消防水泵房的通风宜按 6 次/h 设计。

③ 消防水泵房应设置排水设施。

（10）消防水泵不宜设在有防振或有安静要求房间的上一层、下一层和毗邻位置，当必须时，应采取下列降噪减振措施。

① 消防水泵应采用低噪声水泵。

② 消防水泵机组应设隔振装置。

③ 消防水泵吸水管和出水管上应设隔振装置。

④ 消防水泵房内管道支架和管道穿墙和穿楼板处，应采取防止固体传声的措施。

⑤ 在消防水泵房内墙应采取隔声吸声的技术措施。

（11）消防水泵出水管应进行停泵水锤压力计算，并宜按下列公式计算，当计算所得的水锤压力值超过管道试验压力值时，应采取消除停泵水锤的技术措施。停泵水锤消除装置应装设在消防水泵出水总管上，以及消防给水系统管网其他适当的位置。

$$\Delta p = \rho c v \tag{4-7}$$

$$c = \frac{c_0}{\sqrt{1 + \dfrac{K d_i}{E \delta}}} \tag{4-8}$$

式中　Δp——水锤最大压力，Pa；

　　　ρ——水的密度，kg/m³；

　　　c——水击波的传播速度，m/s；

　　　v——管道中注流速度，m/s；

　　　c_0——水中声波的传播速度，宜取 $c_0 = 1435$m/s（压强 $0.10 \sim 2.50$MPa，水温 10℃）；

　　　K——水的体积弹性模量，宜取 $K = 2.1 \times 10^9$ Pa；

　　　E——管道的材料弹性模量，钢管 $E = 20.6 \times 10^{10}$ Pa，铸铁管 $E = 9.8 \times 10^{10}$ Pa，钢丝网骨架塑料（PE）复合管 $E = 6.5 \times 10^{10}$ Pa；

　　　d_i——管道的公称直径，mm；

　　　δ——管道壁厚，mm。

（12）消防水泵房应符合下列规定。

① 独立建造的消防水泵房耐火等级不应低于二级。

② 附设在建筑物内的消防水泵房，不应设置在地下三层及以下，或室内地面与室外出入口地坪高差大于 10m 的地下楼层。

③ 附设在建筑物内的消防水泵房，应采用耐火极限不低于 2.0h 的隔墙和 1.50h 的楼板

与其他部位隔开，其疏散门应直通安全出口，且开向疏散走道的门应采用甲级防火门。

（13）当采用柴油机消防水泵时宜设置独立消防水泵房，并应设置满足柴油机运行的通风、排烟和阻火设施。

（14）消防水泵房应采取防水淹没的技术措施。

（15）独立消防水泵房的抗震应满足当地地震要求，且宜按本地区抗震设防烈度提高1度采取抗震措施，但不宜做提高1度抗震计算，并应符合现行国家标准《室外给水排水和燃气热力工程抗震设计规范》（GB 50032—2003）的有关规定。

（16）消防水泵和控制柜应采取安全保护措施。

4.3.2 消火栓系统

4.3.2.1 系统选择

（1）市政消火栓和建筑室外消火栓应采用湿式消火栓系统。

（2）室内环境温度不低于4℃，且不高于70℃的场所，应采用湿式室内消火栓系统。

（3）室内环境温度低于4℃，或高于70℃的场所，宜采用干式消火栓系统。

（4）建筑高度不大于27m的多层住宅建筑设置室内湿式消火栓系统确有困难时，可设置干式消防竖管。

（5）严寒、寒冷等冬季结冰地区城市隧道及其他构筑物的消火栓系统，应采取防冻措施，并宜采用干式消火栓系统和干式室外消火栓。

（6）干式消火栓系统的充水时间不应大于5min，并应符合下列规定：

① 在供水干管上宜设干式报警阀、雨淋阀或电磁阀、电动阀等快速启闭装置；当采用电动阀时开启时间不应超过30s。

② 当采用雨淋阀、电磁阀和电动阀时，在消火栓箱处应设置直接开启快速启闭装置的手动按钮。

③ 在系统管道的最高处应设置快速排气阀。

4.3.2.2 市政消火栓

（1）市政消火栓宜采用地上式室外消火栓；在严寒、寒冷等冬季结冰地区宜采用干式地上式室外消火栓，严寒地区宜设置消防水鹤。当采用地下式室外消火栓，且地下式室外消火栓的取水口在冰冻线以上时，应采取保温措施。

（2）市政消火栓宜采用直径 DN150 的室外消火栓，并应符合下列要求。

① 室外地上式消火栓应有一个直径为 150mm 或 100mm 和两个直径为 65mm 的栓口。

② 室外地下式消火栓应有直径为 100mm 和 65mm 的栓口各一个。

（3）市政消火栓宜在道路的一侧设置，并宜靠近十字路口，但当市政道路宽度超过60m时，应在道路的两侧交叉错落设置市政消火栓。

（4）市政桥桥头和城市交通隧道出入口等市政公用设施处，应设置市政消火栓。

（5）市政消火栓的保护半径不应超过150m，间距不应大于120m。

（6）市政消火栓应布置在消防车易于接近的人行道和绿地等地点，且不应妨碍交通，并应符合下列规定。

① 市政消火栓距路边不宜小于0.5m，并不应大于2m。

② 市政消火栓距建筑外墙或外墙边缘不宜小于5m。

③ 市政消火栓应避免设置在机械易撞击的地点，当确有困难时应采取防撞措施。

（7）市政给水管网的阀门设置应便于市政消火栓的使用和维护，并应符合现行国家标准《室外给水设计规范》（GB 50013—2006）的有关规定。

（8）设有市政消火栓的给水管网平时运行工作压力不应小于 0.14MPa，消防时水力最不利消火栓的出流量不应小于 15L/s，且供水压力从地面算起不应小于 0.10MPa。

（9）严寒地区在城市主要干道上设置消防水鹤的布置间距宜为 1000m，连接消防水鹤的市政给水管的管径不宜小于 DN200。

（10）火灾时消防水鹤的出水流量不宜低于 30L/s，且供水压力从地面算起不应小于 0.10MPa。

（11）地下式市政消火栓应有明显的永久性标志。

4.3.2.3 室外消火栓

（1）建筑室外消火栓的布置应符合相关规定。

（2）建筑室外消火栓的数量应根据室外消火栓设计流量和保护半径经计算确定，保护半径不应大于 150.0m，每个室外消火栓的出流量宜按 10~15L/s 计算。

（3）室外消火栓宜沿建筑周围均匀布置，且不宜集中布置在建筑一侧；建筑消防扑救面一侧的室外消火栓数量不宜少于 2 个。

（4）人防工程、地下工程等建筑应在出入口附近设置室外消火栓，且距出入口的距离不宜小于 5m，并不宜大于 40m。

（5）停车场的室外消火栓宜沿停车场周边设置，且与最近一排汽车的距离不宜小于 7m，距加油站或油库不宜小于 15m。

（6）甲、乙、丙类液体储罐区和液化烃罐罐区等构筑物的室外消火栓，应设在防火堤或防护墙外，数量应根据每个罐的设计流量经计算确定，但距罐壁 15m 范围内的消火栓，不应计算在该罐可使用的数量内。

（7）工艺装置区等采用高压或临时高压消防给水系统的场所，其周围应设置室外消火栓，数量应根据设计流量经计算确定，且间距不应大于 60.0m。当工艺装置区宽度大于 120.0m 时，宜在该装置区内的路边设置室外消火栓。

（8）当工艺装置区、罐区、堆场、可燃气体和液体码头等构筑物的面积较大或高度较高，室外消火栓的充实水柱无法完全覆盖时，宜在适当部位设置室外固定消防炮。

（9）当工艺装置区、储罐区、堆场等构筑物采用高压或临时高压消防给水系统时，消火栓的设置应符合下列规定。

① 室外消火栓处宜配置消防水带和消防水枪。

② 工艺装置休息平台等处需要设置的消火栓的场所应采用室内消火栓，并应符合"室内消火栓"的有关规定。

（10）室外消防给水引入管当设有减压型倒流防止器，且火灾时因其水头损失导致室外消火栓不能满足 4.3.2.2 中（8）的要求时，应在减压型倒流防止器前设置一个室外消火栓。

4.3.2.4 室内消火栓

（1）室内消火栓的选型应根据使用者、火灾危险性、火灾类型和不同灭火功能等因素综合确定。

（2）室内消火栓的配置应符合下列要求。

① 应采用 DN65 室内消火栓，并可与消防软管卷盘或轻便水龙设置在同一箱体内。

② 应配置公称直径 DN65 有内衬里的消防水带，长度不宜超过 25.0m；消防软管卷盘

应配置内径不小于 19mm 的消防软管，其长度宜为 30.0m；轻便水龙应配置公称直径 DN25 有内衬里的消防水带，长度宜为 30.0m。

③ 宜配置当量喷嘴直径 16mm 或 19mm 的消防水枪，但当消火栓设计流量为 2.5L/s 时宜配置当量喷嘴直径 11mm 或 13mm 的消防水枪；消防软管卷盘和轻便水龙应配置当量喷嘴直径 6mm 的消防水枪。

（3）设置室内消火栓的建筑，包括设备层在内的各层均应设置消火栓。

（4）屋顶设有直升机停机坪的建筑，应在停机坪出入口处或非电气设备机房处设置消火栓，且距停机坪机位边缘的距离不应小于 5.0m。

（5）消防电梯前室应设置室内消火栓，并应计入消火栓使用数量。

（6）室内消火栓的布置应满足同一平面有 2 支消防水枪的 2 股充实水柱同时达到任何部位的要求，但建筑高度小于或等于 24.0m 且体积小于或等于 5000m³ 的多层仓库、建筑高度小于或等于 54m 且每单元设置一部疏散楼梯的住宅，以及表 4-15 中规定可采用 1 支消防水枪的场所，可采用 1 支消防水枪的 1 股充实水柱到达室内任何部位。

表 4-15　建筑物室内消火栓设计流量

建筑物名称			高度 h/m、层数、体积 V/m³、座位数 n/个、火灾危险性		消火栓设计流量/(L/s)	同时使用消防水枪数/支	每根竖管最小流量/(L/s)
工业建筑	厂房	$h\leqslant24$	甲、乙、丁、戊		10	2	10
			丙	$V\leqslant5000$	10	2	10
				$V>5000$	20	4	15
		$24<h\leqslant50$	乙、丁、戊		25	5	15
			丙		30	6	15
		$h>50$	乙、丁、戊		30	6	15
			丙		40	8	15
	仓库	$h\leqslant24$	甲、乙、丁、戊		10	2	10
			丙	$V\leqslant5000$	15	3	15
				$V>5000$	25	5	15
		$h>24$	丁、戊		30	6	15
			丙		40	8	15
民用建筑	单层及多层	科研楼、试验楼	$V\leqslant1000$		10	2	10
			$V>1000$		15	3	10
		车站、码头、机场的候车（船、机）楼和展览建筑（包括博物馆）等	$5000<V\leqslant25000$		10	2	10
			$25000<V\leqslant50000$		15	3	10
			$V>50000$		20	4	15
		剧场、电影院、会堂、礼堂、体育馆等	$800<n\leqslant1200$		10	2	10
			$1200<n\leqslant5000$		15	3	10
			$5000<n\leqslant10000$		20	4	15
			$n>10000$		30	6	15
		旅馆	$5000<V\leqslant10000$		10	2	10
			$10000<V\leqslant25000$		15	3	10
			$V>25000$		20	4	15

续表

建筑物名称			高度 h/m、层数、体积 V/m³、座位数 n/个、火灾危险性	消火栓设计流量/(L/s)	同时使用消防水枪数/支	每根竖管最小流量/(L/s)
民用建筑	单层及多层	商店、图书馆、档案馆等	$5000 < V \leqslant 10000$	15	3	10
			$10000 < V \leqslant 25000$	25	5	15
			$V > 25000$	40	8	15
		病房楼、门诊楼等	$5000 < V \leqslant 25000$	10	2	10
			$V > 25000$	15	3	10
		办公楼、教学楼、公寓、宿舍等其他建筑	高度超过 15m 或 $V > 10000$	15	3	10
		住宅	$21 < h \leqslant 27$	5	2	5
	高层	住宅	$27 < h \leqslant 54$	10	2	10
			$h > 54$	20	4	10
		二类公共建筑	$h \leqslant 50$	20	4	10
		一类公共建筑	$h \leqslant 50$	30	6	15
			$h > 50$	40	8	15
国家级文物保护单位的重点砖木或木结构的古建筑			$V \leqslant 10000$	20	4	10
			$V > 10000$	25	5	15
地下建筑			$V \leqslant 5000$	10	2	10
			$5000 < V \leqslant 10000$	20	4	15
			$10000 < V \leqslant 25000$	30	6	15
			$V > 25000$	40	8	20
人防工程	展览厅、影院、剧场、礼堂、健身体育场所等		$V \leqslant 1000$	5	1	5
			$1000 < V \leqslant 2500$	10	2	10
			$V > 2500$	15	3	10
	商场、餐厅、旅馆、医院等		$V \leqslant 5000$	5	1	5
			$5000 < V \leqslant 10000$	10	2	10
			$10000 < V \leqslant 25000$	15	3	10
			$V > 25000$	20	4	10
	丙、丁、戊类生产车间、自行车库		$V \leqslant 2500$	5	1	5
			$V > 2500$	10	2	10
	丙、丁、戊类物品库房、图书资料档案库		$V \leqslant 3000$	5	1	5
			$V > 3000$	10	2	10

注：1. 丁、戊类高层厂房（仓库）室内消火栓的设计流量可按本表减少 10L/s，同时使用消防水枪数量可按本表减少 2 支。

2. 消防软管卷盘、轻便消防水龙及多层住宅楼梯间中的干式消防竖管，其消火栓设计流量可不计入室内消防给水设计流量。

3. 当一座多层建筑有多种使用功能时，室内消火栓设计流量应分别按本表中不同功能计算，且应取最大值。

（7）建筑室内消火栓的设置位置应满足火灾扑救要求，并应符合下列规定。

① 室内消火栓应设置在楼梯间及其休息平台和前室、走道等明显易于取用，以及便于

火灾扑救的位置。

②住宅的室内消火栓宜设置在楼梯间及其休息平台。

③汽车库内消火栓的设置不应影响汽车的通行和车位的设置，并应确保消火栓的开启。

④同一楼梯间及其附近不同层设置的消火栓，其平面位置宜相同。

⑤冷库的室内消火栓应设置在常温穿堂或楼梯间内。

（8）建筑室内消火栓栓口的安装高度应便于消防水龙带的连接和使用，其距地面高度宜为1.1m；其出水方向应便于消防水带的敷设，并宜与设置消火栓的墙面成90°角或向下。

（9）设有室内消火栓的建筑应设置带有压力表的试验消火栓，其设置位置应符合下列规定。

①多层和高层建筑应在其屋顶设置，严寒、寒冷等冬季结冰地区可设置在顶层出口处或水箱间内等便于操作和防冻的位置。

②单层建筑宜设置在水力最不利处，且应靠近出入口。

（10）室内消火栓宜按直线距离计算其布置间距，并应符合下列规定。

①消火栓按2支消防水枪的2股充实水柱布置的建筑物，消火栓的布置间距不应大于30.0m。

②消火栓按1支消防水枪的1股充实水柱布置的建筑物，消火栓的布置间距不应大于50.0m。

（11）消防软管卷盘和轻便水龙的用水量可不计入消防用水总量。

（12）室内消火栓栓口压力和消防水枪充实水柱，应符合下列规定。

①消火栓栓口动压力不应大于0.50MPa；当大于0.70MPa时必须设置减压装置。

②高层建筑、厂房、库房和室内净空高度超过8m的民用建筑等场所，消火栓栓口动压不应小于0.35MPa，且消防水枪充实水柱应按13m计算；其他场所，消火栓栓口动压不应小于0.25MPa，且消防水枪充实水柱应按10m计算。

（13）建筑高度不大于27m的住宅，当设置消火栓时，可采用干式消防竖管，并应符合下列规定。

①干式消防竖管宜设置在楼梯间休息平台，且仅应配置消火栓栓口；

②干式消防竖管应设置消防车供水接口；

③消防车供水接口应设置在首层便于消防车接近和安全的地点；

④竖管顶端应设置自动排气阀。

（14）住宅户内宜在生活给水管道上预留一个接DN15消防软管或轻便水龙的接口。

（15）跃层住宅和商业网点的室内消火栓应至少满足一股充实水柱到达室内任何部位，并宜设置在户门附近。

（16）城市交通隧道室内消火栓系统的设置应符合下列规定。

①隧道内宜设置独立的消防给水系统。

②管道内的消防供水压力应保证用水量达到最大时，最低压力不应小于0.30MPa，但当消火栓栓口处的出水压力超过0.70MPa时，应设置减压设施。

③在隧道出入口处应设置消防水泵接合器和室外消火栓。

④消火栓的间距不应大于50m，双向通行车道或单行通行但大于3车道时，应双面间隔设置。

⑤隧道内允许通行危险化学品的机动车，且隧道长度超过3000m时，应配置水雾或泡沫消防水枪。

4.3.3　消防给水及消火栓系统安装

（1）消防给水及消火栓系统的安装　消防给水及消火栓系统的安装应符合下列要求。

① 消防水泵、消防水箱、消防水池、消防气压给水设备、消防水泵接合器等供水设施及其附属管道安装前，应清除其内部污垢和杂物；

② 消防供水设施应采取安全可靠的防护措施，其安装位置应便于日常操作和维护管理；

③ 管道的安装应采用符合管材的施工工艺，管道安装中断时，其敞口处应封闭。

（2）消防水泵的安装　消防水泵的安装应符合下列要求。

① 消防水泵安装前应校核产品合格证，以及其规格、型号和性能与设计要求应一致，并应根据安装使用说明书安装。

② 消防水泵安装前应复核水泵基础混凝土强度、隔振装置、坐标、标高、尺寸和螺栓孔位置。

③ 消防水泵的安装应符合现行国家标准《机械设备安装工程施工及验收通用规范》（GB 50231—2009）和《风机、压缩机、泵安装工程施工及验收规范》（GB 50275—2010）的有关规定。

④ 消防水泵安装前应复核消防水泵之间，以及消防水泵与墙或其他设备之间的间距，并应满足安装、运行和维护管理的要求。

⑤ 消防水泵吸水管上的控制阀应在消防水泵固定于基础上后再进行安装，其直径不应小于消防水泵吸水口直径，且不应采用没有可靠锁定装置的控制阀，控制阀应采用沟槽式或法兰式阀门。

⑥ 当消防水泵和消防水池位于独立的两个基础上且相互为刚性连接时，吸水管上应加设柔性连接管。

⑦ 吸水管水平管段上不应有气囊和漏气现象。变径连接时，应采用偏心异径管件并应采用管顶平接。

⑧ 消防水泵出水管上应安装消声止回阀、控制阀和压力表；系统的总出水管上还应安装压力表和压力开关；安装压力表时应加设缓冲装置。压力表和缓冲装置之间应安装旋塞；压力表量程在没有设计要求时，应为系统工作压力的 2～2.5 倍。

⑨ 消防水泵的隔振装置、进出水管柔性接头的安装应符合设计要求，并应有产品说明和安装使用说明。

（3）天然水源取水口、地下水井、消防水池和消防水箱安装　天然水源取水口、地下水井、消防水池和消防水箱安装施工，应符合下列要求。

① 天然水源取水口、地下水井、消防水池和消防水箱的水位、出水量、有效容积、安装位置，应符合设计要求。

② 天然水源取水口、地下水井、消防水池、消防水箱的施工和安装，应符合现行国家标准《给水排水构筑物工程施工及验收规范》（GB 50141—2008）、《管井技术规范》（GB 50296—2014）和《建筑给水排水及采暖工程施工质量验收规范》（GB 50242—2002）的有关规定。

③ 消防水池和消防水箱出水管或水泵吸水管应满足最低有效水位出水不掺气的技术要求。

④ 安装时池外壁与建筑本体结构墙面或其他池壁之间的净距，应满足施工、装配和检修的需要。

⑤ 钢筋混凝土制作的消防水池和消防水箱的进出水等管道应加设防水套管，钢板等制

作的消防水池和消防水箱的进出水等管道宜采用法兰连接，对有振动的管道应加设柔性接头。组合式消防水池或消防水箱的进水管、出水管接头宜采用法兰连接，采用其他连接时应做防锈处理。

⑥ 消防水池、消防水箱的溢流管、泄水管不应与生产或生活用水的排水系统直接相连，应采用间接排水方式。

(4) 稳压泵的安装　稳压泵的安装应符合下列要求。

① 规格、型号、流量和扬程应符合设计要求，并应有产品合格证和安装使用说明书。

② 稳压泵的安装应符合现行国家标准《机械设备安装工程施工及验收通用规范》(GB 50231—2009) 和《风机、压缩机、泵安装工程施工及验收规范》(GB 50275—2010) 的有关规定。

(5) 消防水泵接合器的安装　消防水泵接合器的安装应符合下列规定。

① 消防水泵接合器的安装，应按接口、本体、连接管、止回阀、安全阀、放空管、控制阀的顺序进行，止回阀的安装方向应使消防用水能从消防水泵接合器进入系统，整体式消防水泵接合器的安装，应按其使用安装说明书进行。

② 消防水泵接合器的设置位置应符合设计要求。

③ 消防水泵接合器永久性固定标志应能识别其所对应的消防给水系统或水灭火系统，当有分区时应有分区标识。

④ 地下消防水泵接合器应采用铸有"消防水泵接合器"标志的铸铁井盖，并应在其附近设置指示其位置的永久性固定标志。

⑤ 墙壁消防水泵接合器的安装应符合设计要求。设计无要求时，其安装高度距地面宜为 0.7m；与墙面上的门、窗、孔、洞的净距离不应小于 2.0m，且不应安装在玻璃幕墙下方。

⑥ 地下消防水泵接合器的安装，应使进水口与井盖底面的距离不大于 0.4m，且不应小于井盖的半径。

⑦ 消火栓水泵接合器与消防通道之间不应设有妨碍消防车加压供水的障碍物。

⑧ 地下消防水泵接合器井的砌筑应有防水和排水措施。

(6) 市政和室外消火栓的安装　市政和室外消火栓的安装应符合下列规定。

① 市政和室外消火栓的选型、规格应符合设计要求。

② 管道和阀门的施工和安装，应符合现行国家标准《给水排水管道工程施工及验收规范》(GB 50268—2008)、《建筑给水排水及采暖工程施工质量验收规范》(GB 50242—2002) 的有关规定。

③ 地下式消火栓顶部进水口或顶部出水口应正对井口。顶部进水口或顶部出水口与消防井盖底面的距离不应大于 0.4m，井内应有足够的操作空间，并应做好防水措施。

④ 地下式室外消火栓应设置永久性固定标志。

⑤ 当室外消火栓安装部位火灾时存在可能落物危险时，上方应采取防坠落物撞击的措施。

⑥ 市政和室外消火栓安装位置应符合设计要求，且不应妨碍交通，在易碰撞的地点应设置防撞设施。

(7) 市政消防水鹤的安装

① 市政消防水鹤的选型、规格应符合设计要求。

② 管道和阀门的施工和安装，应符合现行国家标准《给水排水管道工程施工及验收规范》(GB 50268—2008)、《建筑给水排水及采暖工程施工质量验收规范》(GB 50242—2002)

的有关规定。

③ 市政消防水鹤的安装空间应满足使用要求，并不应妨碍市政道路和人行道的畅通。

（8）室内消火栓及消防软管卷盘或轻便水龙的安装　室内消火栓及消防软管卷盘或轻便水龙的安装应符合下列规定。

① 室内消火栓及消防软管卷盘和轻便水龙的选型、规格应符合设计要求。

② 同一建筑物内设置的消火栓、消防软管卷盘和轻便水龙应采用统一规格的栓口、消防水枪和水带及配件。

③ 试验用消火栓栓口处应设置压力表。

④ 当消火栓设置减压装置时，应检查减压装置符合设计要求，且安装时应有防止砂石等杂物进入栓口的措施。

⑤ 室内消火栓及消防软管卷盘和轻便水龙应设置明显的永久性固定标志，当室内消火栓因美观要求需要隐蔽安装时，应有明显的标志，并应便于开启使用。

⑥ 消火栓栓口出水方向宜向下或与设置消火栓的墙面成 90°角，栓口不应安装在门轴侧。

⑦ 消火栓栓口中心距地面应为 1.1m，特殊地点的高度可特殊对待，允许偏差±20mm。

（9）消火栓箱的安装　消火栓箱的安装应符合下列规定。

① 消火栓的启闭阀门设置位置应便于操作使用，阀门的中心距箱侧面应为 140mm，距箱后内表面应为 100mm，允许偏差±5mm；

② 室内消火栓箱的安装应平正、牢固，暗装的消火栓箱不应破坏隔墙的耐火性能；

③ 箱体安装的垂直度允许偏差为±3mm；

④ 消火栓箱门的开启不应小于 120°；

⑤ 安装消火栓水龙带，水龙带与消防水枪和快速接头绑扎好后，应根据箱内构造将水龙带放置；

⑥ 双向开门消火栓箱应有耐火等级应符合设计要求，当设计没有要求时应至少满足 1h 耐火极限的要求；

⑦ 消火栓箱门上应用红色字体注明"消火栓"字样。

（10）架空管道的安装位置　架空管道的安装位置应符合设计要求，并应符合下列规定。

① 架空管道的安装不应影响建筑功能的正常使用，不应影响和妨碍通行以及门窗等开启。

② 当设计无要求时，管道的中心线与梁、柱、楼板等的最小距离应符合表 4-16 的规定。

表 4-16　管道的中心线与梁、柱、楼板等的最小距离

公称直径/mm	25	32	40	50	70	80	100	125	150	200
距离/mm	40	40	50	60	70	80	100	125	150	200

③ 消防给水管穿过地下室外墙、构筑物墙壁以及屋面等有防水要求处时，应设防水套管。

④ 消防给水管穿过建筑物承重墙或基础时，应预留洞口，洞口高度应保证管顶上部净空不小于建筑物的沉降量，不宜小于 0.1m，并应填充不透水的弹性材料。

⑤ 消防给水管穿过墙体或楼板时应加设套管，套管长度不应小于墙体厚度，或应高出楼面或地面 50mm；套管与管道的间隙应采用不燃材料填塞，管道的接口不应位于套管内。

⑥ 消防给水管必须穿过伸缩缝及沉降缝时，应采用波纹管和补偿器等技术措施。

⑦ 消防给水管可能发生冰冻时，应采取防冻技术措施。

⑧ 通过及敷设在有腐蚀性气体的房间内时，管外壁应刷防腐漆或缠绕防腐材料。

（11）消防给水系统阀门的安装　消防给水系统阀门的安装应符合下列要求。

① 各类阀门型号、规格及公称压力应符合设计要求。

② 阀门的设置应便于安装维修和操作，且安装空间应能满足阀门完全启闭的要求，并应做出标志。

③ 阀门应有明显的启闭标志。

④ 消防给水系统干管与水灭火系统连接处应设置独立阀门，并应保证各系统独立使用。

（12）消防给水系统减压阀的安装　消防给水系统减压阀的安装应符合下列要求。

① 安装位置处的减压阀的型号、规格、压力、流量应符合设计要求。

② 减压阀安装应在供水管网试压、冲洗合格后进行。

③ 减压阀水流方向应与供水管网水流方向一致。

④ 减压阀前应有过滤器。

⑤ 减压阀前后应安装压力表。

⑥ 减压阀处应有压力试验用排水设施。

（13）控制柜的安装　控制柜的安装应符合下列要求。

① 控制柜的基座其水平度误差不大于±2mm，并应做防腐处理及防水措施。

② 控制柜与基座应采用不小于 ϕ12mm 的螺栓固定，每只柜不应少于 4 只螺栓。

③ 做控制柜的上下进出线口时，不应破坏控制柜的防护等级。

4.3.4　控制与操作

（1）消防水泵控制柜应设置在消防水泵房或专用消防水泵控制室内，并应符合下列要求。

① 消防水泵控制柜在平时应使消防水泵处于自动启泵状态。

② 当自动水灭火系统为开式系统，且设置自动启动确有困难时，经论证后消防水泵可设置在手动启动状态，并应确保 24h 有人工值班。

（2）消防水泵不应设置自动停泵的控制功能，停泵应由具有管理权限的工作人员根据火灾扑救情况确定。

（3）消防水泵应确保从接到启泵信号到水泵正常运转的自动启动时间不应大于 2min。

（4）消防水泵应由消防水泵出水干管上设置的压力开关、高位消防水箱出水管上的流量开关，或报警阀压力开关等开关信号应能直接自动启动消防水泵。消防水泵房内的压力开关宜引入消防水泵控制柜内。

（5）消防水泵应能手动启停和自动启动。

（6）稳压泵应由消防给水管网或气压水罐上设置的稳压泵自动启停泵压力开关或压力变送器控制。

（7）消防控制室或值班室，应具有下列控制和显示功能。

① 消防控制柜或控制盘应设置专用线路连接的手动直接启泵按钮。

② 消防控制柜或控制盘应能显示消防水泵和稳压泵的运行状态。

③ 消防控制柜或控制盘应能显示消防水池、高位消防水箱等水源的高水位、低水位报警信号，以及正常水位。

（8）消防水泵、稳压泵应设置就地强制启停泵按钮，并应有保护装置。

（9）消防水泵控制柜设置在专用消防水泵控制室时，其防护等级不应低于 IP30；与消防水泵设置在同一空间时，其防护等级不应低于 IP55。

(10) 消防水泵控制柜应采取防止被水淹没的措施。在高温潮湿环境下，消防水泵控制柜内应设置自动防潮除湿的装置。

(11) 当消防给水分区供水采用转输消防水泵时，转输泵宜在消防水泵启动后再启动；当消防给水分区供水采用串联消防水泵时，上区消防水泵宜在下区消防水泵启动后再启动。

(12) 消防水泵控制柜应设置机械应急启泵功能，并应保证在控制柜内的控制线路发生故障时由有管道权限的人员在紧急时启动消防水泵。机械应急启动时，应确保消防水泵在报警后 5.0min 内正常工作。

(13) 消防水泵控制柜前面板的明显部位应设置紧急时打开柜门的装置。

(14) 火灾时消防水泵应工频运行，消防水泵应工频直接启泵；当功率较大时，宜采用星三角和自耦降压变压器启动，不宜采用有源器件启动。

消防水泵准工作状态的自动巡检应采用变频运行，定期人工巡检应工频满负荷运行并出流。

(15) 当工频启动消防水泵时，从接通电路到水泵达到额定转速的时间不宜大于表 4-17 的规定值。

表 4-17 工频泵启动时间

配用电机功率/kW	≤132	>132
消防水泵直接启动时间/s	<30	<55

(16) 电动驱动消防水泵自动巡检时，巡检功能应符合下列规定。

① 巡检周期不宜大于 7d，且应能按需要任意设定。

② 以低频交流电源逐台驱动消防水泵，使每台消防水泵低速转动的时间不应少于 2min。

③ 对消防水泵控制柜一次回路中的主要低压器件宜有巡检功能，并应检查器件的动作状态。

④ 当有启泵信号时，应立即退出巡检，进入工作状态。

⑤ 发现故障时，应有声光报警，并应有记录和储存功能。

⑥ 自动巡检时，应设置电源自动切换功能的检查。

(17) 消防水泵的双电源切换应符合下列规定。

① 双路电源自动切换时间不应大于 2s。

② 一路电源与内燃机动力的切换时间不应大于 15s。

(18) 消防水泵控制柜应有显示消防水泵工作状态和故障状态的输出端子及远程控制消防水泵启动的输入端子。控制柜应具有自动巡检可调、显示巡检状态和信号等功能，且对话界面应有汉语语言，图标应便于识别和操作。

(19) 消火栓按钮不宜作为直接启动消防水泵的开关，但可作为发出报警信号的开关或启动干式消火栓系统的快速启闭装置等。

4.4 自动喷水灭火系统设计与施工

4.4.1 自动喷水灭火系统的类型

自动喷水灭火系统可以用于各种建筑物中允许用水灭火的场所和保护对象，根据被保护建筑物的使用性质、环境条件和火灾发展、发生特性的不同,自动喷水灭火系统可以有多种不同类型,工程中常常根据系统中喷头开闭形式的不同,将其分为开式和闭式自动喷水灭火系统两大类。

属于闭式自动喷水灭火系统的有湿式系统、干式系统、预作用系统、重复启闭预作用系统和自动喷水-泡沫联用灭火系统。属于开式自动喷水灭火系统的有水幕系统、雨淋系统和水雾系统。

4.4.1.1 闭式自动喷水灭火系统

(1)湿式自动喷水灭火系统 湿式自动喷水灭火系统(图 4-35)通常由管道系统、闭式喷头、湿式报警阀、水流指示器、报警装置和供水设施等组成。火灾发生时,在火场温度作用下,闭式喷头的感温元件温度达到指定的动作温度后,喷头开启喷水灭火,阀后压力下降,湿式阀瓣打开,水经延时器后通向水力警铃,发出声响报警信号,与此同时,水流指示器及压力开关也将信号传送至消防控制中心,经系统判断确认火警后启动消防水泵向管网加压供水,实现持续自动喷水灭火。

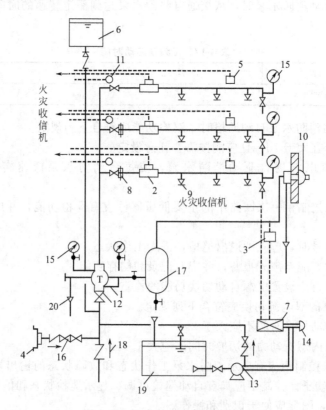

图 4-35 湿式自动喷水灭火系统

1—湿式报警阀;2—水流指示器;3—压力继电器;4—水泵接合器;5—感烟探测器;
6—水箱;7—控制箱;8—减压孔板;9—喷头;10—水力警铃;11—报警装置;
12—闸阀;13—水泵;14—按钮;15—压力表;16—安全阀;
17—延迟器;18—止回阀;19—贮水池;20—排水漏斗

湿式自动喷水灭火系统具有施工和管理维护方便、结构简单、使用可靠、灭火速度快、控火效率高及建设投资少等优点。但是其管路在喷头中始终充满水,所以,一旦发生渗漏会损坏建筑装饰,应用受环境温度的限制,适合安装在温度不高于 70℃,且不低于 4℃且能用水灭火的建（构）筑物内。

（2）干式自动喷水灭火系统 干式自动喷水灭火系统（图4-36）由管道系统、闭式喷头、干式报警阀、水流指示器、报警装置、充气设备、排气设备和供水设备等组成。

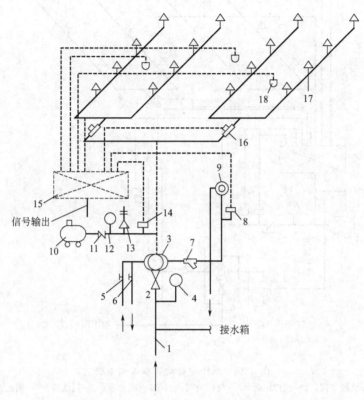

图 4-36　干式自动喷水灭火系统
1—供水管；2—闸阀；3—干式报警阀；4—压力表；5、6—截止阀；7—过滤器；8、14—压力
开关；9—水力警铃；10—空压机；11—止回阀；12—压力表；13—安全阀；
15—火灾报警控制箱；16—水流指示器；17—闭式喷头；18—火灾探测器

干式喷水灭火系统由于报警阀后的管路中无水，不怕环境温度高，不怕冻结，因而适用于环境温度低于4℃或高于70℃的建筑物和场所。

干式自动喷水灭火系统与湿式自动喷水灭火系统相比，增加了一套充气设备，管网内的气压要经常保持在一定范围内，因而管理比较复杂，投资较多。喷水前需排放管内气体，灭火速度不如湿式自动喷水灭火系统快。

（3）干湿式自动喷水灭火系统 干湿两用自动喷水灭火系统是干式自动喷水灭火系统与湿式自动喷水灭火系统交替使用的系统。其组成包括闭式喷头、管网系统、干湿两用报警阀、水流指示器、信号阀、末端试水装置、充气设备和供水设施等。干湿两用系统在使用场所环境温度高于70℃或低于4℃时，系统呈干式；环境温度在4～70℃之间时，可以将系统转换成湿式系统。

（4）预作用自动喷水灭火系统 预作用自动喷水灭火系统（图4-37）由管道系统、闭式喷头、雨淋阀、火灾探测器、报警控制装置、控制组件、充气设备和供水设施等部件组成。

预作用系统在雨淋阀以后的管网中平时充氮气或低压空气，可避免因系统破损而造成的水渍损失。另外这种系统有能在喷头动作之前及时报警并转换成湿式系统的早期报警装置，

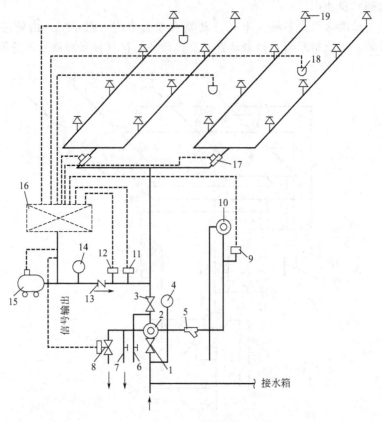

图 4-37 预作用自动喷水灭火系统

1—总控制阀；2—预作用阀；3—检修闸阀；4、14—压力表；5—过滤器；6—截止阀；
7—手动开启阀；8—电磁阀；9、11—压力开关；10—水力警铃；12—低气压
报警压力开关；13—止回阀；15—空压机；16—报警控制箱；
17—水流指示器；18—火灾探测器；19—闭式喷头

克服了干式喷水灭火系统必须待喷头动作，完成排气后才可以喷水灭火，从而延迟喷水时间的缺点。但预作用系统比干式系统或湿式系统多一套自动探测报警和自动控制系统，建设投资多，构造比较复杂。对于要求系统处于准工作状态时严禁管道漏水、严禁系统误喷、替代干式系统等场所，应采用预作用系统。

（5）自动喷水-泡沫联用灭火系统　在普通湿式自动喷水灭火系统中并联一个钢制带橡胶囊的泡沫罐，橡胶囊内装轻水泡沫浓缩液，在系统中配上控制阀及比例混合器就成了自动喷水-泡沫联用灭火系统，如图 4-38 所示。

该系统的特点是闭式系统采用泡沫灭火剂，强化了自动喷水灭火系统的灭火性能。当采用先喷水后喷泡沫的联用方式时，前期喷水起控火作用，后期喷泡沫可强化灭火效果；当采用先喷泡沫后喷水的联用方式时，前期喷泡沫起灭火作用，后期喷水可起冷却及防止复燃效果。

该系统流量系数大，水滴穿透力强，可有效地用于高堆货垛和高架仓库、柴油发动机房、燃油锅炉房和停车库等场所。

（6）重复启闭预作用系统　重复启闭预作用系统是在预作用系统的基础上发展起来的。该系统不但能自动喷水灭火，而且能在火灾扑灭后自动关闭系统。重复启闭预作用系统的工

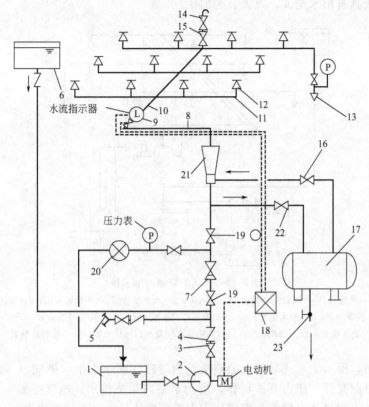

图 4-38　自动喷水-泡沫联用灭火系统

1—水池；2—水泵；3—闸阀；4—止回阀；5—水泵接合器；6—消防水箱；7—预作用报警
阀组；8—配水干管；9—水流指示器；10—配水管；11—配水支管；12—闭式喷头；
13—末端试水装置；14—快速排气阀；15—电动阀；16—进液阀；
17—泡沫罐；18—报警控制器；19—控制阀；20—流量计；
21—比例混合器；22—进水阀；23—排水阀

作原理和组成与预作用系统相似，不同之处是重复启闭预作用系统采用了一种既可在环境恢复常温时输出灭火信号，又可输出火警信号的感温探测器。当感温探测器感应到环境的温度超出预定值时，报警并打开具有复位功能的雨淋阀和开启供水泵，为配水管道充水，并在喷头动作后喷水灭火。喷水的情况下，当火场温度恢复至常温时，探测器发出关停系统的信号，在按设定条件延迟喷水一段时间后停止喷水，关闭雨淋阀。若火灾复燃、温度再次升高时，系统则再次启动，直至彻底灭火。

重复启闭预作用系统优于其他喷水灭火系统，但造价高，一般只适用于灭火后必须及时停止喷水，要求减少不必要水渍的建筑，如集控室计算机房、电缆间、配电间和电缆隧道等。

4.4.1.2　开式自动喷水灭火系统

（1）雨淋喷水灭火系统　雨淋系统采用开式洒水喷头，由雨淋阀控制喷水范围，利用配套的火灾自动报警系统或传动管系统监测火灾并自动启动系统灭火。发生火灾时，火灾探测器将信号送至火灾报警控制器，压力开关、水力警铃一起报警，控制器输出信号打开雨淋阀，同时启动水泵连续供水，使整个保护区内的开式喷头喷水灭火。雨淋系统可由电气控制启动、传动管控制启动或手动控制。传动管控制启动包括湿式和干式两种方法，如图 4-39

所示。雨淋系统具有出水量大、灭火及时的优点。

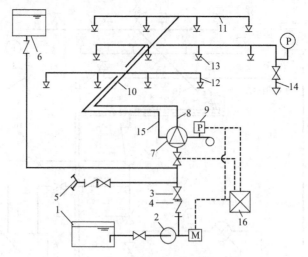

图 4-39 传动管启动雨淋系统

1—水池；2—水泵；3—闸阀；4—止回阀；5—水泵接合器；6—消防水箱；7—雨淋
报警阀组；8—配水干管；9—压力开关；10—配水管；11—配水支管；12—开式
洒水喷头；13—闭式喷头；14—末端试水装置；15—传动管；16—报警控制器

　　发生火灾时，湿（干）式导管上的喷头受热爆破，喷头出水（排气），雨淋阀控制膜室压力下降，雨淋阀打开，压力开关动作，启动水泵向系统供水。电气控制系统如图 4-40 所示，保护区内的火灾自动报警系统探测到火灾后发出信号，打开控制雨淋阀的电磁阀，雨淋阀控制膜室压力下降，雨淋阀开启，压力开关动作，启动水泵向系统供水。

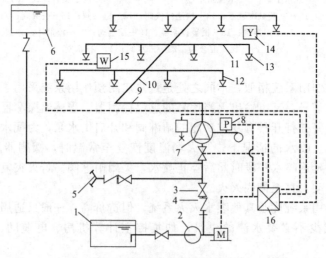

图 4-40 电动启动雨淋系统

1—水池；2—水泵；3—闸阀；4—止回阀；5—水泵接合器；6—消防水箱；7—雨淋
报警阀组；8—压力开关；9—配水干管；10—配水管；11—配水支管；12—开式
洒水喷头；13—闭式喷头；14—烟感探测器；15—温感探测器；16—报警控制器

　　（2）水幕消防给水系统　水幕消防给水系统主要由开式喷头、水幕系统控制设备及探测报警装置、供水设备和管网等组成，如图 4-41 所示。

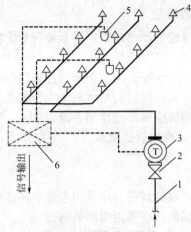

图 4-41　水幕消防系统

1—供水管；2—总闸阀；3—控制阀；4—水幕喷头；5—火灾探测器；6—火灾报警控制器

（3）水喷雾灭火系统　水喷雾灭火系统是用水喷雾头取代雨淋灭火系统中的干式洒水喷头而形成的。水喷雾是由水在喷头内直接经历冲撞、回转和搅拌后再喷射出来的成为细微的水滴而形成的。它具有较好的冷却、窒息与电绝缘效果，灭火效率高，可扑灭液体火灾、电气设备火灾、石油加工厂，多用于变压器等，其系统组成如图 4-42 所示。

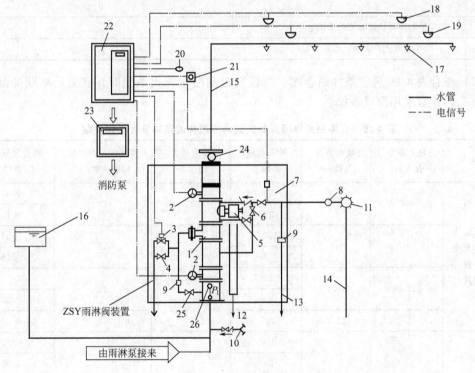

图 4-42　自动水喷雾灭火系统

1—雨淋阀；2—蝶阀；3—电磁阀；4—应急球阀；5—泄放试验阀；6—报警试验阀；7—报警止回阀；8—过滤器；
9—节流孔；10—水泵接合器；11—墙内外水力警铃；12—泄放检查管排水；13—漏斗排水；14—水力警铃排水；
15—配水干管（平时通大气）；16—水塔；17—中速水雾接头或高速喷射器；18—定温探测器；
19—差温探测器；20—现场声报警；21—防爆遥控现场电启动器；22—报警控制器；
23—联动箱；24—挠曲橡胶接头；25—截止阀；26—水压力表

4.4.1.3　自动喷水灭火系统的选型

（1）自动喷水灭火系统的系统选型，应根据设置场所的火灾特点或环境条件确定，露天场所不宜采用闭式系统。

（2）环境温度不低于4℃，且不高于70℃的场所应采用湿式系统。

（3）环境温度低于4℃，或高于70℃的场所应采用干式系统。

（4）具有下列要求之一的场所应采用预作用系统。

① 系统处于准工作状态时，严禁管道漏水。

② 严禁系统误喷。

③ 替代干式系统。

（5）灭火后必须及时停止喷水的场所，应采用重复启闭预作用系统。

（6）具有下列条件之一的场所，应采用雨淋系统。

① 火灾的水平蔓延速度快、闭式喷头的开放不能及时使喷水有效覆盖着火区域。

② 室内净空高度超过表4-18的规定，且必须迅速扑救初期火灾。

③ 严重危险级Ⅱ级。

表 4-18　采用闭式系统场所的最大净空高度　　　　　　　单位：m

设置场所	采用闭式系统场所的最大净空高度
民用建筑和工业厂房	8
仓库	9
采用早期抑制快速响应喷头的仓库	13.5
非仓库类高大净空场所	12

（7）符合表4-19规定条件的仓库，当设置自动喷水灭火系统时，宜采用早期抑制快速响应喷头，并宜采用湿式系统。

表 4-19　仓库采用早期抑制快速响应喷头的系统设计基本参数

储物类别	最大净空高度/m	最大储物高度/m	喷头流量系数 K	喷头最大间距/m	作用面积内开放的喷头数/只	喷头最低工作压力/MPa
Ⅰ级、Ⅱ级、沥青制品、箱装不发泡塑料	9.0	7.5	200	3.7	12	0.35
			360			0.10
	10.5	9.0	200		12	0.50
			360			0.15
	12.0	10.5	200	3.0	12	0.50
			360			0.20
	13.5	12.0	360		12	0.30
袋装不发泡塑料	9.0	7.5	200	3.7	12	0.35
			240			0.25
	93.5	7.5	200		12	0.40
			240			0.30
	12.0	10.5	200	3.0	12	0.50
			240			0.35

续表

储物类别	最大净空高度/m	最大储物高度/m	喷头流量系数 K	喷头最大间距/m	作用面积内开放的喷头数/只	喷头最低工作压力/MPa
箱装发泡塑料	9.0	7.5	200	3.7	12	0.35
	9.5	7.5	200		12	0.40
			240			0.30

注：快速响应早期抑制喷头在保护最大高度范围内，如有货架应为通透性层板。

（8）存在较多易燃液体的场所，宜按下列方式之一采用自动喷水-泡沫联用系统。

① 采用泡沫灭火剂强化闭式系统性能。

② 雨淋系统前期喷水控火，后期喷泡沫强化灭火效能。

③ 雨淋系统前期喷泡沫灭火，后期喷水冷却防止复燃。

系统中泡沫灭火剂的选型、储存及相关设备的配置，应符合现行国家标准《泡沫灭火系统设计规范》（GB 50151—2010）的规定。

（9）建筑物中保护局部场所的干式系统、预作用系统、雨淋系统、自动喷水-泡沫联用系统，可串联接入同一建筑物内湿式系统，并应与其配水干管连接。

（10）自动喷水灭火系统应有下列组件、配件和设施。

① 应设有洒水喷头、水流指示器、报警阀组、压力开关等组件和末端试水装置，以及管道、供水设施。

② 控制管道静压的区段宜分区供水或设减压阀，控制管道动压的区段宜设减压孔板或节流管。

③ 应设有泄水阀（或泄水口）、排气阀（或排气口）和排污口。

④ 干式系统和预作用系统的配水管道应设快速排气阀。有压充气管道的快速排气阀入口前应设电动阀。

（11）防护冷却水幕应直接将水喷向被保护对象；防火分隔水幕不宜用于尺寸超过 15m（宽）×8m（高）的开口（舞台口除外）。

4.4.2 自动喷水灭火系统装置

4.4.2.1 喷头

（1）喷头的类型　喷头根据结构和用途的不同，可分为闭式喷头、开式喷头和特殊喷头。

① 闭式喷头

a. 玻璃球闭式喷头如图 4-43 所示。其特点是玻璃球用于支撑喷小口的阀盖，玻璃球内充装一种高膨胀液体，如乙醚、酒精等。球内留有一个小气泡，当温度升高时，小气泡会缩小，溶入液体中，在低于动作温度5℃时，液体全部充满玻璃球容积，温度再升高，玻璃球爆炸成碎片，喷水口阀盖脱落，喷水口开启，喷水灭火。

b. 易熔合金闭式喷头如图 4-44 所示。其特点是喷口平时被玻璃阀塞封盖住，玻璃阀堵由三片锁片组成的支撑顶住，锁片由易熔合金焊料焊住。当喷头周围温度达到预定限制时，焊接锁片的易熔合金焊料熔化，三锁片各自分离落下，管路中的压力水冲开玻璃阀堵喷出。

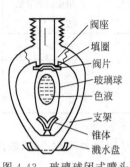

图 4-43 玻璃球闭式喷头

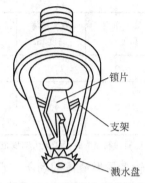

图 4-44 易熔合金闭式喷头

c. 直立型洒水喷头如图 4-45 所示。其特点是直立安装于供水支管上；洒水形状为抛物体形，它将水量的 60%～80%向下喷洒，同时还有一部分喷向顶棚。

d. 下垂型洒水喷头如图 4-46 所示，其特点是下垂安装于供水支管上，洒水的形状为抛物体形，它将水量的 80%～100%向下喷洒。

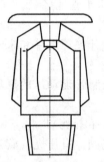

图 4-45 直立型洒水喷头

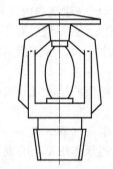

图 4-46 下垂型洒水喷头

e. 边墙型洒水喷头如图 4-47 所示。其特点是靠墙安装，分为水平和直立型两种形式。喷头的洒水形状为半抛物体形，它将水直接洒向保护区域。

f. 普通型洒水喷头既可直立安装也可下垂安装，洒水的形状为球形。它将水量的 40%～60%向下喷洒，同时还将一部分水喷向顶棚。

g. 吊顶型洒水喷头如图 4-48 所示，其特点是吊顶型洒水喷头安装于隐蔽在吊顶内的供水支管上，分为平齐型、半隐蔽型和隐蔽型三种型式。喷头的洒水形状为抛物体形。

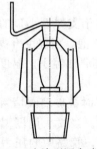

图 4-47 边墙型洒水喷头

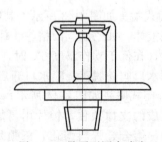

图 4-48 吊顶型洒水喷头

h. 干式洒水喷头如图 4-49 所示。专用于干式系统或其他充气系统的下垂型喷头。与上述喷头的差别，只是增加了一段辅助管，管内有活动套筒和钢球。喷头未动作时钢球将辅助管封闭，水不能进入辅助管和喷头体内，这样可以避免干式系统喷水后，未动作的喷头体内积水排不出而造成冻结的弊病。喷头动作时，套筒向下移动，钢球由喷口喷出，水就喷出来了。

② 开式喷头

a. 开式洒水喷头如图 4-50 所示。主要用于雨淋系统，它按安装形式可分为直立型和下垂型，按结构可分为单臂和双臂两种。

b. 喷雾喷头如图 4-51 所示。其特点是在一定压力下将水流分解为细小的水滴，以锥形喷出的喷头，主要用于水雾系统。这种喷头由于喷出的水滴细小，使水的总表面积比一般的洒水喷头要大几倍，在灭火中吸热面积大，冷却作用强。同时，水雾受热汽化形成的大量水蒸气对火焰起窒息作用。

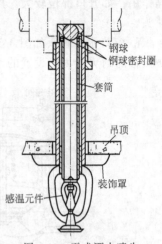

图 4-49　干式洒水喷头

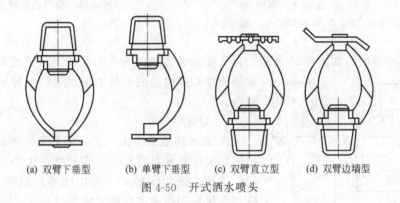

(a) 双臂下垂型　　(b) 单臂下垂型　　(c) 双臂直立型　　(d) 双臂边墙型

图 4-50　开式洒水喷头

c. 幕帘式水幕喷头。幕帘式水幕喷头有缝隙式和雨淋式两类。

d. 缝隙式水幕喷头如图 4-52 所示。缝隙式水幕喷头能形成带形水幕，起分隔作用。如设在露天生产装置区，将露天生产装置分隔成数个小区；或保护个别建筑物避开相邻设备火灾的危害等。它又有单缝隙式和双缝隙式两种。

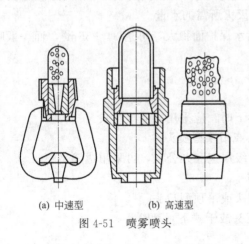

(a) 中速型　　　　(b) 高速型

图 4-51　喷雾喷头

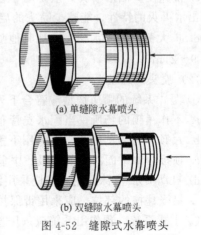

(a) 单缝隙水幕喷头

(b) 双缝隙水幕喷头

图 4-52　缝隙式水幕喷头

e. 雨淋式水幕喷头如图 4-53 所示。雨淋式水幕喷头用于造成防火水幕带，起着防火分隔作用。如开口部位较大，用一般的水幕难以阻止火势扩大和火灾蔓延的部位，常采用此种喷头。

f. 窗口水幕喷头如图 4-54 所示。当防止火灾通过窗口蔓延扩大或增强窗扇、防火卷帘、防火幕的耐火能力而设置的水幕喷头。

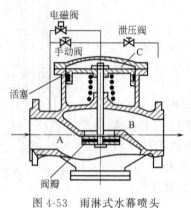

图 4-53 雨淋式水幕喷头
A—阀隔膜腔；B—阀控制腔；C—阀压力腔

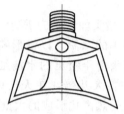

图 4-54 窗口水幕喷头

g. 檐口水幕喷头如图 4-55 所示。用于防止邻近建筑火灾对屋檐（可燃或难燃屋檐）的威胁或增加屋檐的耐火能力而设置的向屋檐洒水的水幕喷头。

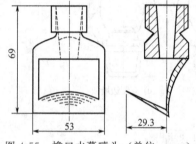

图 4-55 檐口水幕喷头（单位：mm）

③ 特殊喷头

a. 大水滴洒水喷头。有一个复式溅水盘，从喷口喷出的水流经溅水盘后形成一定比例的大小水滴，均匀喷向保护区。适用于湿式、预作用等自动喷水灭火系统，特别是保护那些火灾时燃烧较猛烈的大空间场所。

b. 自动启闭洒水喷头。在火灾发生时能自动开启喷水，火灾扑灭后又能自动关闭。是利用双金属片组成的感温元件的变形控制，启闭喷口阀的先导阀，实现喷口的自动启闭。

c. 快速反应洒水喷头。主要用于住宅、医院等场所。具有在火灾时能快速感应火灾并迅速出水灭火的特性，能减少喷头的启动数和灭火所需的水量。

d. 扩大覆盖面洒水喷头。比其他喷头的喷水保护面积大，可达 $31 \sim 36 m^2$，而一般喷头只有 $9 \sim 21 m^2$。

（2）喷头的选型

① 湿式系统的喷头选型应符合下列规定。

a. 不作吊顶的场所，当配水支管布置在梁下时，应采用直立型喷头。

b. 吊顶下布置的喷头，应采用下垂型喷头或吊顶型喷头。

c. 顶板为水平面的轻危险级、中危险级Ⅰ级居室和办公室，可采用边墙型喷头。

d. 自动喷水-泡沫联用系统应采用洒水喷头。

e. 易受碰撞的部位，应采用带保护罩的喷头或吊顶型喷头。

② 干式系统、预作用系统应采用直立型喷头或干式下垂型喷头。

③ 水幕系统的喷头选型应符合下列规定。

a. 防火分隔水幕应采用开式洒水喷头或水幕喷头。

b. 防护冷却水幕应采用水幕喷头。

④ 下列场所宜采用快速响应喷头。

a. 公共娱乐场所、中庭环廊。

b. 医院、疗养院的病房及治疗区域，老年、少儿、残疾人的集体活动场所。

c. 超出水泵接合器供水高度的楼层。

d. 地下的商业及仓储用房。

⑤ 同一隔间内应采用相同热敏性能的喷头。

⑥ 雨淋系统的防护区内应采用相同的喷头。

⑦ 自动喷水灭火系统应有备用喷头，其数量不应少于总数的1%，且每种型号均不得少于10只。

4.4.2.2 报警阀

（1）常用报警阀类型

① 湿式报警阀。湿式报警阀是湿式自动喷水灭火系统的主要部件，安装在总供水干管上，连接供水设备和配水管网，是一种只允许水流单方向流入配水管网，并在规定流量下报警的止回型阀门，在系统动作前，它将管网与水流隔开，避免用水和可能的污染；当系统开启时，报警阀打开，接通水源和配水管；在报警阀开启的同时，部分水流通过阀座上的环形槽，经信号管道送至水力警铃，发出音响报警信号。

主要用于湿式自动喷水灭火系统上，在其立管上安装。湿式报警阀接线如图4-56所示。

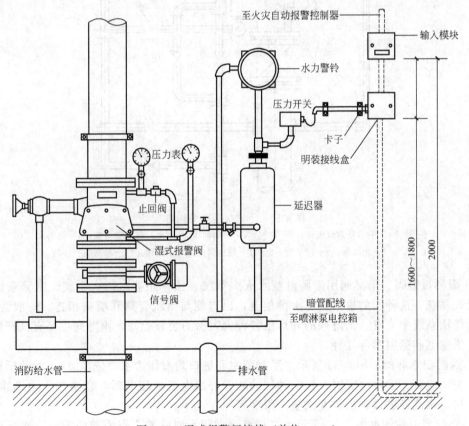

图4-56 湿式报警阀接线（单位：mm）

169

湿式报警阀平时阀芯前后水压相等（水通过导向管中的水压平衡小孔，保持阀板前后水压平衡）。由于阀芯的自重和阀芯前后所受水的总压力不同，阀芯处于关闭状态（阀芯上面的总压力大于阀芯下面的总压力）。发生火灾时，闭式喷头喷水，因为水压平衡小孔来不及补水，报警阀上面水压下降，此时阀下水压大于阀上水压，于是阀板开启，向立管及管网供水，同时发出火警信号并启动消防泵。

② 干式报警阀。干式报警阀主要用在干式自动喷水灭火系统和干湿式自动喷水灭火系统中。其作用是用来隔开喷水管网中的空气和供水管道中的压力水，使喷水管网始终保持干管状态，当喷头开启时，管网空气压力下降，干式阀阀瓣开启，水通过报警阀进入喷水管网，同时部分水流通过报警阀的环形槽进入信号设施进行报警。

干式报警阀由阀体、差动双盘阀板、充气塞、信号管网、控制阀等组成，构造如图 4-57 所示。

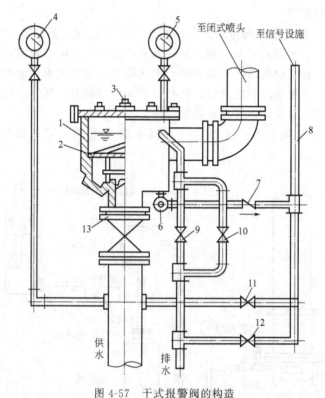

图 4-57　干式报警阀的构造

1—阀体；2—差动双盘阀板；3—充气塞；4—阀前压力表；5—阀后压力表；6—角阀；
7—止回阀；8—信号管；9～11—截止阀；12—小孔阀；13—总闸阀

③ 雨淋报警阀。雨淋阀用于雨淋喷水灭火系统、预作用喷水灭火系统、水幕系统和水喷雾灭火系统。这种阀的进口侧与水源相连，出口侧与系统管路和喷头相连。一般为空管，仅在预作用系统中充气。雨淋阀的开启由各种火灾探测装置控制。雨淋阀主要有杠杆型、隔膜型、活塞型和感温型等几种。

a. 隔膜型雨淋阀如图 4-58 所示。平时顶室和进口均有压力水，依靠 2∶1 的差压比使阀瓣处于关闭位置。发生火灾时，任一种传动装置开启电磁泄压阀后，顶室的压力迅速下降，阀瓣开启，水流经进口到出口充满整个雨淋管网。

b. 杠杆型雨淋阀如图 4-59 所示。杠杆型雨淋阀平时靠着力点力臂的差异，使推杆所产

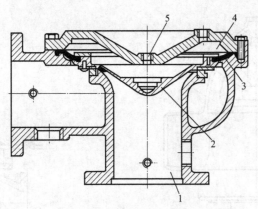

图 4-58　隔膜型雨淋阀
1—进口；2—阀瓣；3—隔膜；4—顶室；5—顶室进口

生的力矩足以将摇臂隔板锁紧，使其保持在关闭位置。发生火灾时，当任一种传动装置（易熔锁封、闭式喷头或火灾探测器）发出警报信号后，立即自动打开电磁泄压阀，使雨淋阀推杆室内的压力迅速下降，当降至供水压力的 1/2 时，阀门开启，水流立即充满整个雨淋管网，并通过开式洒水喷头向保护区同时喷水灭火。

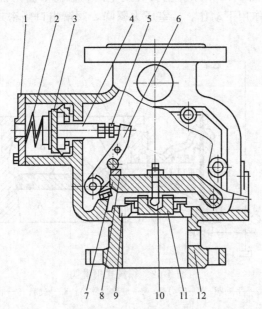

图 4-59　杠杆型雨淋阀
1—端盖；2—弹簧；3—皮碗；4—轴；5—顶轴；6—摇臂；7—锁杆；
8—垫铁；9—密封圈；10—顶杠；11—阀瓣；12—阀体

c. 感温雨淋阀如图 4-60 所示。主要用于水幕和水喷雾系统，安装在配管上，控制一组喷头的动作。这种阀平时靠玻璃球支撑，把水封闭在进口管中。发生火灾时，环境温度升高，使玻璃球感温爆裂，打开阀门，进水管中的水立即流入阀体并经出口从水幕喷头喷出。

d. 活塞型雨淋阀如图 4-61 所示。活塞型雨淋阀的作用原理与隔膜型相同，只是在结构上用活塞代替了隔膜。

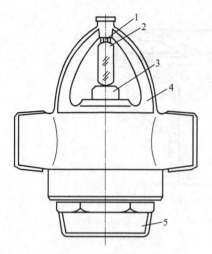

图 4-60 感温雨淋阀

1—定位螺钉；2—玻璃球；3—滑动轴；
4—阀体；5—进水接头

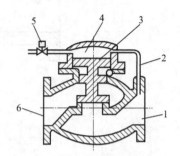

图 4-61 活塞型雨淋阀

1—进口；2—活塞腔连通管；3—活塞；
4—活塞腔；5—电磁阀；6—出口

e. 蝶阀式雨淋阀如图 4-62 所示。当火灾发生时，温感装置（通常为玻璃球喷头或易熔合金喷头）在火焰温度作用下动作，C 室压力骤降，阀瓣出口侧密封力降低或消失，雨淋阀打开出水灭火。

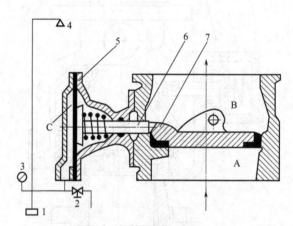

图 4-62 蝶阀式雨淋阀

1—空压机；2—手动阀；3—压力表；4—玻璃球喷头；5—隔膜；6—推杆；7—阀瓣

（2）常用报警阀组的设置

① 自动喷水灭火系统应设报警阀组。保护室内钢屋架等建筑构件的闭式系统，应设独立的报警阀组。水幕系统应设独立的报警阀组或感温雨淋阀。

② 串联接入湿式系统配水干管的其他自动喷水灭火系统，应分别设置独立的报警阀组，其控制的喷头数计入湿式阀组控制的喷头总数。

③ 一个报警阀组控制的喷头数应符合下列规定。

a. 湿式系统、预作用系统不宜超过 800 只；干式系统不宜超过 500 只。

b. 当配水支管同时安装保护吊顶下方和上方空间的喷头时，应只将数量较多一侧的喷头计入报警阀组控制的喷头总数。

④ 每个报警阀组供水的最高与最低位置喷头，其高程差不宜大于 50m。

⑤ 雨淋阀组的电磁阀，其入口应设过滤器。并联设置雨淋阀组的雨淋系统，其雨淋阀控制腔的入口应设止回阀。

⑥ 报警阀组宜设在安全及易于操作的地点，报警阀距地面的高度宜为 1.2m。安装报警阀的部位应设有排水设施。

⑦ 连接报警阀进出口的控制阀，宜采用信号阀。不用信号阀时，控制阀应设锁定阀位的锁具。

⑧ 水力警铃的工作压力不应小于 0.05MPa，并应符合下列规定。

a. 应设在有人值班的地点附近。

b. 与报警阀连接的管道，其管径应为 20mm，总长不宜大于 20m。

4.4.2.3 报警控制装置

（1）控制器　报警控制器是将火灾自动探测系统或火灾探测器与自动喷水灭火系统连接起来的控制装置。

报警控制器的基本功能主要包括三部分，具体见表 4-20。

表 4-20　报警控制器的基本功能

序号	控制类型	基本功能
1	接收信号	①火灾探测器信号 ②监测器信号 ③手动报警信号
2	输出信号	①声光报警信号 ②启动消防泵 ③开启雨淋阀或其他控制阀门 ④向控制中心或消防部门发出报警信号
3	监控系统自身工作状态	①火灾探测器及其线路 ②水源压力或水位 ③充气压力和充气管路

报警控制器根据功能和系统应用的不同，可分为湿式系统报警控制器、雨淋和预作用系统报警控制器两种。

① 湿式系统报警控制器　湿式系统报警控制器是较大型湿式系统或多区域湿式系统配套报警控制电气装置，可以实现对喷水部位指示、湿式阀开启指示、总管控制阀启闭状态指示、水箱水位指示、系统水压指示，报警状态指示以及控制消防泵的启动。其工作原理如图 4-63 所示。

② 雨淋和预作用系统报警控制器　雨淋和预作用系统的控制功能包括：火灾的自动探测报警和雨淋阀、消防泵的自动启动两个部分，而报警控制器则是实现和统一两部分功能的一种电气控制装置，其工作原理如图 4-64 所示。

（2）监测器

① 水流指示器　水流指示器安装在管网中，当有大于预定流量的水流通过管道时，水流指示器能发出电信号，显示水的动用情况。通常水流指示器设在喷

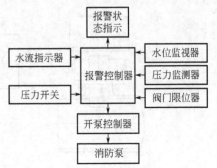

图 4-63　湿式系统报警控制器的工作原理

水灭火系统的分区配水管上，当喷头开启时，向消防控制室指示开启喷头所处的位置分区，有时也可设在水箱的出水管上，一旦系统开启，水箱水被动用，水流指示器可以发出电信号，通过消防控制室启动水泵供水灭火。为便于检修分区管网，水流指示器前宜装设安全信号阀。

桨状水流指示器主要由桨片、法兰底座、螺栓、本体和电气线路等构成，如图4-65所示。

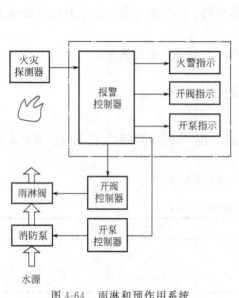

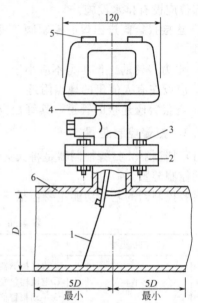

图 4-64 雨淋和预作用系统
报警控制器的工作原理

图 4-65 桨状水流指示器结构（单位：mm）
1—桨片；2—法兰底座；3—螺栓；4—本体；
5—接线孔；6—喷水管道

② 水流指示器的接线 水流指示器在应用时应通过模块与系统总线相连，水流指示器的接线如图4-66所示。

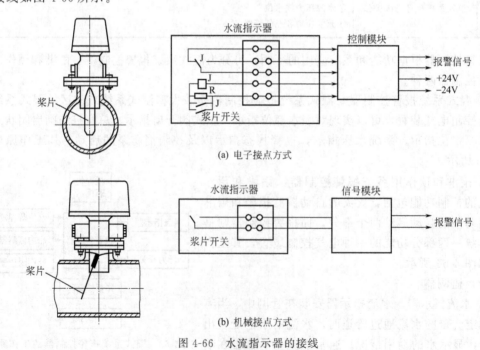

(a) 电子接点方式

(b) 机械接点方式

图 4-66 水流指示器的接线

③ 阀门限位器　阀门限位器是一种行程开关，通常配置在干管的总控制闸阀上和通径大的支管闸阀上，用于监视闸阀的开启状态。一旦发生部分或全部关闭时，即向系统的报警控制器发出警告信号。

④ 压力监测器　压力监测器是一种工作点在一定范围内可以调节的压力开关，在自动喷水灭火系统中常用作稳压泵的自动开关控制器件。

（3）报警器

① 水力警铃　水力警铃是一种靠压力水驱动的撞击式警铃。由警铃、铃锤、转动轴、水轮机、输水管等组成，如图 4-67 所示。

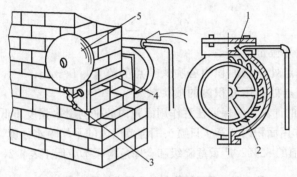

图 4-67　水力警铃
1—喷水嘴；2—水轮机；3—击铃锤；4—转轴；5—警铃

水力警铃的动力来自报警阀的一股小的水流。压力水由输水管通过导管从喷嘴喷出，冲击水轮转动，使转轴及系于另一端的铃锤也随着转动，不断地击响警铃，发出报警铃声。

水力警铃的特点是结构简单、耐用可靠、灵敏度高、维护工作量小。因此，是自动喷水各个系统中不可缺少的部件。

② 压力开关　压力开关（压力继电器）一般安装在延迟器和水力警铃之间的管道上，当喷头启动喷水且延迟器充满水后，水流进入压力继电器，压力继电器接到水压信号，即接通电路报警，并启动喷洒泵。

压力内部装有一对动合接点，在系统中常与报警系统的输出/输入模块连接，以便使压力信号转换成电信号，向消防控制室发出压力报警信号，其接线示意如图 4-68 所示。

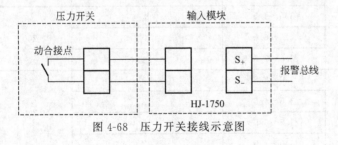

图 4-68　压力开关接线示意图

4.4.3　自动喷水灭火系统设计

4.4.3.1　水力计算

（1）系统的设计流量

① 喷头的流量应按下式计算：

$$q = K \sqrt{10P} \qquad (4\text{-}9)$$

式中 q——喷头流量，L/min；

P——喷头工作压力，MPa；

K——喷头流量系数。

系统最不利点处喷头的工作压力应计算确定。

② 水力计算选定的最不利点处作用面积宜为矩形，其长边应平行于配水支管，其长度不宜小于作用面积平方根的 1.2 倍。

③ 系统的设计流量，应按最不利点处作用面积内喷头同时喷水的总流量确定：

$$Q_s = \frac{1}{60} \sum_{i}^{n} q_i \qquad (4\text{-}10)$$

式中 Q_s——系统设计流量，L/s；

q_i——最不利点处作用面积内各喷头节点的流量，L/min；

n——最不利点处作用面积内的喷头数。

④ 系统设计流量的计算，应保证任意作用面积内的平均喷水强度不低于表 4-21～表 4-27 的规定值。最不利点处作用面积内任意 4 只喷头围合范围内的平均喷水强度，轻危险级、中危险级不应低于表 4-21 规定值的 85%；严重危险级和仓库危险级不应低于表 4-21～表 4-27 的规定值。

表 4-21 民用建筑和工业厂房的系统设计参数

火灾危险等级		净空高度/m	喷水强度/(L/min·m²)	作用面积/m²
轻危险级			4	
中危险级	Ⅰ级		6	160
	Ⅱ级	≤8	8	
严重危险级	Ⅰ级		12	260
	Ⅱ级		16	

注：系统最不利点处喷头的工作压力不应低于 0.05MPa。

表 4-22 堆垛储物仓库的系统设计基本参数

火灾危险等级	储物高度/m	喷水强度/(L/min·m²)	作用面积/m²	持续喷水时间/h
仓库危险级 Ⅰ级	3.0～3.5	8	160	1.0
	3.5～4.5	8	200	1.5
	4.5～6.0	10		
	6.0～7.5	14		
仓库危险级 Ⅱ级	3.0～3.5	10	200	2.0
	3.5～4.5	12		
	4.5～6.0	16		
	6.0～7.5	22		

注：本表适用于室内最大净空高度不超过 9.0m 的仓库。

表 4-23 分类堆垛储物的Ⅲ级仓库的系统设计基本参数

最大储物高度/m	最大净空高度/m	喷水强度/(L/min·m²)			
		A	B	C	D
1.5	7.5	8.0			

最大储物高度/m	最大净空高度/m	喷水强度/(L/min·m²)			
		A	B	C	D
3.5	4.5	16.0	16.0	12.0	12.0
	6.0	24.5	22.0	20.5	16.5
	9.5	32.5	28.5	24.5	18.5
4.5	6.0	20.5	18.5	16.5	12.0
	7.5	32.5	28.5	24.5	18.5
6.0	7.5	24.5	22.5	18.5	14.5
	9.0	36.5	34.5	28.5	22.5
7.5	9.0	30.5	28.5	22.5	18.5

注：1. A——袋装与无包装的发泡塑料橡胶；B——箱装的发泡塑料橡胶；C——箱装与袋装的不发泡塑料橡胶；D——无包装的不发泡塑料橡胶。

2. 作用面积不应小于240m²。

表 4-24 单、双排货架储物仓库的系统设计基本参数

火灾危险等级	储物高度/m	喷水强度/(L/min·m²)	作用面积/m²	持续喷水时间/h
仓库危险级 Ⅰ级	3.0～3.5	8	200	1.5
	3.5～4.5	12		
	4.5～6.0	18		
仓库危险级 Ⅱ级	3.0～3.5	12	240	1.5
	3.5～4.5	15	280	2.0

注：本表适用于室内最大净空高度不超过9.0m的仓库。

表 4-25 多排货架储物仓库的系统设计基本参数

火灾危险等级	储物高度/m	喷水强度/(L/min·m²)	作用面积/m²	持续喷水时间/h
仓库危险级 Ⅰ级	3.5～4.5	12	200	1.5
	4.5～6.0	18		
	6.0～7.5	12+1J		
仓库危险级 Ⅱ级	3.0～3.5	12	200	1.5
	3.5～4.5	18		2.0
	4.5～6.0	12+1J		
	6.0～7.5	12+2J		

注：1. 本表适用于室内最大净空高度不超过9.0m的仓库。

2. 表中字母"J"表示货架内喷头，"J"前的数字表示货架内喷头的层数。

表 4-26 货架储物的Ⅲ级仓库的系统设计基本参数

序号	室内最大净高度	货架类型	储物高度/m	货顶上方净空/m	顶板下喷头喷水强度/(L/min·m²)	货架内置喷头		
						层数	高度/m	流量系数
1	—	单、双排	3.0～6.0	<1.5	24.5	—	—	—
2	≤6.5	单、双排	3.0～4.5	—	18.0	—	—	—
3	—	单、双、多排	3.0	<1.5	12.0	—	—	—

序号	室内最大净高度	货架类型	储物高度/m	货顶上方净空/m	顶板下喷头喷水强度/(L/min·m²)	货架内置喷头		
						层数	高度/m	流量系数
4	—	单、双、多排	3.0	1.5~3.0	18.0	—	—	—
5	—	单、双、多排	3.0~4.5	1.5~3.0	12.0	1	3.0	80
6	—	单、双、多排	4.5~6.0	<1.5	24.5	—	—	—
7	≤8.0	单、双、多排	4.5~6.0	—	24.5	—	—	—
8	—	单、双、多排	4.5~6.0	1.5~3.0	18.0	1	3.0	80
9	—	单、双、多排	6.0~7.5	<1.5	18.5	1	4.5	115
10	≤9.0	单、双、多排	6.0~7.5	—	32.5	—	—	—

注：1. 持续喷水时间不应低于2h，作用面积不应小于200m²。

2. 序号5与序号8：货架内设置一排货架内置喷头时，喷头的间距不应大于3.0m；设置两排或多排货架内置喷头时，喷头的间距不应大于3.0×2.4(m)。

3. 序号9：货架内设置一排货架内置喷头时，喷头的间距不应大于2.4m；设置两排或多排货架内置喷头时，喷头的间距不应大于2.4×2.4(m)。

4. 设置两排和多排货架内置喷头时，喷头应交错布置。

5. 货架内置喷头的最低工作压力不应低于0.1MPa。

表 4-27　混杂储物仓库的系统设计基本参数

货品类别	储存方式	储物高度/m	最大净空高度/m	喷水强度/(L/min·m²)	作用面积/m²	持续喷水时间/h
储物中包括沥青制品或箱装A组塑料橡胶	堆垛与货架	≤1.5	9.0	8	160	1.5
		1.5~3.0	4.5	12	240	2.0
		1.5~3.0	6.0	16	240	2.0
		3.0~3.5	5.0			
	堆垛	3.0~3.5	8.0	16	240	2.0
	货架	1.5~3.5	9.0	8+1J	160	2.0
储物中包括袋装A组塑料橡胶	堆垛与货架	≤1.5	9.0	8	160	1.5
		1.5~3.0	4.5	16	240	2.0
		3.0~3.5	5.0			
	堆垛	1.5~2.5	9.0	16	240	2.0
储物中包括袋装不发泡A组塑料橡胶	堆垛与货架	1.5~3.0	6.0	16	240	2.0
储物中包括袋装发泡A组塑料橡胶	货架	1.5~3.0	6.0	8+1J	160	2.0
储物中包括轮胎或纸卷	堆垛与货架	1.5~3.5	9.0	12	240	2.0

注：1. 无包装的塑料橡胶视同纸袋、塑料袋包装。

2. 货架内置喷头应采用与顶板下喷头相同的喷水强度，用水量应按开放6只喷头确定。

⑤ 设置货架内置喷头的仓库，顶板下喷头与货架内喷头应分别计算设计流量，并应按其设计流量之和确定系统的设计流量。

⑥ 建筑内设有不同类型的系统或有不同危险等级的场所时，系统的设计流量，应按其

设计流量的最大值确定。

⑦ 当建筑物内同时设有自动喷水灭火系统和水幕系统时,系统的设计流量,应按同时启用的自动喷水灭火系统和水幕系统的用水量计算,并取二者之和中的最大值确定。

⑧ 雨淋系统和水幕系统的设计流量,应按雨淋阀控制的喷头的流量之和确定。多个雨淋阀并联的雨淋系统,其系统设计流量,应按同时启用雨淋阀的流量之和的最大值确定。

⑨ 当原有系统延伸管道、扩展保护范围时,应对增设喷头后的系统重新进行水力计算。

(2)管道水力计算

① 管道内的水流速度宜采用经济流速,必要时可超过 5m/s,但不应大于 10m/s。

② 每米管道的水头损失应按下式计算:

$$i = 0.0000107 \frac{V^2}{d_j^{1.3}} \tag{4-11}$$

式中　i——每米管道的水头损失,MPa/m;

　　　V——管道内水的平均流速,m/s;

　　　d_j——管道的计算内径,m,取值应按管道的内径减 1mm 确定。

③ 管道的局部水头损失,宜采用当量长度法计算。当量长度见表 4-28。

表 4-28　当量长度表　　　　　　　　　　单位:m

管件名称	管件直径/mm								
	25	32	40	50	70	80	100	125	150
45°弯头	0.3	0.3	0.6	0.6	0.9	0.9	1.2	1.5	2.1
90°弯头	0.6	0.9	1.2	1.5	1.8	2.1	3.1	3.7	4.3
三通或四通	1.5	1.8	2.4	3.1	3.7	4.6	6.1	7.6	9.2
蝶阀	—	—	—	1.8	2.1	3.1	3.7	2.7	3.1
闸阀	—	—	—	0.3	0.3	0.3	0.6	0.6	0.9
止回阀	1.5	2.1	2.7	3.4	4.3	4.9	6.7	8.3	9.8
异径接头	32/25	40/32	50/40	70/50	80/70	100/80	125/100	150/125	200/150
	0.2	0.3	0.3	0.5	0.6	0.8	1.1	1.3	1.6

注:1. 过滤器当量长度的取值,由生产厂提供。

2. 当异径接头的出口直径不变而入口直径提高 1 级时,其当量长度应增大 0.5 倍;提高 2 级或 2 级以上时,其当量长度应增大 1.0 倍。

④ 水泵扬程或系统入口的供水压力应按下式计算:

$$H = \sum h + P_0 + Z \tag{4-12}$$

式中　H——水泵扬程或系统入口的供水压力,MPa;

　　　$\sum h$——管道沿程和局部的水头损失的累计值,MPa,湿式报警阀取值 0.04MPa 或按检测数据确定,水流指示器取值 0.02MPa,雨淋阀取值 0.07MPa;

　　　P_0——最不利点处喷头的工作压力,MPa;

　　　Z——最不利点处喷头与消防水池的最低水位或系统入口管水平中心线之间的高程差,当系统入口管或消防水池最低水位高于最不利点处喷头时,Z 应取负值,MPa。

(3)减压措施

① 减压孔板应符合下列规定。

a. 应设在直径不小于 50mm 的水平直管段上，前后管段的长度均不宜小于该管段直径的 5 倍。

b. 孔口直径不应小于设置管段直径的 30%，且不应小于 20mm。

c. 应采用不锈钢板材制作。

按常规确定的孔板厚度：$\phi 50 \sim 80mm$ 时，$\delta = 3mm$；$\phi 100 \sim 150mm$ 时，$\delta = 6mm$；$\phi 200mm$ 时，$\delta = 9mm$。减压孔板的结构如图 4-69 所示。

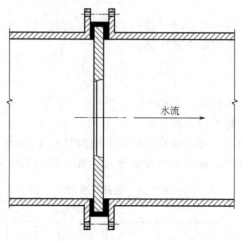

水流

图 4-69　减压孔板的结构

② 节流管（图 4-70）应符合下列规定。

a. 直径宜按上游管段直径的 1/2 确定。

b. 长度不宜小于 1m。

c. 节流管内水的平均流速不应大于 20m/s。

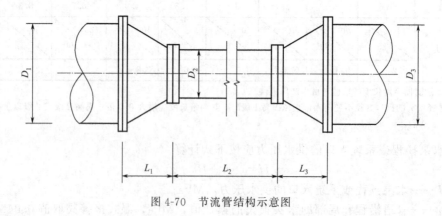

图 4-70　节流管结构示意图

③ 减压孔板的水头损失，应按下式计算：

$$H_k = \xi \frac{V_k^2}{2g} \tag{4-13}$$

式中　H_k——减压孔板的水头损失，$10^{-2} MPa$；

　　　　V_k——减压孔板后管道内水的平均流速，m/s；

　　　　ξ——减压孔板的局部阻力系数，取值应按式(4-14)计算，按表 4-29 确定。

$$\xi = \left[1.75 \frac{d_j^2}{d_k^2} \times \frac{1.1 - \frac{d_k^2}{d_j^2}}{1.175 - \frac{d_k^2}{d_j^2}} - 1 \right]^2 \qquad (4\text{-}14)$$

式中 d_k——减压孔板的孔口直径，m。

表 4-29 减压孔板的局部阻力系数

d_k/d_j	0.3	0.4	0.5	0.6	0.7	0.8
ξ	292	83.3	29.5	11.7	4.75	1.83

④ 节流管的水头损失，应按下式计算：

$$H_g = \zeta \frac{V_g^2}{2g} + 0.00107 \frac{V_g^2}{d_g^{1.3}} \qquad (4\text{-}15)$$

式中 H_g——节流管的水头损失，10^{-2} MPa；

ζ——节流管中渐缩管与渐扩管的局部阻力系数之和，取值 0.7；

V_g——节流管内水的平均流速，m/s；

d_g——节流管的计算内径，m，取值应按节流管内径减 1mm 确定。

⑤ 减压阀应符合下列规定。

a. 应设在报警阀组入口前。

b. 为了防止堵塞，要求减压阀入口前应设过滤器。

c. 当连接两个及以上报警阀组时，应设置备用减压阀。

d. 为有利于减压阀稳定正常的工作，当垂直安装时，水流方向宜向下。

4.4.3.2 喷头的布置

(1) 一般规定

① 喷头应布置在顶板或吊顶下易于接触到火灾热气流并有利于均匀布水的位置。当喷头附近有障碍物时，应增设补偿喷水强度的喷头。

② 直立型、下垂型喷头的布置，包括同一根配水支管上喷头的间距及相邻配水支管的间距，应根据系统的喷水强度、喷头的流量系数和工作压力确定，并不应大于表 4-30 的规定，且不宜小于 2.4m。

表 4-30 同一根配水支管上喷头的间距及相邻配水支管的间距

喷水强度 /(L/min·m²)	正方形布置 的边长/m	矩形或平行四边形 布置的长边边长/m	一只喷头的最大 保护面积/m²	喷头与端墙的 最大距离/m
4	4.4	4.5	20.0	2.2
6	3.6	4.0	12.5	1.8
8	3.4	3.6	11.5	1.7
≥	3.0	3.6	9.0	1.5

注：1. 仅在走道设置单排喷头的闭式系统，其喷头间距应按走道地面不留漏喷空白点确定。

2. 喷水强度大于 8L/min·m² 时，宜采用流量系数 $K > 80$ 的喷头。

3. 货架内置喷头的间距均不应小于 1m，并不应大于 3m。

③ 除吊顶型喷头及吊顶下安装的喷头外，直立型、下垂型标准喷头，其溅水盘与顶板

的距离，不应小于 75mm、不应大于 150mm。

a. 当在梁或其他障碍物底面下方的平面上布置喷头时，溅水盘与顶板的距离不应大于 300mm，同时溅水盘与梁等障碍物底面的垂直距离不应小于 25mm、不应大于 100mm。

b. 当在梁间布置喷头时，应符合相关规定。确有困难时，溅水盘与顶板的距离不应大于 550mm。梁间布置的喷头，喷头溅水盘与顶板距离达到 550mm 仍不能符合相关规定时，应在梁底面的下方增设喷头。

c. 密肋梁板下方的喷头，溅水盘与密肋梁板底面的垂直距离，不应小于 25mm、不应大于 100mm。

d. 净空高度不超过 8m 的场所中，间距不超过 4m×4m 布置的十字梁，可在梁间布置 1 只喷头，但喷水强度仍应符合表 4-19 的规定。

④ 早期抑制快速响应喷头的溅水盘与顶板的距离，应符合表 4-31 的规定。

表 4-31　早期抑制快速响应喷头的溅水盘与顶板的距离　　　单位：mm

喷头安装方式	直立型		下垂型	
	不应小于	不应大于	不应小于	不应大于
溅水盘与顶板的距离	100	150	150	360

⑤ 图书馆、档案馆、商场、仓库中的通道上方宜设有喷头。喷头与被保护对象的水平距离，不应小于 0.3m；喷头溅水盘与保护对象的最小垂直距离不应小于表 4-32 的规定。

表 4-32　喷头溅水盘与保护对象的最小垂直距离　　　单位：m

喷头类型	最小垂直距离
标准喷头	0.45
其他喷头	0.90

⑥ 货架内置喷头宜与顶板下喷头交错布置，其溅水盘与上方层板的距离，应符合③的规定，与其下方货品顶面的垂直距离不应小于 150mm。

⑦ 货架内喷头上方的货架层板，应为封闭层板。货架内喷头上方如有孔洞、缝隙，应在喷头的上方设置集热挡水板。集热挡水板应为正方形或圆形金属板，其平面面积不宜小于 $0.12m^2$，周围弯边的下沿，宜与喷头的溅水盘平齐。

⑧ 净空高度大于 800mm 的闷顶和技术夹层内有可燃物时，应设置喷头。

⑨ 当局部场所设置自动喷水灭火系统时，与相邻不设自动喷水灭火系统场所连通的走道或连通门窗的外侧，应设喷头。

⑩ 装设通透性吊顶的场所，喷头应布置在顶板下。

⑪ 顶板或吊顶为斜面，喷头应垂直于斜面，并应按斜面距离确定喷头间距。

尖屋顶的屋脊处应设一排喷头。喷头溅水盘至屋脊的垂直距离，屋顶坡度≥1/3 时，不应大于 0.8m；屋顶坡度＜1/3 时，不应大于 0.6m。

⑫ 边墙型标准喷头的最大保护跨度与间距，应符合表 4-33 的规定。

表 4-33　边墙型标准喷头的最大保护跨度与间距　　　单位：mm

设置场所火灾危险等级	轻危险级	中危险级 I 级
配水支管上喷头的最大间距	3.6	3.0
单排喷头的最大保护跨度	3.6	3.0

设置场所火灾危险等级	轻危险级	中危险级Ⅰ级
两排相对喷头的最大保护跨度	7.2	6.0

注：1. 两排相对喷头应交错布置。

2. 室内跨度大于两排相对喷头的最大保护跨度时，应在两排相对喷头中间增设一排喷头。

⑬ 边墙型扩展覆盖喷头的最大保护跨度、配水支管上的喷头间距、喷头与两侧端墙的距离，应按喷头工作压力下能够喷湿对面墙和邻近端墙距溅水盘 1.2m 高度以下的墙面确定，且保护面积内的喷水强度应符合表 4-19 的规定。

⑭ 直立式边墙型喷头，其溅水盘与顶板的距离不应小于 100mm，且不宜大于 150mm，与背墙的距离不应小于 50mm，并不应大于 100mm。

水平式边墙型喷头溅水盘与顶板的距离不应小于 150mm，且不应大于 300mm。

⑮ 防火分隔水幕的喷头布置，应保证水幕的宽度不小于 6m。采用水幕喷头时，喷头不应少于 3 排；采用开式洒水喷头时，喷头不应少于 2 排。防护冷却水幕的喷头宜布置成单排。

（2）喷头与障碍物的距离

① 直立型、下垂型喷头与梁、通风管道的距离宜符合表 4-34 和图 4-71 的规定。

表 4-34　喷头与梁、通风管道的距离　　　　　　　　　　单位：m

喷头溅水盘与梁或通风管道的底面的最大垂直距离 b		喷头与梁、通风管道的水平距离 a
标准喷头	其他喷头	
0	0	$a<0.3$
0.06	0.04	$0.3\leqslant a<0.6$
0.14	0.14	$0.6\leqslant a<0.9$
0.24	0.25	$0.9\leqslant a<1.2$
0.35	0.38	$1.2\leqslant a<1.5$
0.45	0.55	$1.5\leqslant a<1.8$
>0.45	>0.55	$a=1.8$

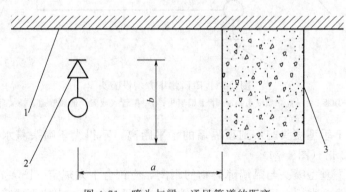

图 4-71　喷头与梁、通风管道的距离

1—顶板；2—直立型喷头；3—梁（或通风管道）

② 直立型、下垂型标准喷头的溅水盘以下 0.45m，其他直立型、下垂型喷头的溅水盘以下 0.9m 范围内，如有屋架等间断障碍物或管道时，喷头与邻近障碍物的最小水平距离宜

符合表 4-35 和图 4-72 的规定。

表 4-35　喷头与邻近障碍物的最小水平距离　　　　　　　　　　　　单位：m

喷头与邻近障碍物的最小水平距离 a	
c、e 或 $d \leqslant 0.2$	c、e 或 $d > 0.2$
3c 或 3e(c 与 e 取大值) 或 3d	0.6

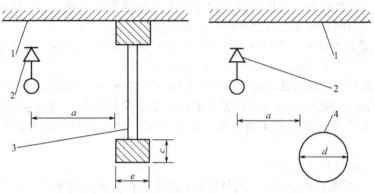

图 4-72　喷头与邻近障碍物的最小水平距离
1—顶板；2—直立型喷头；3—屋架等间断障碍物；4—管道

③ 当梁、通风管道、排管、桥架等障碍物的宽度大于 1.2m 时，其下方应增设喷头（图 4-73）。

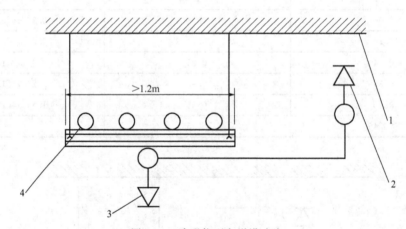

图 4-73　障碍物下方增设喷头
1—顶板；2—直立型喷头；3—下垂型喷头；4—排管（或梁、通风管道、桥架等）

④ 直立型、下垂型喷头与不到顶隔墙的水平距离，不得大于喷头溅水盘与不到顶隔墙顶面垂直距离的 2 倍（图 4-74）。

⑤ 直立型、下垂型喷头与靠墙障碍物的距离，应符合下列规定（图 4-75）：

a. 障碍物横截面边长小于 750mm 时，喷头与障碍物的距离应按下式确定：

$$a \geqslant (e-200)+b \tag{4-16}$$

式中　a——喷头与障碍物的水平距离，mm；

　　　b——喷头溅水盘与障碍物底面的垂直距离，mm；

　　　e——障碍物横截面的边长，mm，$e < 750$。

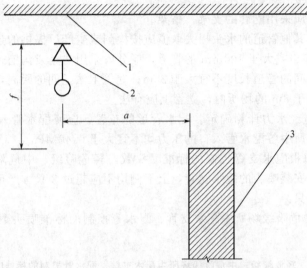

图 4-74　喷头与不到顶隔墙的水平距离
1—顶板；2—直立型喷头；3—不到顶隔墙

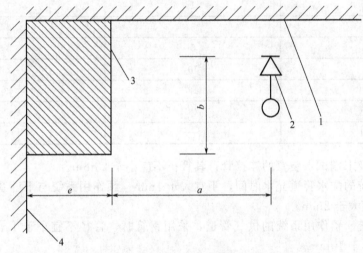

图 4-75　喷头与靠墙障碍物的距离
1—顶板；2—直立型喷头；3—靠墙障碍物；4—墙面

　　b. 障碍物横截面边长等于或大于 750mm 或 a 的计算值大于喷头与端墙距离的规定时，应在靠墙障碍物下增设喷头。

　　⑥ 边墙型喷头的两侧 1m 及正前方 2m 范围内，顶板或吊顶下不应有阻挡喷水的障碍物。

4.4.3.3　管道布置

　　① 配水管道的工作压力不应大于 1.20MPa，并不应设置其他用水设施。

　　② 配水管道应采用内外壁热镀锌钢管或符合现行国家或行业标准，并同时符合涂覆其他防腐材料的钢管，以及铜管、不锈钢。当报警阀入口前管道采用内壁不防腐的钢管时，应在该段管道的末端设过滤器。

　　③ 镀锌钢管应采用沟槽式连接件（卡箍），或丝扣、法兰连接。报警阀前采用内壁不防

腐钢管时，可焊接连接。

铜管、不锈钢管应采用配套的支架、吊架。

除镀锌钢管外，其他管道的水头损失取值应按检测或生产厂提供的数据确定。

④ 系统中直径等于或大于100mm的管道，应分段采用法兰或沟槽式连接件（卡箍）连接。水平管道上法兰间的管道长度不宜大于20m；立管上法兰间的距离，不应跨越3个及以上楼层。净空高度大于8m的场所内，立管上应有法兰。

⑤ 管道的直径应经水力计算确定。配水管道的布置，应使配水管入口的压力均衡。轻危险级、中危险级场所中各配水管入口的压力均不宜大于0.40MPa。

⑥ 配水管两侧每根配水支管控制的标准喷头数，轻危险级、中危险级场所不应超过8只，同时在吊顶上下安装喷头的配水支管，上下侧均不应超过8只；严重危险级及仓库危险级场所均不应超过6只。

⑦ 轻危险级、中危险级场所中配水支管、配水管控制的标准喷头数，不应超过表4-36的规定。

表4-36　轻危险级、中危险级场所中配水支管、配水管控制的标准喷头数

公称管径/mm	控制的标准喷头数/只	
	轻危险级	中危险级
25	1	1
32	3	3
40	5	4
50	10	8
65	18	12
80	48	32
100	—	64

⑧ 短立管及末端试水装置的连接管，其管径不应小于25mm。

⑨ 干式系统的配水管道充水时间，不宜大于1min；预作用系统与雨淋系统的配水管道充水时间，不宜大于2min。

⑩ 干式系统、预作用系统的供气管道，采用钢管时，管径不宜小于15mm；采用铜管时，管径不宜小于10mm。

⑪ 水平安装的管道宜有坡度，并应坡向泄水阀。充水管道的坡度不宜小于2‰，准工作状态不充水管道的坡度不宜小于4‰。

4.4.3.4　供水系统设计

（1）一般规定

① 系统用水应无污染、无腐蚀、无悬浮物。可由市政或企业的生产、消防给水管道供给，也可由消防水池或天然水源供给，并应确保持续喷水时间内的用水量。

② 与生活用水合用的消防水箱和消防水池，其储水的水质，应符合饮用水标准。

③ 严寒与寒冷地区，对系统中遭受冰冻影响的部分，应采取防冻措施。

④ 当自动喷水灭火系统中设有2个及以上报警阀组时，报警阀组前宜设环状供水管道。

（2）水泵

① 系统应设独立的供水泵，并应按一运一备或二运一备比例设置备用泵。

② 按二级负荷供电的建筑，宜采用柴油机泵作备用泵。

③ 系统的供水泵、稳压泵，应采用自灌式吸水方式。采用天然水源时，水泵的吸水口应采取防止杂物堵塞的措施。

④ 每组供水泵的吸水管不应少于 2 根。报警阀入口前设置环状管道的系统，每组供水泵的出水管不应少于 2 根。供水泵的吸水管应设控制阀；出水管应设控制阀、止回阀、压力表和直径不小于 65mm 的试水阀。必要时，应采取控制供水泵出口压力的措施。

（3）消防水箱

① 采用临时高压给水系统的自动喷水灭火系统，应设高位消防水箱，其储水量应符合现行有关国家标准的规定。消防水箱的供水，应满足系统最不利点处喷头的最低工作压力和喷水强度。

② 不设高位消防水箱的建筑，系统应设气压供水设备。气压供水设备的有效水容积，应按系统最不利处 4 只喷头在最低工作压力下的 10min 用水量确定。

干式系统、预作用系统设置的气压供水设备，应同时满足配水管道的充水要求。

③ 消防水箱的出水管，应符合下列规定：

a. 应设止回阀；并应与报警阀入口前管道连接；

b. 轻危险级、中危险级场所的系统，管径不应小于 80mm，严重危险级和仓库危险级不应小于 100mm。

（4）水泵接合器

① 系统应设水泵接合器，其数量应按系统的设计流量确定，每个水泵接合器的流量宜按 10～15L/s 计算。

② 当水泵接合器的供水能力不能满足最不利点处作用面积的流量和压力要求时，应采取增压措施。

4.4.4 自动喷水灭火系统安装

4.4.4.1 管网安装

（1）管网采用钢管时，其材质应符合现行国家标准《输送流体用无缝钢管》（GB/T 8163—2008）、《低压流体输送用焊接钢管》（GB/T 3091—2015）的要求。当使用铜管、不锈钢管等其他管材时，应符合相应技术标准的要求。

（2）热镀锌钢管安装应采用螺纹、沟槽式管件或法兰连接。管道连接后不应减小过水横断面面积。

（3）管网安装前应校直管道，并清除管道内部的杂物；在具有腐蚀性的场所，安装前应按设计要求对管道、管件等进行防腐处理；安装时应随时清除管道内部的杂物。

（4）沟槽式管件连接应符合下列要求：

① 选用的沟槽式管件应符合《沟槽式管接头》（CJ/T 156—2001）要求，其材质应为球墨铸铁，并符合现行国家标准《球墨铸铁件》（GB/T 1348—2009）要求；橡胶密封圈的材质应为 EPDN（三元乙丙胶），并符合《金属管道系统快速管接头的性能要求和试验方法》（ISO 6182-12）的要求。

② 沟槽式管件连接时，其管道连接沟槽和开孔应用专用滚槽机和开孔机加工，并应做防腐处理；连接前应检查沟槽和孔洞尺寸，加工质量应符合技术要求；沟槽、孔洞处不得有毛刺、破损性裂纹和脏物。

③ 橡胶密封圈应无破损和变形。

④ 沟槽式管件的凸边应卡进沟槽后再紧固螺栓，两边应同时紧固，紧固时若发现橡胶圈起皱应更换新橡胶圈。

⑤ 机械三通连接时，应检查机械三通与孔洞的间隙，各部位应均匀，然后再紧固到位；机械三通开孔间距不应小于 500mm，机械四通开孔间距不应小于 1000mm；机械三通、机械四通连接时支管的口径应符合表 4-37 的规定。

表 4-37　采用支管接头（机械三通、机械四通）时支管的最大允许管径　单位：mm

主管直径 DN		50	65	80	100	125	150	200	250
支管直径 DN	机械三通	25	40	40	65	80	100	100	100
	机械四通	—	32	40	50	65	80	100	100

⑥ 配水干管（立管）与配水管（水平管）连接，应采用沟槽式管件，不应采用机械三通。

⑦ 埋地的沟槽式管件的螺栓、螺母应做防腐处理。水泵房内的埋地管道连接应采用挠性接头。

（5）螺纹连接应符合下列要求：

① 管道宜采用机械切割，切割面不得有飞边、毛刺；管道螺纹密封面应符合现行国家标准《普通螺纹 基本尺寸》（GB/T 196—2003）、《普通螺纹 公差》（GB/T 197—2003）、《普通螺纹 管路系列》（GB/T 1414—2013）的有关规定。

② 当管道变径时，宜采用异径接头；在管道弯头处不宜采用补芯，当需要采用补芯时，三通上可用 1 个，四通上不应超过 2 个；公称直径大于 50mm 的管道不宜采用活接头。

③ 螺纹连接的密封填料应均匀附着于管道的螺纹部分；拧紧螺纹时，不得将填料挤入管道内；连接后，应将连接处外部清理干净。

（6）法兰连接可采用焊接法兰或螺纹法兰。焊接法兰焊接处应做防腐处理，并宜重新镀锌后再连接。焊接应符合现行国家标准《工业金属管道工程施工规范》（GB 50235—2010）、《现场设备、工业管道焊接工程施工规范》（GB 50236—2011）的有关规定。螺纹法兰连接应预测对接位置，清除外露密封填料后再紧固、连接。

（7）管道的安装位置应符合设计要求。当设计无要求时，管道的中心线与梁、柱、楼板等的最小距离应符合表 4-38 的规定。

表 4-38　管道的中心线与梁、柱、楼板等的最小距离

公称直径/mm	25	32	40	50	70	80	100	125	150	200
距离/mm	40	40	50	60	70	80	100	125	150	200

（8）管道支架、吊架、防晃支架的安装应符合下列要求：

① 管道应固定牢固，管道支架或吊架之间距不应大于表 4-39 的规定。

表 4-39　管道支架或吊架的设置间距

管径/mm	25	32	40	50	70	80	100	125	150	200	250	300
间距/m	3.5	4.0	4.5	5.0	6.0	6.0	6.5	7.0	8.0	9.5	11.0	12.0

② 管道支架、吊架、防晃支架的型式、材质、加工尺寸及焊接质量等应符合设计要求和国家现行有关标准的规定。

③ 管道支架、吊架的安装位置不应妨碍喷头的喷水效果；管道支架、吊架与喷头之间的距离不宜小于 300mm，与末端喷头之间的距离不宜大于 750mm。

④ 配水支管上每一支管段、相邻两喷头间的管段设置的吊架不宜少于 1 个，吊架的间

距不宜大于 3.6m。

⑤ 当管道的公称直径等于或大于 50m 时，每段配水干管或配水管设置防晃支架不应少于 1 个，且防晃支架的间距不宜大于 15m；当管道改变方向时，应增设防晃支架。

⑥ 竖直安装的配水干管除中间用管卡固定外，还应在其始端和终端设防晃支架或采用管卡固定，其安装位置距地面或楼面的距离宜为 1.5～1.8m。

（9）管道穿过建筑物的变形缝时，应采取抗变形措施。穿过墙体或楼板时应加设套管，套管长度不得小于墙体厚度；穿过楼板的套管其顶部应高出装饰地面 20mm；穿过卫生间或厨房楼板的套管，其顶部应高出装饰地面 50mm，且套管底部应与楼板底面相平。套管与管道的间隙应采用不燃材料填塞密实。

（10）管道横向安装宜设 0.2%～0.5% 的坡度，且应坡向排水管；当局部区域难以利用排水管将水排净时，应采取相应的排水措施。当喷头数量小于或等于 5 只时，可在管道低凹处加设堵头；当喷头数量大于 5 只时，宜装设带阀门的排水管。

（11）配水干管、配水管应做红色或红色环圈标志。红色环圈标志，宽度不应小于 20mm，间隔不宜大于 4m，在一个独立的单元内环圈不宜少于 2 处。

（12）管网在安装中断时，应将管道的敞口封闭。其目的是为了防止安装时造成异物自然或人为进入管道、堵塞管网。

4.4.4.2 喷头安装

① 喷头安装应在系统试压、冲洗合格后进行。

② 喷头安装时，不得对喷头进行拆装、改动，并严禁给喷头附加任何装饰性涂层。

③ 喷头安装应使用专用扳手，严禁利用喷头的框架施拧；喷头的框架、溅水盘产生变形或释放原件损伤时，应采用规格、型号相同的喷头更换。

④ 安装在易受机械损伤处的喷头，应加设喷头防护罩。

⑤ 喷头安装时，溅水盘与吊顶、门、窗、洞口或障碍物的距离应符合设计要求。

⑥ 安装前检查喷头的型号、规格，使用场所应符合设计要求。

⑦ 当喷头的公称直径小于 10mm 时，应在配水干管或配水管上安装过滤器。

⑧ 当喷头溅水盘高于附近梁底或高于宽度小于 1.2m 的通风管道、排管、桥架腹面时，喷头溅水盘高于梁底、通风管道、排管、桥架腹面的最大垂直距离应符合表 4-40～表 4-46 中的规定（图 4-76）。

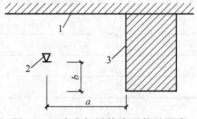

图 4-76 喷头与梁等障碍物的距离
1—顶棚或屋顶；2—喷头；3—障碍物

表 4-40 喷头溅水盘高于梁底、通风管道腹面的最大垂直距离（直立与下垂喷头）

喷头与梁、通风管道、排管、桥架的水平距离 a/mm	喷头溅水盘高于梁底、通风管道腹面的最大垂直距离 b/mm
a＜300	0
300≤a＜600	90

喷头与梁、通风管道、排管、桥架的水平距离 a/mm	喷头溅水盘高于梁底、通风管道腹面的最大垂直距离 b/mm
600≤a<900	190
900≤a<1200	300
1200≤a<1500	420
a≥1500	460

表 4-41　喷头溅水盘高于梁底、通风管道腹面的最大垂直距离（边墙型喷头与障碍物平行）

喷头与梁、通风管道、排管、桥架的水平距离 a/mm	喷头溅水盘高于梁底、通风管道腹面的最大垂直距离 b/mm
a<150	25
150≤a<450	80
450≤a<750	150
750≤a<1050	200
1050≤a<1350	250
1350≤a<1650	320
1650≤a<1950	380
1950≤a<2250	440

表 4-42　喷头溅水盘高于梁底、通风管道腹面的最大垂直距离（边墙型喷头与障碍物垂直）

喷头与梁、通风管道、排管、桥架的水平距离 a/mm	喷头溅水盘高于梁底、通风管道腹面的最大垂直距离 b/mm
a<1200	不允许
1200≤a<1500	25
1500≤a<1800	80
1800≤a<2100	150
2100≤a<2400	230
a≥2400	360

表 4-43　喷头溅水盘高于梁底、通风管道腹面的最大垂直距离（大水滴喷头）

喷头与梁、通风管道、排管、桥架的水平距离 a/mm	喷头溅水盘高于梁底、通风管道腹面的最大垂直距离 b/mm
a<300	0
300≤a<600	80
600≤a<900	200
900≤a<1200	300
1200≤a<1500	460
1500≤a<1800	660
a≥1800	790

表 4-44　喷头溅水盘高于梁底、通风管道腹面的最大垂直距离（扩大覆盖面直立与下垂喷头）

喷头与梁、通风管道、排管、桥架的水平距离 a/mm	喷头溅水盘高于梁底、通风管道腹面的最大垂直距离 b/mm
a<450	0
450≤a<900	25

喷头与梁、通风管道、排管、桥架的水平距离 a/mm	喷头溅水盘高于梁底、通风管道腹面的最大垂直距离 b/mm
$900 \leqslant a < 1350$	125
$1350 \leqslant a < 1800$	180
$1800 \leqslant a < 2250$	280
$a \geqslant 2250$	360

表 4-45　喷头溅水盘高于梁底、通风管道腹面的最大垂直距离（ESFR 喷头）

喷头与梁、通风管道、排管、桥架的水平距离 a/mm	喷头溅水盘高于梁底、通风管道腹面的最大垂直距离 b/mm
$a < 300$	0
$300 \leqslant a < 600$	80
$600 \leqslant a < 900$	200
$900 \leqslant a < 1200$	300
$1200 \leqslant a < 1500$	460
$1500 \leqslant a < 1800$	660
$a \geqslant 1800$	790

表 4-46　喷头溅水盘高于梁底、通风管道腹面的最大垂直距离（扩大覆盖面边墙型喷头）

喷头与梁、通风管道、排管、桥架的水平距离 a/mm	喷头溅水盘高于梁底、通风管道腹面的最大垂直距离 b/mm
$a < 2240$	不允许
$2240 \leqslant a < 3050$	25
$3050 \leqslant a < 3350$	50
$3350 \leqslant a < 3660$	75
$3660 \leqslant a < 3960$	100
$3960 \leqslant a < 4270$	150
$4270 \leqslant a < 4570$	180
$4570 \leqslant a < 4880$	230
$4880 \leqslant a < 5180$	280
$a \geqslant 5180$	360

⑨ 当梁、通风管道、排管、桥架宽度大于 1.2m 时，增设的喷头应安装在其腹面以下部位。

⑩ 当喷头安装在不到顶的隔断附近时，喷头与隔断的水平距离和最小垂直距离应符合表 4-47～表 4-49 中的规定（图 4-77）。

表 4-47　喷头与隔断的水平距离和最小垂直距离（直立与下垂喷头）

喷头与隔断的水平距离 a/mm	喷头与隔断的最小垂直距离 b/mm
$a < 150$	75
$150 \leqslant a < 300$	150
$300 \leqslant a < 450$	240
$450 \leqslant a < 600$	320

续表

喷头与隔断的水平距离 a/mm	喷头与隔断的最小垂直距离 b/mm
$600 \leqslant a < 750$	390
$a \geqslant 750$	460

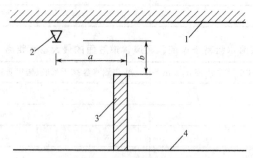

图 4-77　喷头与隔断障碍物的距离

1—顶棚或屋顶；2—喷头；3—障碍物；4—地板

表 4-48　喷头与隔断的水平距离和最小垂直距离（扩大覆盖面喷头）

喷头与隔断的水平距离 a/mm	喷头与隔断的最小垂直距离 b/mm
$a < 150$	80
$150 \leqslant a < 300$	150
$300 \leqslant a < 450$	240
$450 \leqslant a < 600$	320
$600 \leqslant a < 750$	390
$a \geqslant 750$	460

表 4-49　喷头与隔断的水平距离和最小垂直距离（大水滴喷头）

喷头与隔断的水平距离 a/mm	喷头与隔断的最小垂直距离 b/mm
$a < 150$	40
$150 \leqslant a < 300$	80
$300 \leqslant a < 450$	100
$450 \leqslant a < 600$	130
$600 \leqslant a < 750$	140
$750 \leqslant a < 900$	150

4.4.4.3　报警阀组安装

（1）报警阀组的安装应在供水管网试压、冲洗合格后进行。安装时应先安装水源控制阀、报警阀，然后进行报警阀辅助管道的连接。水源控制阀、报警阀与配水干管的连接，应使水流方向一致。报警阀组安装的位置应符合设计要求；当设计无要求时，报警阀组应安装在便于操作的明显位置，距室内地面高度宜为 1.2m；两侧与墙的距离不应小于 0.5m；正面与墙的距离不应小于 1.2m；报警阀组凸出部位之间的距离不应小于 0.5m。安装报警阀组的室内地面应有排水设施。

（2）报警阀组附件的安装应符合下列要求。

① 压力表应安装在报警阀上便于观测的位置。

② 排水管和试验阀应安装在便于操作的位置。

③ 水源控制阀安装应便于操作，且应有明显开闭标志和可靠的锁定设施。

④ 在报警阀与管网之间的供水干管上，应安装由控制阀、检测供水压力、流量用的仪表及排水管道组成的系统流量压力检测装置，其过水能力应与系统过水能力一致；干式报警阀组、雨淋报警阀组应安装检测时水流不进入系统管网的信号控制阀门。

（3）湿式报警阀组的安装应符合下列要求。

① 应使报警阀前后的管道中能顺利充满水；压力波动时，水力警铃不应发生误报警。

② 报警水流通路上的过滤器应安装在延迟器前，且便于排渣操作的位置。

（4）干式报警阀组的安装应符合下列要求。

① 应安装在不发生冰冻的场所。

② 安装完成后，应向报警阀气室注入高度为 50～100mm 的清水。

③ 充气连接管接口应在报警阀气室充注水位以上部位，且充气连接管的直径不应小于 15mm；止回阀、截止阀应安装在充气连接管上。

④ 气源设备的安装应符合设计要求和国家现行有关标准的规定。

⑤ 安全排气阀应安装在气源与报警阀之间，且应靠近报警阀。

⑥ 加速器应安装在靠近报警阀的位置，且应有防止水进入加速器的措施。

⑦ 低气压预报警装置应安装在配水干管一侧。

⑧ 下列部位应安装压力表：

a. 报警阀充水一侧和充气一侧。

b. 空气压缩机的气泵和储气罐上。

c. 加速器上。

⑨ 管网充气压力应符合设计要求。

（5）雨淋阀组的安装应符合下列要求。

① 雨淋阀组可采用电动开启、传动管开启或手动开启，开启控制装置的安装应安全可靠。水传动管的安装应符合湿式系统有关要求。

② 预作用系统雨淋阀组后的管道若需充气，其安装应按干式报警阀组有关要求进行。

③ 雨淋阀组的观测仪表和操作阀门的安装位置应符合设计要求，并应便于观测和操作。

④ 雨淋阀组手动开启装置的安装位置应符合设计要求，且在发生火灾时应能安全开启和便于操作。

⑤ 压力表应安装在雨淋阀的水源一侧。

4.4.4.4　其他组件安装

（1）水流指示器的安装应符合下列要求。

① 水流指示器的安装应在管道试压和冲洗合格后进行，水流指示器的规格、型号应符合设计要求。

② 水流指示器应使电器元件部位竖直安装在水平管道上侧，其动作方向应和水流方向一致；安装后的水流指示器桨片、膜片应动作灵活，不应与管壁发生碰擦。

（2）控制阀的规格、型号和安装位置均应符合设计要求；安装方向应正确，控制阀内应清洁、无堵塞、无渗漏；主要控制阀应加设启闭标志；隐蔽处的控制阀应在明显处设有指示其位置的标志。

（3）压力开关应竖直安装在通往水力警铃的管道上，且不应在安装中拆装改动。管网上的压力控制装置的安装应符合设计要求。

（4）水力警铃应安装在公共通道或值班室附近的外墙上，且应安装检修、测试用的阀门。水力警铃和报警阀的连接应采用热镀锌钢管，当镀锌钢管的公称直径为 20mm 时，其长度不宜大于 20m；安装后的水力警铃启动时，警铃声强度应不小于 70dB。

（5）末端试水装置和试水阀的安装位置应便于检查、试验，并应有相应排水能力的排水设施。

（6）信号阀应安装在水流指示器前的管道上，与水流指示器之间的距离不宜小于 300mm。

（7）排气阀的安装应在系统管网试压和冲洗合格后进行；排气阀应安装在配水干管顶部、配水管的末端，且应确保无渗漏。

（8）节流管和减压孔板的安装应符合设计要求。

（9）压力开关、信号阀、水流指示器的引出线应用防水套管锁定。

（10）减压阀的安装应符合下列要求。

① 减压阀安装应在供水管网试压、冲洗合格后进行。

② 减压阀安装前应检查：其规格型号应与设计相符；阀外控制管路及导向阀各连接件不应有松动；外观应无机械损伤，并应清除阀内异物。

③ 减压阀水流方向应与供水管网水流方向一致。

④ 应在进水侧安装过滤器，并宜在其前后安装控制阀。

⑤ 可调式减压阀宜水平安装，阀盖应向上。

⑥ 比例式减压阀宜垂直安装；当水平安装时，单呼吸孔减压阀其孔口应向下，双呼吸孔减压阀其孔口应呈水平位置。

⑦ 安装自身不带压力表的减压阀时，应在其前后相邻部位安装压力表。

（11）多功能水泵控制阀的安装应符合下列要求。

① 安装应在供水管网试压、冲洗合格后进行。

② 在安装前应检查：其规格型号应与设计相符；主阀各部件应完好；紧固件应齐全，无松动；各连接管路应完好，接头紧固；外观应无机械损伤，并应清除阀内异物。

③ 水流方向应与供水管网水流方向一致。

④ 出口安装其他控制阀时应保持一定间距，以便于维修和管理。

⑤ 宜水平安装，且阀盖向上。

⑥ 安装自身不带压力表的多功能水泵控制阀时，应在其前后相邻部位安装压力表。

⑦ 进口端不宜安装柔性接头。

（12）倒流防止器的安装应符合下列要求。

① 应在管道冲洗合格以后进行。

② 不应在倒流防止器的进口前安装过滤器或者使用带过滤器的倒流防止器。

③ 宜安装在水平位置，当竖直安装时，排水口应配备专用弯头。倒流防止器宜安装在便于调试和维护的位置。

④ 倒流防止器两端应分别安装闸阀，而且至少有一端应安装挠性接头。

⑤ 倒流防止器上的泄水阀不宜反向安装，泄水阀应采取间接排水方式，其排水管不应直接与排水管（沟）连接。

⑥ 安装完毕后，首次启动使用时，应关闭出水闸阀，缓慢打开进水闸阀，待阀腔充满水后，缓慢打开出水闸阀。

4.4.5　自动喷水灭火系统的控制

（1）湿式系统、干式系统的喷头动作后，应由压力开关直接连锁自动启动供水泵　预作用系统、雨淋系统及自动控制的水幕系统，应在火灾报警系统报警后，立即自动向配水管道供水。

（2）预作用系统、雨淋系统和自动控制的水幕系统，应同时具备下列三种启动供水泵和开启雨淋阀的控制方式。

① 自动控制。

② 消防控制室（盘）手动远控。

③ 水泵房现场应急操作。

（3）雨淋阀的自动控制方式，可采用电动、液（水）动或气动　当雨淋阀采用充液（水）传动管自动控制时，闭式喷头与雨淋阀之间的高程差，应根据雨淋阀的性能确定。

（4）快速排气阀入口前的电动阀，应在启动供水泵的同时开启。

（5）消防控制室（盘）应能显示水流指示器、压力开关、信号阀、水泵、消防水池及水箱水位、有压气体管道气压，以及电源和备用动力等是否处于正常状态的反馈信号，并应能控制水泵、电磁阀、电动阀等的操作。

4.5　自动气体和泡沫灭火系统设计与施工

4.5.1　二氧化碳灭火系统

4.5.1.1　二氧化碳灭火系统的类型

（1）按灭火方式分类　二氧化碳灭火系统按灭火方式分类可分为全淹没灭火系统和局部应用系统。

① 全淹没灭火系统　全淹没灭火系统是由一套储存装置在规定时间内，向防护区喷射一定浓度的灭火剂，并使其均匀地充满整个防护区空间的系统。它由二氧化碳容器（钢瓶）、容器阀，管道、喷嘴、操纵系统及附属装置等组成。全淹没灭火系统应用于扑救封闭空间内的火灾。

采用全淹没灭火系统的防护区，应符合下列规定。

a. 对气体、液体、电气火灾和固体表面火灾，在喷放二氧化碳前不能自动关闭的开口，其面积不应大于防护区总内表面积的 3%，且开口不应设在底面。

b. 对固体深位火灾，除泄压口以外的开口，在喷放二氧化碳前应自动关闭。

c. 防护区的围护结构及门、窗的耐火极限不应低于 0.50h，吊顶的耐火极限不应低于 0.25h；围护结构及门窗的允许压强不宜小于 1200Pa。

d. 防护区用的通风机和通风管道中的防火阀，在喷放二氧化碳前应自动关闭。

② 局部应用系统　局部应用灭火系统应用于扑救不需封闭空间条件的具体保护对象的非深位火灾。

采用局部应用灭火系统的保护对象，应符合下列规定。

a. 保护对象周围的空气流动速度不宜大于 3m/s。必要时，应采取挡风措施。

b. 在喷头与保护对象之间，喷头喷射角范围内不应有遮挡物。

c. 当保护对象为可燃液体时，液面至容器缘口的距离不得小于 150mm。

（2）按系统结构分类　按系统结构特点可分为管网系统和无管网系统。管网系统又可分为单元独立系统和组合分配系统。

① 单元独立系统　单元独立系统是用一套灭火剂储存装置保护一个防护区的灭火系统。一般说来，用单元独立系统保护的防护区在位置上是单独的，离其他防护区较远不便于组合，或是两个防护区相邻，但有同时失火的可能。对于一个防护区包括两个以上封闭空间也可以用一个单元独立系统来保护，但设计时必须做到系统储存的灭火剂能满足这几个封闭空间同时灭火的需要，并能同时供给它们各自所需的灭火剂量。当两个防护区需要灭火剂量较多时，也可以采用两套或数套单元独立系统保护一个防护区，但设计时必须做到这些系统同步工作。

② 组合分配系统　组合分配系统由一套灭火剂储存装置保护多个防护区。组合分配系统总的灭火剂储存量只考虑按照需要灭火剂最多的一个防护区配置，如果组合中某个防护区需要灭火，则通过选择阀、容器阀等控制，定向释放灭火剂。这种灭火系统的优点使储存容器数和灭火剂用量可以大幅度减少，有较高应用价值。

(3) 按储压等级分类　按二氧化碳灭火剂在储存容器中的储压分类，可分为高压（储存）系统和低压（储存）系统。

① 高压（储存）系统　高压（储存）系统，储存压力为 5.17MPa。高压储存容器中二氧化碳的温度与储存地点的环境温度有关。因此，容器必须能够承受最高预期温度时所产生的压力。储存容器中的压力还受二氧化碳灭火剂充填密度的影响。所以，在最高储存温度下的充填密度要注意控制。充填密度过大，会在环境温度升高时因液体膨胀造成保护膜片破裂而自动释放灭火剂。

② 低压（储存）系统　低压（储存）系统，储存压力为 2.07MPa。储存容器内二氧化碳灭火剂温度利用绝缘和致冷手段被控制在 $-18℃$。典型的低压储存装置是压力容器外包一个密封的金属壳，壳内有绝缘体，在储存容器一端安装一个标准的空冷制冷机装置，它的冷却管装于储存容器内。该装置以电力操纵，用压力开关自动控制。

4.5.1.2　二氧化碳灭火系统设计

(1) 一般规定

① 二氧化碳灭火系统按应用方式可分为全淹没灭火系统和局部应用灭火系统。全淹没灭火系统应用于扑救封闭空间内的火灾；局部应用灭火系统应用于扑救不需封闭空间条件的具体保护对象的非深位火灾。

② 采用全淹没灭火系统的防护区，应符合下列规定。

a. 对气体、液体、电气火灾和固体表面火灾，在喷放二氧化碳前不能自动关闭的开口，其面积不应大于防护区总内表面积的 3%，且开口不应设在底面。

b. 对固体深位火灾，除泄压口以外的开口，在喷放二氧化碳前应自动关闭。

c. 防护区的围护结构及门、窗的耐火极限不应低于 0.50h，吊顶的耐火极限不应低于 0.25h；围护结构及门窗的允许压强不宜小于 1200Pa。

d. 防护区用的通风机和通风管道中的防火阀，在喷放二氧化碳前应自动关闭。

③ 采用局部应用灭火系统的保护对象，应符合下列规定。

a. 保护对象周围的空气流动速度不宜大于 3m/s。必要时，应采取挡风措施。

b. 在喷头与保护对象之间，喷头喷射角范围内不应有遮挡物。

c. 当保护对象为可燃液体时，液面至容器缘口的距离不得小于 150mm。

④ 启动释放二氧化碳之前或同时，必须切断可燃、助燃气体的气源。

⑤ 组合分配系统的二氧化碳储存量，不应小于所需储存量最大的一个防护区域或保护对象的储存量。

⑥ 当组合分配系统保护 5 个及以上的防护区或保护对象时，或者在 48h 内不能恢复时，二氧化碳应有备用量，备用量不应小于系统设计的储存量。对于高压系统和单独设置备用储存容器的低压系统，备用量的储存容器应与系统管网相连，应能与主储存容器切换使用。

（2）全淹没灭火系统

① 二氧化碳设计浓度不应小于灭火浓度的 1.7 倍，并不得低于 34%，可燃物的二氧化碳设计浓度可按规定采用。

② 当防护区内存有两种及两种以上可燃物时，防护区的二氧化碳设计浓度应采用可燃物中最大的二氧化碳设计浓度。

③ 二氧化碳的设计用量应按下式计算：

$$M = K_b(K_1 A + K_2 V) \tag{4-17}$$

$$A = A_v + 30 A_0 \tag{4-18}$$

$$V = V_v - V_g \tag{4-19}$$

式中　M——二氧化碳设计用量，kg；

　　　K_b——物质系数；

　　　K_1——面积系数，kg/m³，取 0.2kg/m³；

　　　K_2——体积系数，kg/m³，取 0.7kg/m³；

　　　A——折算面积，m²；

　　　A_v——防护区的内侧面、底面、顶面（包括其中的开口）的总面积，m²；

　　　A_0——开口总面积，m²；

　　　V——防护区的净容积，m³；

　　　V_v——防护区容积，m³；

　　　V_g——防护区内不燃烧体和难燃烧体的总体积，m³。

④ 当防护区的环境温度超过 100℃时，二氧化碳的设计用量应在③计算值的基础上每超过 5℃增加 2%。当防护区的环境温度低于 -20℃时，二氧化碳的设计用量应在③计算值的基础上每降低 1℃增加 2%。

⑤ 防护区应设置泄压口，并宜设在外墙上，其高度应大于防护区净高的 2/3。当防护区设有防爆泄压孔时，可不单独设置泄压口。

⑥ 泄压口的面积可按下式计算：

$$A_x = 0.0076 \frac{Q_t}{\sqrt{P_t}} \tag{4-20}$$

式中　A_x——泄压口面积，m²；

　　　Q_t——二氧化碳喷射率，kg/min；

　　　P_t——围护结构的允许压强，Pa。

⑦ 全淹没灭火系统二氧化碳的喷放时间不应大于 1min。当扑救固体深位火灾时，喷放时间不应大于 7min，并应在前 2min 内使二氧化碳的浓度达到 30%。

⑧ 二氧化碳扑救固体深位火灾的抑制时间应按表 4-50 规定采用。

表 4-50　物质系数、设计浓度和抑制时间

可燃物	物质系数 K_b	设计浓度 $C/\%$	抑制时间/min
丙酮	1.00	34	—
乙炔	2.57	66	—

可燃物	物质系数 K_b	设计浓度 $C/\%$	抑制时间/min
航空燃料 115$^\#$/145$^\#$	1.06	36	—
粗苯(安息油、偏苏油)、苯	1.10	37	—
丁二烯	1.26	41	—
丁烷	1.00	34	—
1-丁烯	1.10	37	—
二硫化碳	3.03	72	—
一氧化碳	2.43	64	—
煤气或天然气	1.10	37	—
环丙烷	1.10	37	—
柴油	1.00	34	—
二甲醚	1.22	40	—
二苯与其氧化物的混合物	1.47	46	—
乙烷	1.22	40	—
乙醇(酒精)	1.34	43	—
乙醚	1.47	46	—
乙烯	1.60	49	—
二氯乙烯	1.00	34	—
环氧乙烷	1.80	53	—
汽油	1.00	34	—
乙烷	1.03	35	—
正庚烷	1.03	35	—
氢	3.30	75	—
硫化氢	1.06	36	—
异丁烷	1.06	36	—
异丁烯	1.00	34	—
甲酸异丁酯	1.00	34	—
航空煤油 JP-4	1.06	36	—
煤油	1.00	34	—
甲烷	1.00	34	—
醋酸甲酯	1.03	35	—
甲醇	1.22	40	—
2-甲基-1-丁烯	1.06	36	—
甲基乙基酮(丁酮)	1.22	40	—
甲酸甲酯	1.18	39	—
戊烷	1.03	35	—
正辛烷	1.03	35	—
丙烷	1.06	36	—

可燃物	物质系数 K_b	设计浓度 $C/\%$	抑制时间/min
丙烯	1.06	36	—
淬火油(灭弧油)、润滑油	1.00	34	—
纤维材料	2.25	62	20
棉花	2.00	58	20
纸	2.25	62	20
塑料(颗粒)	2.00	58	20
聚苯乙烯	1.00	34	—
聚氨基甲酸甲酯(硬)	1.00	34	—
电缆间和电缆沟	1.50	47	10
数据储存间	2.25	62	20
电子计算机房	1.50	47	10
电器开关和配电室	1.20	40	10
待冷却系统的发电机	2.00	58	至停止
油浸变压器	2.00	58	—
数据打印设备间	2.25	62	20
油漆间和干燥设备	1.20	40	—
纺织机	2.00	58	—

(3) 局部应用灭火系统

① 局部应用灭火系统的设计可采用面积法或体积法。当保护对象的着火部位是比较平直的表面时，宜采用面积法。当着火对象为不规则物体时，应采用体积法。

② 局部应用灭火系统的二氧化碳喷射时间不应小于 0.5min。对于燃点温度低于沸点温度的液体和可熔化固体的火灾，二氧化碳的喷射时间不应小于 1.5min。

③ 当采用面积法设计时，应符合下列规定。

a. 保护对象计算面积应取被保护表面整体的垂直投影面积。

b. 架空型喷头应以喷头的出口至保护对象表面的距离确定设计流量和相应的正方形保护面积；槽边型喷头保护面积应由设计选定的喷头设计流量确定。

c. 架空型喷头的布置宜垂直于保护对象的表面，其应瞄准喷头保护面积的中心。当确需非垂直布置时，喷头的安装角不应少于 45°，其瞄准点应偏向喷头安装位置的一方（图 4-78），喷头偏离保护面积中心的距离可按表 4-51 确定。

表 4-51 喷头偏离保护面积中心的距离

喷头安装角	喷头偏离保护面积中心的距离/m
45°～60°	$0.25L_b$
60°～75°	$0.25L_b$～$0.125L_b$
75°～90°	$0.125L_b$～0

注：L_b 为单个喷头正方形保护面积的边长。

d. 喷头非垂直布置时的设计流量和保护面积应与垂直布置的相同。

e. 喷头宜等距布置，以喷头正方形保护面积组合排列，并应完全覆盖保护对象。

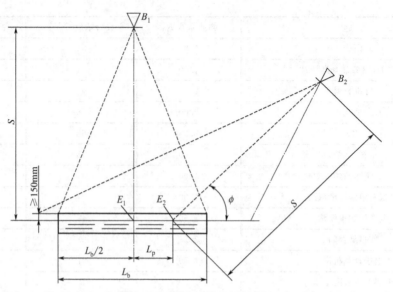

图 4-78 架空型喷头布置方法

B_1、B_2—喷头布置位置；E_1、E_2—喷头瞄准点；S—喷头出口至瞄准点的
距离（m）；L_b—单个喷头正方形保护面积的边长（m）；L_p—瞄准
点偏离喷头保护面积中心的距离（m）；ϕ—喷头安装角（°）

f. 二氧化碳的设计用量应按下式计算：

$$M = NQ_i t \tag{4-21}$$

式中　M——二氧化碳设计用量，kg；

　　　N——喷头数量；

　　　Q_i——单个喷头的设计流量，kg/min；

　　　t——喷射时间，min。

④ 当采用体积法设计时，应符合下列规定。

a. 保护对象的计算体积应采用假定的封闭罩的体积，封闭罩的底应是保护对象的实际底面；封闭罩的侧面及顶部当无实际围封结构时，它们至保护对象外缘的距离不应小于 0.6m。

b. 二氧化碳的单位体积的喷射率应按下式计算：

$$q_v = K_b \left(16 - \frac{12A_p}{A_t} \right) \tag{4-22}$$

式中　q_v——单位体积的喷射率，kg/(min·m³)；

　　　A_t——假定的封闭罩侧面围封面面积，m²；

　　　A_p——在假定的封闭罩中存在的实体墙等实际围封面的面积，m²。

c. 二氧化碳设计用量应按下式计算：

$$M = V_1 q_v t \tag{4-23}$$

式中　V_1——保护对象的计算体积，m²。

d. 喷头的布置与数量应使喷射的二氧化碳分布均匀，并满足单位体积的喷射率和设计用量的要求。

4.5.1.3 管网计算

① 二氧化碳灭火系统按灭火剂储存方式可分为高压系统和低压系统，管网起点计算压

力（绝对压力），高压系统应取 5.17MPa，低压系统应取 2.07MPa。

② 管网中干管的设计流里应按下式计算：

$$Q = M/t \tag{4-24}$$

式中　Q——管道的设计流量，kg/min。

③ 管网中支管的设计流量应按下式计算：

$$Q = \sum_1^{N_g} Q_1 \tag{4-25}$$

式中　N_g——安装在计算支管流程下游的喷头数量；

　　　Q_1——单个喷头的设计流量，kg/min。

④ 管道内径可按下式计算：

$$D = K_d \sqrt{Q} \tag{4-26}$$

式中　D——管道内径，mm；

　　　K_d——管径系数，取值范围为 1.41~3.78。

⑤ 管段的计算长度应为管道的实际长度与管道附件当量长度之和。管道附件的当量长度应采用经国家相关检测机构认可的数据；当无相关认证数据时，可按表 4-52 采用。

表 4-52　管道附件的当量长度

管道公称直径/mm	螺纹连接			焊接		
	90°弯头/m	三通的直通部分/m	三通的侧通部分/m	90°弯头/m	三通的直通部分/m	三通的侧通部分/m
15	0.52	0.3	1.04	0.24	0.21	0.64
20	0.67	0.43	1.37	0.33	0.27	0.85
25	0.85	0.55	1.74	0.43	0.34	1.07
32	1.13	0.7	2.29	0.55	0.46	1.4
40	1.31	0.82	2.65	0.64	0.52	1.65
50	1.68	1.07	3.24	0.85	0.67	2.1
65	2.01	1.25	4.09	1.01	0.82	2.5
80	2.50	1.56	5.06	1.25	1.01	3.11
100	—	—	—	1.65	1.34	4.09
125	—	—	—	2.04	1.68	5.12
150	—	—	—	2.47	2.01	6.16

⑥ 管道压力降可按下式换算：

$$Q^2 = \frac{0.8725 \times 10^{-4} \times D^{5.25} Y}{L + (0.04319 \times D^{1.25} Z)} \tag{4-27}$$

式中　D——管道内径，mm；

　　　L——管段计算长度，m；

　　　Y——压力系数，MPa·kg/m³；

　　　Z——密度系数。

⑦ 管道内流程高度所引起的压力校正值，应计入该管段的终点压力。终点高度低于起点的取正值，终点高度高于起点的取负值。

⑧ 喷头入口压力（绝对压力）计算值：高压系统不应小于 1.4MPa；低压系统不应小于 1.0MPa。

⑨ 低压系统获得均相流的延迟时间，对全淹灭火系统和局部应用灭火系统分别不应大

于 60s 和 30s，其延迟时间可按下式计算：

$$t_d = \frac{M_g C_p (T_1 - T_2)}{0.507Q} + \frac{16850 V_d}{Q} \tag{4-28}$$

式中　t_d——延迟时间，s；

　　　M_g——管道质量，kg；

　　　C_p——管道金属材料的比热容，kJ/(kg·℃)；钢管可取 0.46kJ/(kg·℃)；

　　　T_1——二氧化碳喷射前管道的平均温度，℃；可取环境平均温度；

　　　T_2——二氧化碳平均温度，℃；取 -20.6℃；

　　　V_d——管道容积，m³。

⑩ 喷头等效孔口面积应按下式计算：

$$F = Q_i / q_0 \tag{4-29}$$

式中　F——喷头等效孔口面积，mm²；

　　　q_0——单位等效孔口面积的喷射率，kg/(min·mm²)。

⑪ 二氧化碳储存盘可按下式计算：

$$M_c = K_m M + M_v + M_s + M_r \tag{4-30}$$

$$M_v = \frac{M_g C_p (T_1 - T_2)}{H} \tag{4-31}$$

$$M_r = \sum V_i \rho_i \,(\text{低压系统}) \tag{4-32}$$

$$\rho_i = -261.6718 + 545.9939 P_i - 114740 P_i^2 - 230.9276 P_i^3 + 122.4873 P_i^4 \tag{4-33}$$

$$P_i = \frac{P_{j-1} + P_j}{2} \tag{4-34}$$

式中　M_c——二氧化碳储存量，kg；

　　　K_m——裕度系数；对全淹没系统取 1；对局部应用系数，高压系统取 1.4，低压系统取 1.1；

　　　M_v——二氧化碳在管道中的蒸发量，kg；高压全淹没系统取 0 值；

　　　T_2——二氧化碳平均温度，℃；高压系统取 15.6℃，低压系统取 -20.6℃；

　　　H——二氧化碳蒸发潜热，kJ/kg；高压系统取 150.7kJ/kg，低压系统取 276.3kJ/kg；

　　　M_s——储存容器内的二氧化碳剩余量，kg；

　　　M_r——管道内的二氧化碳剩余量，kg；高压系统取 0 值；

　　　V_i——管网内第 i 段管道的容积，m³；

　　　ρ_i——第 i 段管道内二氧化碳平均密度，kg/m³；

　　　P_i——第 i 段管道内的平均压力，MPa；

　　　P_{j-1}——第 i 段管道首端的节点压力，MPa；

　　　P_j——第 i 段管道末端的节点压力，MPa。

⑫ 高压系统储存容器数量可按下式计算：

$$N_p = \frac{V_c}{\alpha V_0} \tag{4-35}$$

式中　N_p——高压系统储存容量数量；

　　　α——充装系数，kg/L；

　　　V_c——单个储存容器的容积，L。

⑬ 低压系统储存容器的规格可依据二氧化碳储存量确定。

4.5.1.4 系统组件

(1) 储存装置

① 高压系统的储存装置应由储存容器、容器阀、单向阀、灭火剂泄漏检测装置和集流管等组成，并应符合下列规定。

a. 储存容器的工作压力不应小于 15MPa，储存容器或容器阀上应设泄压装置，其泄压动作压力应为 19MPa±0.95MPa。

b. 储存容器中二氧化碳的充装系数应按国家现行规范执行。

c. 储存装置的环境湿度应为 0～49℃。

② 低压系统的储存装置应有储存容器、容器阀、安全泄压装置、压力表、压力报警装置和制冷装置等组成，并应符合下列规定。

a. 储存容器的设计压力不应小于 2.5MPa，并应采取良好的绝热措施，储存容器上至少应设置两套安全泄压装置，其泄压动作压力应为 2.38±0.12MPa。

b. 储存装置的高压报警压力设定值应为 2.2MPa，低压报警压力设定值应为 1.8MPa。

c. 储存容器中二氧化碳的装量系数应按国家现行规定执行。

d. 容器阀应能在喷出要求的二氧化碳量后自动关闭。

e. 储存装置应远离热源，其位置应便于再充装，其环境温度宜为 -23～49℃。

③ 储存容器中充装的二氧化碳应符合现行国家标准《二氧化碳灭火剂》（GB 4396—2005）的规定。

④ 储存装置应具有灭火剂泄漏检测功能，当储存容器中充装的二氧化碳损失量达到其初始充装量的 10％时，应能发出声光报警信号并及时补充。储存装置的布置应方便检查和维护，并应避免阳光直射。

⑤ 储存装置宜设在专用的储存容器间内。局部应用灭火系统的储存装置可设置在固定的安全围栏内，专用的储存容器间的设置应符合下列规定。

a. 应靠近防护区，出口应直接通向室外或疏散走道。

b. 耐火等级不应低于二级。

c. 室内应保持干燥和良好通风。

d. 不具备自然通风条件的储存容器间，应设机械排风装置，排风口距储存容器间地面高度不宜大于 0.5m，排出口应直接通向室外，正常排风量宜按换气次数不小于 4 次/h 确定，事故排风量应按换气次数不小于 8 次/h 确定。

(2) 选择阀与喷头

① 在组合分配系统中，每个防护区或保护对象应设一个选择阀，选择阀应设置在储存容器间内，并应便于手动操作，方便检查维护，选择阀上应设有标明防护区的铭牌。

② 选择阀可采用电动、气动或机械操作方式，选择阀的工作压力：高压系统不应小于 12MPa，低压系统不应小于 2.5MPa。

③ 系统在启动时，选择阀应在二氧化碳储存容器的容器阀动作之前或同时打开；采用灭火剂自身作为启动气源打开的选择阀，可不受此限。

④ 全淹没灭火系统的喷头布置应使防护区内二氧化碳分布均匀，喷头应接近天花板或屋顶安装。

⑤ 设置在有粉尘或喷漆作业等场所的喷头，应增设不影响喷射效果的防尘罩。

(3) 管道及其附件

① 高压系统管道及其附件应能承受最高环境温度下二氧化碳的储存压力；低压系统管道及其附件应能承受 4.0MPa 的压力，并应符合下列规定。

a. 管道应采用符合现行国家标准《输送流体用无缝钢管》（GB 8163—2008）的规定，并应进行内外表面镀锌防腐处理。

b. 对镀锌层有腐蚀的环境，管道可采用不锈钢管、铜管或其他抗腐蚀的材料。

c. 挠性连接的软管应能承受系统的工作压力和湿度，并宜采用不锈钢软管。

② 低压系统的管网中应采取防膨胀收缩措施。

③ 在可能产生爆炸的场所，管网应吊挂安装并采取防晃措施。

④ 管道可采用螺纹连接、法兰连接或焊接，公称直径等于或小于 80mm 的管道，宜采用螺纹连接，公称直径大于 80mm 的管道，宜采用法兰连接。

⑤ 二氧化碳灭火剂输送管网不应采用四通管件分流。

⑥ 管网中阀门之间的封闭管段应设置泄压装置，其泄压动作压力：高压系统应为 15±0.75MPa，低压系统应为 2.38±0.12MPa。

4.5.1.5 控制与操作

① 二氧化碳灭火系统应设有自动控制、手动控制和机械应急操作三种启动方式；当局部应用灭火系统用于经常有人的保护场所时可不设自动控制。

② 当采用火灾探测器时，灭火系统的自动控制应在接收到两个独立的火灾信号后才能启动，根据人员疏散要求，宜延迟启动，但延迟时间不应大于 30s。

③ 手动操作装置应设在防护区外便于操作的地方，并应能在一处完成系统启动的全部操作。局部应用灭火系统手动操作装置应设在保护对象附近。

对于采用全淹没灭火系统保护的防护区，应在其入口处设置手动、自动转换控制装置；有人工作时，应置于手动控制状态。

④ 二氧化碳灭火系统的供电与自动控制应符合现行国家标准《火灾自动报警系统设计规范》（GB 50116—2013）的有关规定。当采用气动动力源时，应保护系统操作与控制所需要的压力和用气量。

⑤ 低压系统制冷装置的供电应采用消防电源，制冷装置应采用自动控制，且应设手动操作装置。

设有火灾自动报警系统的场所，二氧化碳灭火系统的动作信号及相关警报信号，工作状态和控制状态均应能在火灾报警控制器上显示。

4.5.2 泡沫灭火系统

4.5.2.1 泡沫灭火系统的分类

泡沫灭火系统是用泡沫液作为灭火剂的一种灭火方式。泡沫灭火剂有化学泡沫灭火剂和空气泡沫灭火剂两大类。化学泡沫灭火剂主要是充装于 100L 以下的小型灭火器内，扑救小型初期火灾；大型的泡沫灭火系统以采用空气泡沫灭火剂为主。

泡沫灭火是通过泡沫层的冷却、隔绝氧气和抑制燃料蒸发等作用，达到扑灭火灾的目的。

空气泡沫灭火是泡沫液与水通过特制的比例混合器混合而成泡沫混合液，经泡沫产生器与空气混合产生泡沫，使泡沫覆盖在燃烧物质的表面或者充满发生火灾的整个空间，最后使火熄灭。

泡沫灭火系统按照发泡性能的不同分为：低倍数（发泡倍数在 20 倍以下）、中倍数（发泡倍数在 20～200 倍）和高倍数（发泡倍数在 200 倍以上）灭火系统。这三类系统又根据喷射方式不同分为液上和液下喷射；由设备和管的安装方式不同分为固定式、半固定式、移动式；由灭火范围不同分为全淹没式和局部应用式。其具体分类如图 4-79 所示。

固定式液上喷射泡沫灭火系统如图 4-80 所示；固定式液下喷射泡沫灭火系统如图 4-81 所示；半固定式液上喷射泡沫灭火系统如图 4-82 所示；移动式泡沫灭火系统如图 4-83 所示；自动控制全淹没式灭火系统工作原理如图 4-84 所示。

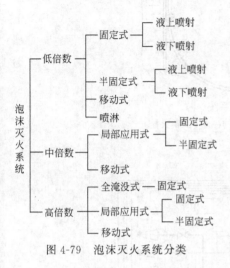

图 4-79　泡沫灭火系统分类

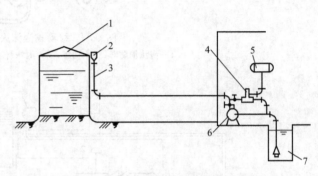

图 4-80　固定式液上喷射泡沫灭火系统

1—油罐；2—泡沫产生器；3—泡沫混合液管道；4—比例
混合器；5—泡沫液罐；6—泡沫混合泵；7—水池

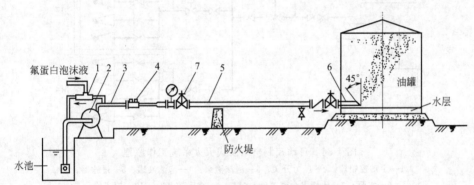

图 4-81　固定式液下喷射泡沫灭火系统

1—环泵式比例混合器；2—泡沫混合泵；3—泡沫混合液管道；4—液下
喷射泡沫产生器；5—泡沫管道；6—泡沫注入管；7—背压调节阀

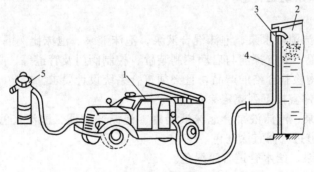

图 4-82　半固定式液上喷射泡沫灭火系统

1—泡沫消防车；2—油罐；3—泡沫产生器；4—泡沫混合液管道；5—地上式消火栓

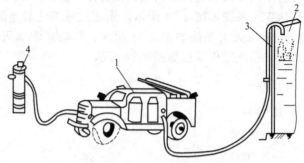

图 4-83　移动式泡沫灭火系统

1—泡沫消防车；2—油罐；3—泡沫管道；4—地上式消火栓

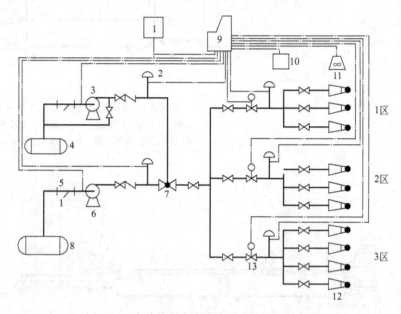

图 4-84　自动控制全淹没式灭火系统工作原理

1—手动控制器；2—压力开关；3—泡沫液泵；4—泡沫液罐；5—过滤器；

6—水泵；7—比例混合器；8—水罐；9—自动控制箱；10—探测器；

11—报警器；12—高倍数泡沫发生器；13—电磁阀

4.5.2.2　泡沫液和系统组件

（1）一般规定

① 泡沫液、泡沫消防水泵、泡沫混合液泵、泡沫液泵、泡沫比例混合器（装置）、压力容器、泡沫产生装置、火灾探测与启动控制装置、控制阀门及管道等，必须采用经国家级产品质量监督检验机构检验合格的产品，且必须符合系统设计要求。

② 系统主要组件宜按下列规定涂色。

a. 泡沫混合液泵、泡沫液泵、泡沫液储罐、泡沫产生器、泡沫液管道、泡沫混合液管道、泡沫管道、管道过滤器宜涂红色。

b. 泡沫消防水泵、给水管道宜涂绿色。

c. 当管道较多，泡沫系统管道与工艺管道涂色有矛盾时，可涂相应的色带或色环。

d. 隐蔽工程管道可不涂色。

（2）泡沫液的选择和储存

① 非水溶性甲、乙、丙类液体储罐低倍数泡沫液的选择，应符合下列规定：

a. 当采用液上喷射系统时，应选用蛋白、氟蛋白、成膜氟蛋白或水成膜泡沫液；

b. 当采用液下喷射系统时，应选用氟蛋白、成膜氟蛋白或水成膜泡沫液；

c. 当选用水成膜泡沫液时，其抗烧水平不应低于现行国家标准《泡沫灭火剂》（GB 15308—2006）规定的 C 级。

② 保护非水溶性液体的泡沫-水喷淋系统、泡沫枪系统、泡沫炮系统泡沫液的选择，应符合下列规定：

a. 当采用吸气型泡沫产生装置时，可选用蛋白、氟蛋白、水成膜或成膜氟蛋白泡沫液；

b. 当采用非吸气型喷射装置时，应选用水成膜或成膜氟蛋白泡沫液。

③ 水溶性甲、乙、丙类液体和其他对普通泡沫有破坏作用的甲、乙、丙类液体，以及用一套系统同时保护水溶性和非水溶性甲、乙、丙类液体的，必须选用抗溶泡沫液。

④ 中倍数泡沫灭火系统泡沫液的选择应符合下列规定：

a. 用于油罐的中倍数泡沫灭火剂应采用专用 8% 型氟蛋白泡沫液；

b. 除油罐外的其他场所，可选用中倍数泡沫液或高倍数泡沫液。

⑤ 高倍数泡沫灭火系统利用热烟气发泡时，应采用耐温耐烟型高倍数泡沫液。

⑥ 当采用海水作为系统水源时，必须选择适用于海水的泡沫液。

⑦ 泡沫液宜储存在通风干燥的房间或敞棚内；储存的环境温度应符合泡沫液使用温度的要求。

（3）泡沫消防泵

① 泡沫消防水泵、泡沫混合液泵的选择与设置，应符合下列规定：

a. 应选择特性平缓的离心泵，且其工作压力和流量应满足系统设计要求。

b. 当泡沫液泵采用水力驱动时，应将其消耗的水流量计入泡沫消防水泵的额定流量。

c. 当采用环泵式比例混合器时，泡沫混合液泵的额定流量宜为系统设计流量的 1.1 倍。

d. 泵出口管道上应设置压力表、单向阀和带控制阀的回流管。

② 泡沫液泵的选择与设置应符合下列规定：

a. 泡沫液泵的工作压力和流量应满足系统最大设计要求，并应与所选比例混合装置的工作压力范围和流量范围相匹配，同时应保证在设计流量范围内泡沫液供给压力大于最大水压力。

b. 泡沫液泵的结构形式、密封或填充类型应适宜输送所选的泡沫液，其材料应耐泡沫液腐蚀且不影响泡沫液的性能。

c. 应设置备用泵，备用泵的规格型号应与工作泵相同，且工作泵故障时应能自动或手动切换到备用泵。

d. 泡沫液泵应能耐受不低于 10min 的空载运转。

e. 除水力驱动型外，泡沫液泵的动力源设置应符合相关规定，且宜与系统泡沫消防水泵的动力源一致。

（4）泡沫比例混合器（装置）

① 泡沫比例混合器（装置）的选择，应符合下列规定：

a. 系统比例混合器（装置）的进口工作压力与流量，应在标定的工作压力与流量范围内；

b. 单罐容量不小于 20000m³ 的非水溶性液体与单罐容量不小于 5000m³ 的水溶性液体固定顶储罐及按固定顶储罐对待的内浮顶储罐、单罐容量不小于 50000m³ 的内浮顶和外浮顶储罐，宜选择计量注入式比例混合装置或平衡式比例混合装置；

c. 当选用的泡沫液密度低于1.12g/mL时，不应选择无囊式压力比例混合装置；

d. 全淹没高倍数泡沫灭火系统或局部应用高倍数、中倍数泡沫灭火系统，采用集中控制方式保护多个防护区时，应选用平衡式比例混合装置或囊式压力比例混合装置；

e. 全淹没高倍数泡沫灭火系统或局部应用高倍数、中倍数泡沫灭火系统保护一个防护区时，宜选用平衡式比例混合装置或囊式压力比例混合装置。

② 当采用平衡式比例混合装置时，应符合下列规定：

a. 平衡阀的泡沫液进口压力应大于水进口压力，且其压差应满足产品的使用要求；

b. 比例混合器的泡沫液进口管道上应设置单向阀；

c. 泡沫液管道上应设置冲洗及放空设施。

③ 当采用计量注入式比例混合装置时，应符合下列规定：

a. 泡沫液注入点的泡沫液流压力应大于水流压力，且其压差应满足产品的使用要求。

b. 流量计进口前和出口后直管段的长度不应小于管径的10倍。

c. 泡沫液进口管道上应设置单向阀。

d. 泡沫液管道上应设置冲洗及放空设施。

④ 当采用压力比例混合装置时，应符合下列规定：

a. 泡沫液储罐的单罐容积不应大于10m³。

b. 无囊式压力比例混合装置，当泡沫液储罐的单罐容积大于5m³且储罐内无分隔设施时，宜设置1台小容积压力式比例混合装置，其容积应大于0.5m³，并应保证系统按最大设计流量连续提供3min的泡沫混合液。

⑤ 当采用环泵式比例混合器时，应符合下列规定：

a. 出口背压宜为零或负压，当进口压力为0.7～0.9MPa时，其出口背压可为0.02～0.03MPa。

b. 吸液口不应高于泡沫液储罐最低液面1m。

c. 比例混合器的出口背压大于零时，吸液管上应设有防止水倒流入泡沫液储罐的措施。

d. 应设有不少于1个的备用量。

⑥ 当半固定或移动系统采用管线式比例混合器时，应符合下列规定：

a. 比例混合器的水进口压力应为0.6～1.2MPa，且出口压力应满足泡沫产生装置的进口压力要求。

b. 比例混合器的压力损失可按水进口压力的35%计算。

(5) 泡沫液储罐

① 泡沫液储罐宜采用耐腐蚀材料制作，且与泡沫液直接接触的内壁或衬里不应对泡沫液的性能产生不利影响。

② 常压泡沫液储罐应符合下列规定：

a. 储罐内应留有泡沫液热膨胀空间和泡沫液沉降损失部分所占空间。

b. 储罐出液口的设置应保障泡沫液泵进口为正压，且应设置在沉降层之上。

c. 储罐上应设置出液口、液位计、进料孔、排渣孔、人孔、取样口、呼吸阀或通气管。

③ 泡沫液储罐上应有标明泡沫液种类、型号、出厂及灌装日期及储量的标志。不同种类、不同牌号的泡沫液不得混存。

(6) 泡沫产生装置

① 低倍数泡沫产生器应符合下列规定：

a. 固定顶储罐、按固定顶储罐对待的内浮顶储罐，宜选用立式泡沫产生器。

b. 泡沫产生器进口的工作压力应为其额定值±0.1MPa。

c. 泡沫产生器的空气吸入口及露天的泡沫喷射口应设置防止异物进入的金属网。

d. 横式泡沫产生器的出口应设置长度不小于1m的泡沫管。

e. 外浮顶储罐上的泡沫产生器不应设置密封玻璃。

② 高背压泡沫产生器应符合下列规定：

a. 进口工作压力应在标定的工作压力范围内。

b. 出口工作压力应大于泡沫管道的阻力和罐内液体静压力之和。

c. 发泡倍数不应小于2，且不应大于4。

③ 中倍数泡沫产生器应符合下列规定：

a. 发泡网应采用不锈钢材料。

b. 安装于油罐上的中倍数泡沫产生器，其进空气口应高出罐壁顶。

④ 高倍数泡沫发生器应符合下列规定：

a. 在防护区内设置并利用热烟气发泡时，应选用水力驱动式泡沫发生器。

b. 在防护区内固定设置泡沫发生器时，应采用不锈钢材料的发泡网。

⑤ 泡沫-水喷头、泡沫-水雾喷头的工作压力应在标定的工作压力范围内，且不应小于其额定压力的0.8倍。

(7) 控制阀门和管道

① 泡沫灭火系统中所用的控制阀门应有明显的启闭标志。

② 当泡沫消防水泵或泡沫混合液泵出口管道口径大于300mm时，不宜采用手动阀门。

③ 低倍数泡沫灭火系统的水与泡沫混合液及泡沫管道应采用钢管，且管道外壁应进行防腐处理。

④ 中倍数泡沫灭火系统的干式管道，应采用钢管；湿式管道，宜采用不锈钢管或内、外部进行防腐处理的钢管。

⑤ 高倍数泡沫灭火系统的干式管道，宜采用镀锌钢管；湿式管道，宜采用不锈钢管或内、外部进行防腐处理的钢管；高倍数泡沫产生器与其管道过滤器的连接管道应采用不锈钢管。

⑥ 泡沫液管道应采用不锈钢管。

⑦ 在寒冷季节有冰冻的地区，泡沫灭火系统的湿式管道应采取防冻措施。

⑧ 泡沫-水喷淋系统的管道应采用热镀锌钢管。其报警阀组、水流指示器、压力开关、末端试水装置、末端放水装置的设置，应符合现行国家标准《自动喷水灭火系统设计规范（2005年版）》(GB 50084—2001) 的有关规定。

⑨ 防火堤或防护区内的法兰垫片应采用不燃材料或难燃材料。

⑩ 对于设置在防爆区内的地上或管沟敷设的干式管道，应采取防静电接地措施。钢制甲、乙、丙类液体储罐的防雷接地装置可兼作防静电接地装置。

4.5.2.3　低倍数泡沫灭火系统

(1) 一般规定

① 甲、乙、丙类液体储罐固定式、半固定式或移动式泡沫灭火系统的选择，应符合国家现行有关标准的规定。

② 储罐区低倍数泡沫灭火系统的选择，应符合下列规定。

a. 非水溶性甲、乙、丙类液体固定顶储罐，应选用液上喷射、液下喷射或半液下喷射系统。

b. 水溶性甲、乙、丙类液体和其他对普通泡沫有破坏作用的甲、乙、丙类液体固定顶储罐，应选用液上喷射系统或半液下喷射系统。

c. 外浮顶和内浮顶储罐应选用液上喷射系统。

d. 非水溶性液体外浮顶储罐、内浮顶储罐、直径大于 18m 的固定顶储罐及水溶性甲、乙、丙类液体立式储罐，不得选用泡沫炮作为主要灭火设施。

e. 高度大于 7m 或直径大于 9m 的固定顶储罐，不得选用泡沫枪作为主要灭火设施。

③ 储罐区泡沫灭火系统扑救一次火灾的泡沫混合液设计用量，应按罐内用量、该罐辅助泡沫枪用量、管道剩余量三者之和最大的储罐确定。

④ 设置固定式泡沫灭火系统的储罐区，应配置用于扑救液体流散火灾的辅助泡沫枪，泡沫枪的数量及其泡沫混合液连续供给时间不应小于表 4-53 的规定。每支辅助泡沫枪的泡沫混合液流量不应小于 240L/min。

表 4-53　泡沫枪数量及其泡沫混合液连续供给时间

储罐直径/m	配备泡沫枪数/支	连续供给时间/min
≤10	1	10
>10 且≤20	1	20
>20 且≤30	2	20
>30 且≤40	2	30
>40	3	30

⑤ 当储罐区固定式泡沫灭火系统的泡沫混合液流量大于或等于 100L/s 时，系统的泵、比例混合装置及其管道上的控制阀、干管控制阀宜具备远程控制功能。

⑥ 在固定式泡沫灭火系统的泡沫混合液主管道上应留出泡沫混合液流量检测仪器的安装位置；在泡沫混合液管道上应设置试验检测口；在防火堤外侧最不利和最有利水力条件处的管道上，宜设置供检测泡沫产生器工作压力的压力表接口。

⑦ 储罐区固定式泡沫灭火系统与消防冷却水系统合用一组消防给水泵时，应有保障泡沫混合液供给强度满足设计要求的措施，且不得以火灾时临时调整的方式保障。

⑧ 采用固定式泡沫灭火系统的储罐区，宜沿防火堤外均匀布置泡沫消火栓，且泡沫消火栓的间距不应大于 60m。

⑨ 储罐区固定式泡沫灭火系统应具备半固定式系统功能。

⑩ 固定式泡沫灭火系统的设计应满足在泡沫消防水泵或泡沫混合液泵启动后，将泡沫混合液或泡沫输送到保护对象的时间不大于 5min。

（2）固定顶储罐

① 固定顶储罐的保护面积应按其横截面积确定。

② 泡沫混合液供给强度及连续供给时间应符合下列规定：

a. 非水溶性液体储罐液上喷射系统，其泡沫混合液供给强度和连续供给时间不应小于表 4-54 的规定。

表 4-54　非水溶性液体储罐液上喷射系统的泡沫混合液供给强度和连续供给时间

系统形式	泡沫液种类	供给强度 /[L/(min·m²)]	连续供给时间/min	
			甲、乙类液体	丙类液体
固定式、半固定式系统	蛋白	6.0	40	30
	氟蛋白、水成膜、成膜氟蛋白	5.0	45	30

系统形式	泡沫液种类	供给强度/[L/(min·m²)]	连续供给时间/min	
			甲、乙类液体	丙类液体
移动式系统	蛋白、氟蛋白	8.0	60	45
	水成膜、成膜氟蛋白	6.5	60	45

注：1. 如果采用大于本表规定的混合液供给强度，混合液连续供给时间可按相应的比例缩短，但不得小于本表规定时间的80%。

2. 沸点低于45℃的非水溶性液体，设置泡沫灭火系统的适用性及其泡沫混合液供给强度，应由试验确定。

b. 非水溶性液体储罐液下或半液下喷射系统，其泡沫混合液供给强度不应小于5.0 L/(min·m²)、连续供给时间不应小于40min。

注：沸点低于45℃的非水溶性液体、储存温度超过50℃或黏度大于40mm²/s的非水溶性液体，液下喷射系统的适用性及其泡沫混合液供给强度，应由试验确定。

c. 水溶性液体和其他对普通泡沫有破坏作用的甲、乙、丙类液体储罐液上或半液下喷射系统，其泡沫混合液供给强度和连续供给时间不应小于表4-55的规定。

表4-55　泡沫混合液供给强度和连续供给时间

液体类别	供给强度/[L/(min·m²)]	连续供给时间/min
丙酮、异丙醇、甲基异丁酮	12	30
甲醇、乙醇、正丁醇、丁酮、丙烯腈、醋酸乙酯、醋酸丁酯	12	25
含氧添加剂含量体积比大于10%的汽油	6	40

注：本表未列出的水溶性液体，其泡沫混合液供给强度和连续供给时间由试验确定。

③ 液上喷射系统泡沫产生器的设置，应符合下列规定。

a. 泡沫产生器的型号及数量，应根据①和②计算所需的泡沫混合液流量确定，且设置数量不应小于表4-56的规定。

表4-56　泡沫产生器设置数量

储罐直径/m	泡沫产生器设置数量/个
≤10	1
>10且≤25	2
>25且≤30	3
>30且≤35	4

注：对于直径大于35m且小于50m的储罐，其横截面积每增加300m²，应至少增加1个泡沫产生器。

b. 当一个储罐所需的泡沫产生器数量大于1个时，宜选用同规格的泡沫产生器，且应沿罐周均匀布置。

c. 水溶性液体储罐应设置泡沫缓冲装置。

④ 液下喷射系统高背压泡沫产生器的设置，应符合下列规定。

a. 高背压泡沫产生器应设置在防火堤外，设置数量及型号应根据①和②计算所需的泡沫混合液流量确定。

b. 当一个储罐所需的高背压泡沫产生器数量大于1个时，宜并联使用。

c. 在高背压泡沫产生器的进口侧应设置检测压力表接口，在其出口侧应设置压力表、背压调节阀和泡沫取样口。

⑤ 液下喷射系统泡沫喷射口的设置，应符合下列规定。

a. 泡沫进入甲、乙类液体的速度不应大于 3m/s；泡沫进入丙类液体的速度不应大于 6m/s。

b. 泡沫喷射口宜采用向上斜的口型，其斜口角度宜为 45°，泡沫喷射管的长度不得小于喷射管直径的 20 倍。当设有一个喷射口时，喷射口宜设置在储罐中心；当设有一个以上喷射口时，应沿罐周均匀设置，且各喷射口的流量宜相等。

c. 泡沫喷射口应安装在高于储罐积水层 0.3m 的位置，泡沫喷射口的设置数量不应小于表 4-57 的规定。

表 4-57　泡沫喷射口设置数量

储罐直径/m	喷射口数量/个
≤23	1
>23 且 ≤33	2
>33 且 ≤40	3

注：对于直径大于 40m 的储罐，其横截面积每增加 400m² 应至少增加一个泡沫喷射口。

⑥ 储罐上液上喷射系统泡沫混合液管道的设置，应符合下列规定。

a. 每个泡沫产生器应用独立的混合液管道引至防火堤外。

b. 除立管外，其他泡沫混合液管道不得设置在罐壁上。

c. 连接泡沫产生器的泡沫混合液立管应用管卡固定在罐壁上，管卡间距不宜大于 3m。

d. 泡沫混合液的立管下端应设置锈渣清扫口。

⑦ 防火堤内泡沫混合液或泡沫管道的设置应符合下列规定。

a. 地上泡沫混合液或泡沫水平管道应敷设在管墩或管架上，与罐壁上的泡沫混合液立管之间宜用金属软管连接。

b. 埋地泡沫混合液或泡沫管道距离地面的深度应大于 0.3m，与罐壁上的泡沫混合液立管之间应用金属软管或金属转向接头连接。

c. 泡沫混合液或泡沫管道应有 3‰ 的放空坡度。

d. 在液下喷射系统靠近储罐的泡沫管线上应设置用于系统试验的带可拆卸盲板的支管。

e. 液下喷射系统的泡沫管道上应设置钢质控制阀和逆止阀，并应设置不影响泡沫灭火系统正常运行的防油品渗漏设施。

⑧ 防火堤外泡沫混合液或泡沫管道的设置应符合下列规定。

a. 固定式液上喷射系统，对每个泡沫产生器，应在防火堤外设置独立的控制阀。

b. 半固定式液上喷射系统，对每个泡沫产生器，应在防火堤外距地面 0.7m 处设置带闷盖的管牙接口；半固定式液下喷射系统的泡沫管道应引至防火堤外，并应设置相应的高背压泡沫产生器快装接口。

c. 泡沫混合液管道或泡沫管道上应设置放空阀，且其管道应有 2‰ 的坡度坡向放空阀。

（3）外浮顶储罐

① 钢制单盘式与双盘式外浮顶储罐的保护面积，应按罐壁与泡沫堰板间的环形面积确定。

② 非水溶性液体的泡沫混合液供给强度不应小于 12.5L/(min·m²)，连续供给时间不应小于 30min，单个泡沫产生器的最大保护周长应符合表 4-58 的规定。

表4-58　单个泡沫产生器的最大保护周长

泡沫喷射口设置部位	堰板高度/m		保护周长/m
罐壁顶部、密封或挡雨板上方	软密封	≥0.9	24
	机械密封	<0.6	12
		≥0.6	24
金属挡雨板下部		<0.6	18
		≥0.6	24

注：当采用从金属挡雨板下部喷射泡沫的方式时，其挡雨板必须是不含任何可燃材料的金属板。

③ 外浮顶储罐泡沫堰板的设计，应符合下列规定。

a. 当泡沫喷射口设置在罐壁顶部、密封或挡雨板上方时，泡沫堰板应高出密封0.2m；当泡沫喷射口设置在金属挡雨板下部时，泡沫堰板高度不应小于0.3m。

b. 当泡沫喷射口设置在罐壁顶部时，泡沫堰板与罐壁的间距不应小于0.6m；当泡沫喷射口设置在浮顶上时，泡沫堰板与罐壁的间距不宜小于0.6m。

c. 应在泡沫堰板的最低部位设置排水孔，排水孔的开孔面积宜按每1m²环形面积280mm²确定，排水孔高度不宜大于9mm。

④ 泡沫产生器与泡沫喷射口的设置，应符合下列规定。

a. 泡沫产生器的型号和数量应按②的规定计算确定。

b. 泡沫喷射口设置在罐壁顶部时，应配置泡沫导流罩。

c. 泡沫喷射口设置在浮顶上时，其喷射口应采用两个出口直管段的长度均不小于其直径5倍的水平T形管，且设置在密封或挡雨板上方的泡沫喷射口在伸入泡沫堰板后应向下倾斜30°~60°。

⑤ 当泡沫产生器与泡沫喷射口设置在罐壁顶部时，储罐上泡沫混合液管道的设置应符合下列规定。

a. 可每两个泡沫产生器合用一根泡沫混合液立管。

b. 当三个或三个以上泡沫产生器一组在泡沫混合液立管下端合用一根管道时，宜在每个泡沫混合液立管上设置常开控制阀。

c. 每根泡沫混合液管道应引至防火堤外，且半固定式泡沫灭火系统的每根泡沫混合液管道所需的混合液流量不应大于1辆消防车的供给量。

d. 连接泡沫产生器的泡沫混合液立管应用管卡固定在罐壁上，管卡间距不宜大于3m，泡沫混合液的立管下端应设置锈渣清扫口。

⑥ 当泡沫产生器与泡沫喷射口设置在浮顶上，且泡沫混合液管道从储罐内通过时，应符合下列规定。

a. 连接储罐底部水平管道与浮顶泡沫混合液分配器的管道，应采用具有重复扭转运动轨迹的耐压、耐候性不锈钢复合软管。

b. 软管不得与浮顶支承相碰撞，且应避开搅拌器。

c. 软管与储罐底部的伴热管的距离应大于0.5m。

⑦ 防火堤内泡沫混合液管道的设置应符合下列规定。

a. 地上泡沫混合液或泡沫水平管道应敷设在管墩或管架上，与罐壁上的泡沫混合液立管之间宜用金属软管连接。

b. 埋地泡沫混合液或泡沫管道距离地面的深度应大于0.3m，与罐壁上的泡沫混合液立管之间应用金属软管或金属转向接头连接。

c. 泡沫混合液或泡沫管道应有 3‰的放空坡度。

d. 在液下喷射系统靠近储罐的泡沫管线上应设置用于系统试验的带可拆卸盲板的支管。

e. 液下喷射系统的泡沫管道上应设置钢质控制阀和逆止阀，并应设置不影响泡沫灭火系统正常运行的防油品渗漏设施。

⑧ 防火堤外泡沫混合液管道的设置应符合下列规定。

a. 固定式泡沫灭火系统的每组泡沫产生器应在防火堤外设置独立的控制阀。

b. 半固定式泡沫灭火系统的每组泡沫产生器应在防火堤外距地面 0.7m 处设置带闷盖的管牙接口。

c. 泡沫混合液管道上应设置放空阀，且其管道应有 2‰的坡度坡向放空阀。

⑨ 储罐梯子平台上管牙接口或二分水器的设置，应符合下列规定。

a. 直径不大于 45m 的储罐，储罐梯子平台上应设置带闷盖的管牙接口；直径大于 45m 的储罐，储罐梯子平台上应设置二分水器。

b. 管牙接口或二分水器应由管道接至防火堤外，且管道的管径应满足所配泡沫枪的压力、流量要求。

c. 应在防火堤外的连接管道上设置管牙接口，管牙接口距地面高度宜为 0.7m。

d. 当与固定式泡沫灭火系统连通时，应在防火堤外设置控制阀。

（4）内浮顶储罐

① 钢制单盘式、双盘式与敞口隔舱式内浮顶储罐的保护面积，应按罐壁与泡沫堰板间的环形面积确定；其他内浮顶储罐应按固定顶储罐对待。

② 钢制单盘式、双盘式与敞口隔舱式内浮顶储罐的泡沫堰板设置、单个泡沫产生器保护周长及泡沫混合液供给强度与连续供给时间，应符合下列规定：

a. 泡沫堰板与罐壁的距离不应小于 0.55m，其高度不应小于 0.5m；

b. 单个泡沫产生器保护周长不应大于 24m；

c. 非水溶性液体的泡沫混合液供给强度不应小于 12.5L/(min·m²)；

d. 水溶性液体的泡沫混合液供给强度不应小于表 4-55 规定的 1.5 倍；

e. 泡沫混合液连续供给时间不应小于 30min。

③ 按固定顶储罐对待的内浮顶储罐，其泡沫混合液供给强度和连续供给时间及泡沫产生器的设置应符合下列规定：

a. 非水溶性液体，应符合表 4-54 的规定。

b. 水溶性液体，当设有泡沫缓冲装置时，应符合表 4-55 的规定。

c. 水溶性液体，当未设泡沫缓冲装置时，泡沫混合液供给强度应符合表 4-55 的规定，但泡沫混合液连续供给时间不应小于表 4-55 规定的 1.5 倍。

d. 泡沫产生器的设置，应符合（2）中①和②的规定，且数量不应少于 2 个。

④ 按固定顶储罐对待的内浮顶储罐，其泡沫混合液管道的设置应符合（2）中⑥～⑧的规定；钢制单盘式、双盘式与敞口隔舱式内浮顶储罐，其泡沫混合液管道的设置应符合（2）中⑦和（3）中⑤、⑧的规定。

（5）其他场所

① 当甲、乙、丙类液体槽车装卸栈台设置泡沫炮或泡沫枪系统时，应符合下列规定：

a. 应能保护泵、计量仪器、车辆及与装卸产品有关的各种设备。

b. 火车装卸栈台的泡沫混合液流量不应小于 30L/s。

c. 汽车装卸栈台的泡沫混合液流量不应小于 8L/s。

d. 泡沫混合液连续供给时间不应小于 30min。

② 设有围堰的非水溶性液体流淌火灾场所,其保护面积应按围堰包围的地面面积与其中不燃结构占据的面积之差计算,其泡沫混合液供给强度与连续供给时间不应小于表4-59的规定。

表4-59 泡沫混合液供给强度和连续供给时间

泡沫液种类	供给强度/[L/(min·m²)]	连续供给时间/min	
		甲、乙类液体	丙类液体
蛋白、氟蛋白	6.5	40	30
水成膜、成膜氟蛋白	6.5	30	20

③ 当甲、乙、丙类液体泄漏导致的室外流淌火灾场所设置泡沫枪、泡沫炮系统时,应根据保护场所的具体情况确定最大流淌面积,其泡沫混合液供给强度和连续供给时间不应小于表4-60的规定。

表4-60 泡沫混合液供给强度和连续供给时间

泡沫液种类	供给强度/[L/(min·m²)]	连续供给时间/min	液体种类
蛋白、氟蛋白	6.5	15	非水溶性液体
水成膜、成膜氟蛋白	5.0	15	
抗溶泡沫	12	15	水溶性液体

④ 公路隧道泡沫消火栓箱的设置,应符合下列规定。

a. 设置间距不应大于50m。

b. 应配置带开关的吸气型泡沫枪,其泡沫混合液流量不应小于30L/min,射程不应小于6m。

c. 泡沫混合液连续供给时间不应小于20min,且宜配备水成膜泡沫液。

d. 软管长度不应小于25m。

4.5.2.4 中倍数泡沫灭火系统

(1) 全淹没与局部应用系统及移动式系统

① 全淹没系统可用于小型封闭空间场所与设有阻止泡沫流失的固定围墙或其他围挡设施的小场所。

② 局部应用系统可用于下列场所。

a. 四周不完全封闭的A类火灾场所。

b. 限定位置的流散的B类火灾场所。

c. 固定位置面积不大于100m²的流淌的B类火灾场所。

③ 移动式系统可用于下列场所:

a. 发生火灾的部位难以确定或人员难以接近的较小火灾场所。

b. 流散的B类火灾场所。

c. 不大于100m²的流淌的B类火灾场所。

④ 全淹没中倍数泡沫灭火系统的设计参数宜由试验确定,也可采用高倍数泡沫灭火系统的设计参数。

⑤ 对于A类火灾场所,局部应用系统的设计应符合下列规定。

a. 覆盖保护对象的时间不应大于2min。

b. 覆盖保护对象最高点的厚度宜由试验确定。

c. 泡沫混合液连续供给时间不应小于 12min。

⑥ 对于流散 B 类火灾场所或面积不大于 100m² 的流淌 B 类火灾场所，局部应用系统或移动式系统的泡沫混合液供给强度与连续供给时间，应符合下列规定。

a. 沸点不低于 45℃的非水溶性液体，泡沫混合液供给强度应大于 4L/(min·m²)。

b. 室内场所的泡沫混合液连续供给时间应大于 10min。

c. 室外场所的泡沫混合液连续供给时间应大于 15min。

d. 水溶性液体、沸点低于 45℃的非水溶性液体，设置泡沫灭火系统的适用性及其泡沫混合液供给强度，应由试验确定。

（2）油罐固定式中倍数泡沫灭火系统

① 丙类固定顶与内浮顶油罐，单罐容量小于 10000m³ 的甲、乙类固定顶与内浮顶油罐，当选用中倍数泡沫灭火系统时，宜为固定式。

② 油罐中倍数泡沫灭火系统应采用液上喷射形式，且保护面积应按油罐的横截面积确定。

③ 系统扑救一次火灾的泡沫混合液设计用量，应按罐内用量、该罐辅助泡沫枪用量、管道剩余量三者之和最大的油罐确定。

④ 系统泡沫混合液供给强度不应小于 4L/(min·m²)，连续供给时间不应小于 30min。

⑤ 设置固定式中倍数泡沫灭火系统的油罐区，宜设置低倍数泡沫枪，并应符合表 4-53 的规定；当设置中倍数泡沫枪时，其数量与连续供给时间，不应小于表 4-61 的规定。

表 4-61 中倍数泡沫枪数量和连续供给时间

油罐直径/m	泡沫枪流量/(L/s)	泡沫枪数量/支	连续供给时间/min
≤10	3	1	10
>10 且≤20	3	1	20
>20 且≤30	3	2	20
>30 且≤40	3	2	30
>40	3	3	30

⑥ 泡沫产生器应沿罐周均匀布置，当泡沫产生器数量大于或等于 3 个时，可每两个产生器共用一根管道引至防火堤外。

4.5.2.5 高倍数泡沫灭火系统

（1）一般规定

① 系统形式的选择应根据防护区的总体布局、火灾的危害程度、火灾的种类和扑救条件等因素，经综合技术经济比较后确定。

② 全淹没系统或固定式局部应用系统应设置火灾自动报警系统，并应符合下列规定。

a. 全淹没系统应同时具备自动、手动和应急机械手动启动功能。

b. 自动控制的固定式局部应用系统应同时具备手动和应急机械手动启动功能；手动控制的固定式局部应用系统尚应具备应急机械手动启动功能。

c. 消防控制中心（室）和防护区应设置声光报警装置。

d. 消防自动控制设备宜与防护区内门窗的关闭装置、排气口的开启装置，以及生产、照明电源的切断装置等联动。

③ 当系统以集中控制方式保护两个或两个以上的防护区时，其中一个防护区发生火灾不应危及其他防护区；泡沫液和水的储备量应按最大一个防护区的用量确定；手动与应急机械控制装置应有标明其所控制区域的标记。

④ 高倍数泡沫产生器的设置应符合下列规定。

a. 高度应在泡沫淹没深度以上。

b. 宜接近保护对象，但其位置应免受爆炸或火焰损坏。

c. 应使防护区形成比较均匀的泡沫覆盖层。

d. 应便于检查、测试及维修。

e. 当泡沫产生器在室外或坑道应用时，应采取防止风对泡沫产生器发泡和泡沫分布影响的措施。

⑤ 当高倍数泡沫产生器的出口设置导泡筒时，应符合下列规定。

a. 导泡筒的横截面积宜为泡沫产生器出口横截面积的 1.05～1.10 倍。

b. 当导泡筒上设有闭合器件时，其闭合器件不得阻挡泡沫的通过。

⑥ 固定安装的高倍数泡沫产生器前应设置管道过滤器、压力表和手动阀门。

⑦ 固定安装的泡沫液桶（罐）和比例混合器不应设置在防护区内。

⑧ 系统干式水平管道最低点应设置排液阀，且坡向排液阀的管道坡度不宜小于 3‰。

⑨ 系统管道上的控制阀门应设置在防护区以外，自动控制阀门应具有手动启闭功能。

（2）全淹没系统

① 全淹没系统可用于下列场所。

a. 封闭空间场所。

b. 设有阻止泡沫流失的固定围墙或其他围挡设施的场所。

② 全淹没系统的防护区应为封闭或设置灭火所需的固定围挡的区域，且应符合下列规定。

a. 泡沫的围挡应为不燃结构，且应在系统设计灭火时间内具备围挡泡沫的能力。

b. 在保证人员撤离的前提下，门、窗等位于设计淹没深度以下的开口，应在泡沫喷放前或泡沫喷放的同时自动关闭；对于不能自动关闭的开口，全淹没系统应对其泡沫损失进行相应补偿。

c. 利用防护区外部空气发泡的封闭空间，应设置排气口，排气口的位置应避免燃烧产物或其他有害气体回流到高倍数泡沫产生器进气口。

d. 在泡沫淹没深度以下的墙上设置窗口时，宜在窗口部位设置网孔基本尺寸不大于 3.15mm 的钢丝网或钢丝纱窗。

e. 排气口在灭火系统工作时应自动或手动开启，其排气速度不宜超过 5m/s。

f. 防护区内应设置排水设施。

③ 泡沫淹没深度的确定应符合下列规定。

a. 当用于扑救 A 类火灾时，泡沫淹没深度不应小于最高保护对象高度的 1.1 倍，且应高于最高保护对象最高点 0.6m。

b. 当用于扑救 B 类火灾时，汽油、煤油、柴油或苯火灾的泡沫淹没深度应高于起火部位 2m；其他 B 类火灾的泡沫淹没深度应由试验确定。

④ 淹没体积应按下式计算：

$$V = S \times H - V_g \tag{4-36}$$

式中 V——淹没体积，m^3；

    S——防护区地面面积，m^2；

    H——泡沫淹没深度，m；

    V_g——固定的机器设备等不燃物体所占的体积，m^3。

⑤ 泡沫的淹没时间不应超过表 4-62 的规定。系统自接到火灾信号至开始喷放泡沫的延时不宜超过 1min。

表 4-62   泡沫的淹没时间   单位：min

可燃物	高倍数泡沫灭火系统单独使用	高倍数泡沫灭火系统与自动喷水灭火系统联合使用
闪点不超过 40℃ 的非水溶性液体	2	3
闪点超过 40℃ 的非水溶性液体	3	4
发泡橡胶、发泡塑料、成卷的织物或皱纹纸等低密度可燃物	3	4
成卷的纸、压制牛皮纸、涂料纸、纸板箱、纤维圆筒、橡胶轮胎等高密度可燃物	5	7

注：水溶性液体的淹没时间应由试验确定。

⑥ 最小泡沫供给速率应按下式计算：

$$R=\left(\frac{V}{T}+R_S\right)\times C_N\times C_L \tag{4-37}$$

$$R_S=L_S\times Q_Y \tag{4-38}$$

式中 R——泡沫最小供给速率，m^3/min；

    T——淹没时间，min；

    C_N——泡沫破裂补偿系数，宜取 1.15；

    C_L——泡沫泄漏补偿系数，宜取 1.05~1.2；

    R_S——喷水造成的泡沫破泡率，m^3/min；

    L_S——泡沫破泡率与洒水喷头排放速率之比，应取 0.0748，m^3/L；

    Q_Y——预计动作最大水喷头数目时的总水流量，L/min。

⑦ 泡沫液和水的连续供给时间应符合下列规定。

a. 当用于扑救 A 类火灾时，不应小于 25min。

b. 当用于扑救 B 类火灾时，不应小于 15min。

⑧ 对于 A 类火灾，其泡沫淹没体积的保持时间应符合下列规定。

a. 单独使用高倍数泡沫灭火系统时，应大于 60min。

b. 与自动喷水灭火系统联合使用时，应大于 30min。

（3）局部应用系统

① 局部应用系统可用于下列场所。

a. 四周不完全封闭的 A 类火灾与 B 类火灾场所。

b. 天然气液化站与接收站的集液池或储罐围堰区。

② 系统的保护范围应包括火灾蔓延的所有区域。

③ 当用于扑救 A 类火灾或 B 类火灾时，泡沫供给速率应符合下列规定。

a. 覆盖 A 类火灾保护对象最高点的厚度不应小于 0.6m。

b. 对于汽油、煤油、柴油或苯，覆盖起火部位的厚度不应小于 2m；其他 B 类火灾的泡沫覆盖厚度应由试验确定。

c. 达到规定覆盖厚度的时间不应大于 2min。

④ 当用于扑救 A 类火灾和 B 类火灾时，其泡沫液和水的连续供给时间不应小于 12min。

⑤ 当设置在液化天然气集液池或储罐围堰区时，应符合下列规定。

a. 应选择固定式系统，并应设置导泡筒。

b. 宜采用发泡倍数为 300～500 的高倍数泡沫产生器。

c. 泡沫混合液供给强度应根据阻止形成蒸气云和降低热辐射强度试验确定，并应取两项试验的较大值；当缺乏试验数据时，泡沫混合液供给强度不宜小于 $7.2L/(min \cdot m^2)$。

d. 泡沫连续供给时间应根据所需的控制时间确定，且不宜小于 40min；当同时设有移动式系统时，固定式系统的泡沫供给时间可按达到稳定控火时间确定。

e. 保护场所应有适合设置导泡筒的位置。

f. 系统设计尚应符合现行国家标准《石油天然气工程设计防火规范》（GB 50183—2004）的有关规定。

（4）移动式系统

① 移动式系统可用于下列场所。

a. 发生火灾的部位难以确定或人员难以接近的场所。

b. 流淌的 B 类火灾场所。

c. 发生火灾时需要排烟、降温或排除有害气体的封闭空间。

② 泡沫淹没时间或覆盖保护对象时间、泡沫供给速率与连续供给时间，应根据保护对象的类型与规模确定。

③ 泡沫液和水的储备量应符合下列规定。

a. 当辅助全淹没高倍数泡沫灭火系统或局部应用高倍数泡沫灭火系统使用时，泡沫液和水的储备量可在全淹没高倍数泡沫灭火系统或局部应用高倍数泡沫灭火系统中的泡沫液和水的储备量中增加 5%～10%。

b. 当在消防车上配备时，每套系统的泡沫液储存量不宜小于 0.5t。

c. 当用于扑救煤矿火灾时，每个矿山救护大队应储存大于 2t 的泡沫液。

④ 系统的供水压力可根据高倍数泡沫产生器和比例混合器的进口工作压力及比例混合器和水带的压力损失确定。

⑤ 用于扑救煤矿井下火灾时，应配置导泡筒，且高倍数泡沫产生器的驱动风压、发泡倍数应满足矿井的特殊需要。

⑥ 泡沫液与相关设备应放置在便于运送到指定防护对象的场所；当移动式高倍数泡沫产生器预先连接到水源或泡沫混合液供给源时，应放置在易于接近的地方，且水带长度应能达到其最远的防护地。

⑦ 当两个或两个以上移动式高倍数泡沫产生器同时使用时，其泡沫液和水供给源应能满足最大数量的泡沫产生器的使用要求。

⑧ 移动式系统应选用有衬里的消防水带，并应符合下列规定。

a. 水带的口径与长度应满足系统要求。

b. 水带应以能立即使用的排列形式储存，且应防潮。

⑨ 系统所用的电源与电缆应满足输送功率要求，且应满足保护接地和防水的要求。

4.5.2.6　泡沫-水喷淋系统与泡沫喷雾系统

（1）一般规定

① 泡沫-水喷淋系统可用于下列场所。

a. 具有非水溶性液体泄漏火灾危险的室内场所。

b. 存放量不超过 25L/m² 或超过 25L/m² 但有缓冲物的水溶性液体室内场所。

② 泡沫喷雾系统可用于保护独立变电站的油浸电力变压器、面积不大于 200m² 的非水溶性液体室内场所。

③ 泡沫-水喷淋系统泡沫混合液与水的连续供给时间应符合下列规定。

a. 泡沫混合液连续供给时间不应小于 10min。

b. 泡沫混合液与水的连续供给时间之和不应小于 60min。

④ 泡沫-水雨淋系统与泡沫-水预作用系统的控制，应符合下列规定。

a. 系统应同时具备自动、手动和应急机械手动启动功能。

b. 机械手动启动力不应超过 180N。

c. 系统自动或手动启动后，泡沫液供给控制装置应自动随供水主控阀的动作而动作或与之同时动作。

d. 系统应设置故障监视与报警装置，且应在主控制盘上显示。

⑤ 当泡沫液管线长度超过 15m 时，泡沫液应充满其管线，且泡沫液管线及其管件的温度应在泡沫液的储存温度范围内；埋地铺设时，应设置检查管道密封性的设施。

⑥ 泡沫-水喷淋系统应设置系统试验接口，其口径应分别满足系统最大流量与最小流量要求。

⑦ 泡沫-水喷淋系统的防护区应设置安全排放或容纳设施，且排放或容纳量应按被保护液体最大泄漏量、固定式系统喷洒量，以及管枪喷射量之和确定。

⑧ 为泡沫-水雨淋系统与泡沫-水预作用系统配套设置的火灾探测与联动控制系统，除应符合现行国家标准《火灾自动报警系统设计规范》（GB 50116—2013）的有关规定外，尚应符合下列规定。

a. 当电控型自动探测及附属装置设置在有爆炸和火灾危险的环境时，应符合现行国家标准《爆炸危险环境电力装置设计规范》（GB 50058—2014）的有关规定。

b. 设置在腐蚀性气体环境中的探测装置，应由耐腐蚀材料制成或采取防腐蚀保护。

c. 当选用带闭式喷头的传动管传递火灾信号时，传动管的长度不应大于 300m，公称直径宜为 15～25mm，传动管上的喷头应选用快速响应喷头，且布置间距不宜大于 2.5m。

（2）泡沫-水雨淋系统

① 泡沫-水雨淋系统的保护面积应按保护场所内的水平面面积或水平面投影面积确定。

② 当保护非水溶性液体时，其泡沫混合液供给强度不应小于表 4-63 的规定；当保护水溶性液体时，其混合液供给强度和连续供给时间应由试验确定。

表 4-63　泡沫混合液供给强度

泡沫液种类	喷头设置高度/m	泡沫混合供给强度/[L/(min·m²)]
蛋白、氟蛋白	≤10	8
	>10	10

续表

泡沫液种类	喷头设置高度/m	泡沫混合供给强度/[L/(min·m²)]
水成膜、成膜氟蛋白	≤10	6.5
	>10	8

③ 系统应设置雨淋阀、水力警铃，并应在每个雨淋阀出口管路上设置压力开关，但喷头数小于 10 个的单区系统可不设雨淋阀和压力开关。

④ 系统应选用吸气型泡沫-水喷头、泡沫-水雾喷头。

⑤ 喷头的布置应符合下列规定。

a. 喷头的布置应根据系统设计供给强度、保护面积和喷头特性确定。

b. 喷头周围不应有影响泡沫喷洒的障碍物。

⑥ 系统设计时应进行管道水力计算，并应符合下列规定。

a. 自雨淋阀开启至系统各喷头达到设计喷洒流量的时间不得超过 60s。

b. 任意四个相邻喷头组成的四边形保护面积内的平均泡沫混合液供给强度不应小于设计强度。

⑦ 飞机库内设置的泡沫-水雨淋系统应按现行国家标准《飞机库设计防火规范》（GB 50284—2008）的有关规定执行。

（3）闭式泡沫-水喷淋系统

① 下列场所不宜选用闭式泡沫-水喷淋系统。

a. 流淌面积较大，按④规定的作用面积不足以保护的甲、乙、丙类液体场所。

b. 靠泡沫混合液或水稀释不能有效灭火的水溶性液体场所。

c. 净空高度大于 9m 的场所。

② 火灾水平方向蔓延较快的场所不宜选用泡沫-水干式系统。

③ 下列场所不宜选用管道充水的泡沫-水湿式系统。

a. 初始火灾为液体流淌火灾的甲、乙、丙类液体桶装库、泵房等场所；

b. 含有甲、乙、丙类液体敞口容器的场所。

④ 系统的作用面积应符合下列规定。

a. 系统的作用面积应为 465m²。

b. 当防护区面积小于 465m² 时，可按防护区实际面积确定。

c. 当试验值不同于 a、b 的规定时，可采用试验值。

⑤ 闭式泡沫-水喷淋系统的供给强度不应小于 6.5L/(min·m²)。

⑥ 闭式泡沫-水喷淋系统输送的泡沫混合液应在 8L/s 至最大设计流量范围内达到额定的混合比。

⑦ 喷头的选用应符合下列规定。

a. 应选用闭式洒水喷头。

b. 当喷头设置在屋顶时，其公称动作温度应为 121～149℃。

c. 当喷头设置在保护场所的中间层面时，其公称动作温度应为 57～79℃；当保护场所的环境温度较高时，其公称动作温度宜高于环境最高温度 30℃。

⑧ 喷头的设置应符合下列规定。

a. 任意四个相邻喷头组成的四边形保护面积内的平均供给强度不应小于设计强度，且不宜大于设计供给强度的 1.2 倍。

b. 喷头周围不应有影响泡沫喷洒的障碍物。

c. 每只喷头的保护面积不应大于 $12m^2$。

d. 同一支管上两只相邻喷头的水平间距、两条相邻平行支管的水平间距均不应大于 3.6m。

⑨ 泡沫-水湿式系统的设置应符合下列规定。

a. 当系统管道充注泡沫预混液时，其管道及管件应耐泡沫预混液腐蚀，且不应影响泡沫预混液的性能。

b. 充注泡沫预混液系统的环境温度宜为 5~40℃。

c. 当系统管道充水时，在 8L/s 的流量下，自系统启动至喷泡沫的时间不应大于 2min。

d. 充水系统的环境温度应为 4~70℃。

⑩ 泡沫-水预作用系统与泡沫-水干式系统的管道充水时间不宜大于 1min。泡沫-水预作用系统每个报警阀控制喷头数不应超过 800 只；泡沫-水干式系统每个报警阀控制喷头数不宜超过 500 只。

(4) 泡沫喷雾系统

① 泡沫喷雾系统可采用下列形式。

a. 由压缩氮气驱动储罐内的泡沫预混液经泡沫喷雾喷头喷洒泡沫到防护区。

b. 由压力水通过泡沫比例混合器（装置）输送泡沫混合液经泡沫喷雾喷头喷洒泡沫到防护区。

② 当保护油浸电力变压器时，系统设计应符合下列规定。

a. 保护面积应按变压器油箱本体水平投影且四周外延 1m 计算确定。

b. 泡沫混合液或泡沫预混液供给强度不应小于 $8L/(min \cdot m^2)$。

c. 泡沫混合液或泡沫预混液连续供给时间不应小于 15min。

d. 喷头的设置应使泡沫覆盖变压器油箱顶面，且每个变压器进出线绝缘套管升高座孔口应设置单独的喷头保护。

e. 保护绝缘套管升高座孔口喷头的雾化角宜为 60°，其他喷头的雾化角不应大于 90°。

f. 所用泡沫灭火剂的灭火性能级别应为 I 级，抗烧水平不应低于 C 级。

③ 当保护非水溶性液体室内场所时，泡沫混合液或预混液供给强度不应小于 6.5 $L/(min \cdot m^2)$，连续供给时间不应小于 10min。系统喷头的布置应符合下列规定：

a. 保护面积内的泡沫混合液供给强度应均匀。

b. 泡沫应直接喷洒到保护对象上。

c. 喷头周围不应有影响泡沫喷洒的障碍物。

④ 喷头应带过滤器，其工作压力不应小于其额定工作压力，且不宜高于其额定压力 0.1MPa。

⑤ 系统喷头、管道与电气设备带电（裸露）部分的安全净距应符合国家现行有关标准的规定。

⑥ 泡沫喷雾系统应同时具备自动、手动和应急机械手动启动方式。在自动控制状态下，灭火系统的响应时间不应大于 60s。与泡沫喷雾系统联动的火灾自动报警系统的设计应符合国家标准《火灾自动报警系统设计规范》（GB 50116—2013）的有关规定。

⑦ 系统湿式供液管道应选用不锈钢管；干式供液管道可选用热镀锌钢管。

⑧ 当动力源采用压缩氮气时，应符合下列规定。

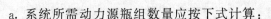

　　a. 系统所需动力源瓶组数量应按下式计算：

$$N=\frac{P_2V_2}{(P_1-P_2)V_1}k \qquad (4\text{-}39)$$

式中　N——所需氮气瓶组数量，只，取自然数；

　　　　P_1——氮气瓶组储存压力，MPa；

　　　　P_2——系统储液罐出口压力，MPa；

　　　　V_1——单个氮气瓶组容积，L；

　　　　V_2——系统储液罐容积与氮气管路容积之和，L；

　　　　k——裕量系数（不小于 1.5）。

　　b. 系统储液罐、启动装置、氮气驱动装置应安装在温度高于 0℃的专用设备间内。

　　⑨ 当系统采用泡沫预混液时，其有效使用期不宜小于 3 年。

5 消防系统供电、调试、验收与维护

5.1 消防系统供电、布线与接地选择

5.1.1 消防系统的供电

① 火灾自动报警系统应设置交流电源和蓄电池备用电源。

② 火灾自动报警系统的交流电源应采用消防电源,备用电源可采用火灾报警控制器和消防联动控制器自带的蓄电池电源或消防设备应急电源。当备用电源采用消防设备应急电源时,火灾报警控制器和消防联动控制器应采用供电回路,并应保证在系统处于最大负载状态下不影响火灾报警控制器和消防联动控制器的正常工作。

③ 消防控制室图形显示装置、消防通信设备等的电源,宜由 UPS 电源装置或消防设备应急电源供电。

④ 火灾自动报警系统主电源不应设置剩余电流动作保护和过负荷保护装置。

⑤ 消防设备应急电源输出功率应大于火灾自动报警及联动控制系统全负荷功率的120%,蓄电池组的容量应保证火灾自动报警及联动控制系统在火灾状态同时工作负荷条件下连续工作 3h 以上。

⑥ 消防用电设备应采用专用的供电回路,其配电设备应设有明显标志。其配电线路和控制回路宜按防火分区划分。

5.1.2 消防系统的布线与接地

5.1.2.1 系统布线

(1) 一般规定

① 火灾自动报警系统的传输线路和 50V 以下供电的控制线路,应采用电压等级不低于交流 300V/500V 的铜芯绝缘导线或铜芯电缆。采用交流 220V/380V 的供电和控制线路,应采用电压等级不低于交流 450V/750V 的铜芯绝缘导线或铜芯电缆。

② 火灾自动报警系统传输线路的线芯截面选择,除应满足自动报警装置技术条件的要求外,还应满足机械强度的要求。铜芯绝缘导线和铜芯电缆线芯的最小截面面积,不应小于表 5-1 的规定。

表 5-1　铜芯绝缘导线和铜芯电缆线芯的最小截面面积

类别	线芯的最小截面面积/mm²
穿管敷设的绝缘导线	1.00

续表

类别	线芯的最小截面面积/mm²
线槽内敷设的绝缘导线	0.75
多芯电缆	0.50

③ 火灾自动报警系统的供电线路和传输线路设置在室外时，应埋地敷设。

④ 火灾自动报警系统的供电线路和传输线路设置在地（水）下隧道或湿度大于90％的场所时，线路及接线处应作防水处理。

⑤ 采用无线通信方式的系统设计，应符合下列规定。

a. 无线通信模块的设置间距不应大于额定通信距离的75％。

b. 无线通信模块应设置在明显部位，且应有明显标识。

（2）室内布线

① 火灾自动报警系统的传输线路应采用金属管、可挠（金属）电气导管、B_1级以上的刚性塑料管或封闭式线槽保护。

② 火灾自动报警系统的供电线路、消防联动控制线路应采用耐火铜芯电线电缆，报警总线、消防应急广播和消防专用电话等传输线路应采用阻燃或阻燃耐火电线电缆。

③ 线路暗敷设时，应采用金属管、可挠（金属）电气导管或B_1级以上的刚性塑料管保护，并应敷设在不燃烧体的结构层内，且保护层厚度不宜小于30mm；线路明敷设时，应采用金属管、可挠（金属）电气导管或金属封闭线槽保护。矿物绝缘类不燃性电缆可直接明敷。

④ 火灾自动报警系统用的电缆竖井，宜与电力、照明用的低压配电线路电缆竖井分别设置。受条件限制必须合用时，应将火灾自动报警系统用的电缆和电力、照明用的低压配电线路电缆分别布置在竖井的两侧。

⑤ 不同电压等级的线缆不应穿入同一根保护管内，当合用同一线槽时，线槽内应有隔板分隔。

⑥ 采用穿管水平敷设时，除报警总线外，不同防火分区的线路不应穿入同一根管内。

⑦ 从接线盒、线槽等处引到探测器底座盒、控制设备盒、扬声器箱的线路，均应加金属保护管保护。

⑧ 火灾探测器的传输线路，宜选择不同颜色的绝缘导线或电缆。正极"＋"线应为红色，负极"－"线应为蓝色或黑色。同一工程中相同用途导线的颜色应一致，接线端子应有标号。

5.1.2.2　系统接地

（1）火灾自动报警系统接地装置的接地电阻值应符合下列规定。

① 采用共用接地装置时，接地电阻值不应大于1Ω。

② 采用专用接地装置时，接地电阻值不应大于4Ω。

（2）消防控制室内的电气和电子设备的金属外壳、机柜、机架和金属管、槽等，应采用等电位连接。

（3）由消防控制室接地板引至各消防电子设备的专用接地线应选用铜芯绝缘导线，其线芯截面面积不应小于4mm²。

（4）消防控制室接地板与建筑接地体之间，应采用线芯截面面积不小于25mm²的铜芯绝缘导线连接。

5.2　消防系统的调试、验收及维护

5.2.1　调试前的准备

5.2.1.1　火灾自动报警系统

① 设备的规格、型号、数量、备品备件等应按设计要求查验。

② 系统的施工应按要求检查，对属于施工中出现的问题，应会同有关单位协商解决，并应有文字记录。

③ 系统线路应按要求检查，对于错线、开路、虚焊、短路、绝缘电阻小于 22MΩ 等问题，应采取相应的处理措施。

④ 对系统中的火灾报警控制器、可燃气体报警控制器、消防联动控制器、气体灭火控制器、消防电气控制装置、消防设备应急电源、消防应急广播设备、消防电话、传输设备、消防控制中心图形显示装置、消防电动装置、防火卷帘控制器、区域显示器（火灾显示盘）、消防应急灯具控制装置、火灾警报装置等设备应分别进行单机通电检查。

5.2.1.2　自动喷水灭火系统

（1）系统调试应在系统施工完成后进行。

（2）系统调试应具备下列条件。

① 消防水池、消防水箱已储存设计要求的水量。

② 系统供电正常。

③ 消防气压给水设备的水位、气压符合设计要求。

④ 湿式喷水灭火系统管网内已充满水；干式、预作用喷水灭火系统管网内的气压应符合设计要求；阀门均无泄漏。

⑤ 与系统配套的火灾自动报警系统处于工作状态。

5.2.1.3　气体灭火系统

① 气体灭火系统的调试应在系统安装完毕，并宜在相关的火灾报警系统和开口自动关闭装置、通风机械和防火阀等联动设备的调试完成后进行。

② 气体灭火系统调试前应具备完整的技术资料。

③ 调试前应检查系统组件和材料的型号、规格、数量以及系统安装质量，并应及时处理所发现的问题。

④ 进行调试试验时，应采取可靠措施，确保人员和财产安全。

5.2.1.4　泡沫灭火系统

① 泡沫灭火系统调试应在系统施工结束和与系统有关的火灾自动报警装置及联动控制设备调试合格后进行。

② 调试前应具备完整的技术资料。

③ 调试前施工单位应制订调试方案，并经监理单位批准。调试人员应根据批准的方案，按程序进行。

④ 调试前应对系统进行检查，并应及时处理发现的问题。

⑤ 调试前应将需要临时安装在系统上经校验合格的仪器、仪表安装完毕，调试时所需的检查设备应准备齐全。

⑥ 水源、动力源和泡沫液应满足系统调试要求，电气设备应具备与系统联动调试的条件。

5.2.1.5　消防给水及消火栓系统

消防给水及消火栓系统调试应在系统施工完成后进行，并应具备下列条件。

① 天然水源取水口、地下水井、消防水池、高位消防水池、高位消防水箱等蓄水和供水设施水位、出水量、已储水量等符合设计要求。

② 消防水泵、稳压泵和稳压设施等处于准工作状态。

③ 系统供电正常，若柴油机泵油箱应充满油并能正常工作。

④ 消防给水系统管网内已经充满水。

⑤ 湿式消火栓系统管网内已充满水，手动干式、干式消火栓系统管网内的气压符合设计要求。

⑥ 系统自动控制处于准工作状态。

⑦ 减压阀和阀门等处于正常工作位置。

5.2.2　消防系统调试

5.2.2.1　火灾自动报警系统

（1）火灾报警控制器调试

① 调试前应切断火灾报警控制器的所有外部控制连线，并将任一个总线回路的火灾探测器以及该总线回路上的手动火灾报警按钮等部件连接后，方可接通电源。

② 按现行国家标准《火灾报警控制器》（GB 4717—2005）的有关要求对控制器进行下列功能检查并记录：

a. 检查自检功能和操作级别。

b. 使控制器与探测器之间的连线断路和短路，控制器应在100s内发出故障信号（短路时发出火灾报警信号除外）；在故障状态下，使任一非故障部位的探测器发出火灾报警信号，控制器应在1min内发出火灾报警信号，并应记录火灾报警时间；再使其他探测器发出火灾报警信号，检查控制器的再次报警功能。

c. 检查消声和复位功能。

d. 使控制器与备用电源之间的连线断路和短路，控制器应在100s内发出故障信号。

e. 检查屏蔽功能。

f. 使总线隔离器保护范围内的任一点短路，检查总线隔离器的隔离保护功能。

g. 使任一总线回路上不少于10只的火灾探测器同时处于火灾报警状态，检查控制器的负载功能。

h. 检查主、备电源的自动转换功能，并在备电工作状态下重复g的检查。

i. 检查控制器特有的其他功能。

③ 依次将其他回路与火灾报警控制器相连接，重复②中b、f、g检查。

（2）点型感烟、感温火灾探测器调试

① 采用专用的检测仪器或模拟火灾的方法，逐个检查每只火灾探测器的报警功能，探测器应能发出火灾报警信号。

② 对于不可恢复的火灾探测器应采取模拟报警方法逐个检查其报警功能，探测器应能发出火灾报警信号。当有备品时，可抽样检查其报警功能。

（3）线型感温火灾探测器调试

① 在不可恢复的探测器上模拟火警和故障，探测器应能分别发出火灾报警和故障信号。

② 可恢复的探测器可采用专用检测仪器或模拟火灾的办法使其发出火灾报警信号，并在终端盒上模拟故障，探测器应能分别发出火灾报警和故障信号。

（4）红外光束感烟火灾探测器调试

① 调整探测器的光路调节装置，使探测器处于正常监视状态。

② 用减光率为 0.9dB 的减光片遮挡光路，探测器不应发出火灾报警信号。

③ 用产品生产企业设定减光率（1.0~10.0dB）的减光片遮挡光路，探测器应发出火灾报警信号。

④ 用减光率为 11.5dB 的减光片遮挡光路，探测器应发出故障信号或火灾报警信号。

（5）通过管路采样的吸气式火灾探测器调试

① 在采样管最末端（最不利处）采样孔加入试验烟，探测器或其他控制装置应在 120s 内发出火灾报警信号。

② 根据产品说明书，改变探测器的采样管路气流，使探测器处于故障状态，探测器或其控制装置应在 100s 内发出故障信号。

（6）点型火焰探测器和图像型火灾探测器调试　采用专用检测仪器或模拟火灾的方法在探测器监视区域内最不利检查探测器的报警功能，探测器应能正确响应。

（7）手动火灾报警按钮调试

① 对可恢复的手动火灾报警按钮，施加适当的推力使报警按钮动作，报警按钮应发出火灾报警信号。

② 对不可恢复的手动火灾报警按钮应采用模拟动作的方法使报警按钮发出火灾报警信号（当有备用启动零件时，可抽样进行动作试验），报警按钮应发出火灾报警信号。

（8）消防联动控制器调试

① 将消防联动控制器与火灾报警控制器、任一回路的输入/输出模块及该回路模块控制的受控设备相连接，切断所有受控现场设备的控制连线，接通电源。

② 按现行国家标准《消防联动控制系统》（GB 16806—2006）的有关规定检查消防联动控制系统内各类用电设备的各项控制、接收反馈信号（可模拟现场设备启动信号）和显示功能。

③ 使消防联动控制器分别处于自动工作和手动工作状态，检查其状态显示，并按现行国家标准《消防联动控制系统》（GB 16806—2006）的有关规定进行下列功能检查并记录，控制器应满足相应要求。

a. 自检功能和操作级别。

b. 消防联动控制器与各模块之间的连线断路和短路时，消防联动控制器应能在 100s 内发出故障信号。

c. 消防联动控制器与备用电源之间的连线断路和短路时，消防联动控制器应能在 100s 内发出故障信号。

d. 检查消声、复位功能。

e. 检查屏蔽功能。

f. 使总线隔离器保护范围内的任一点短路，检查总线隔离器的隔离保护功能。

g. 使至少 50 个输入/输出模块同时处于动作状态（模块总数少于 50 个时，使所有模块动作），检查消防联动控制器的最大负载功能。

h. 检查主、备电源的自动转换功能，并在备电工作状态下重复本条第 g 款检查。

④ 接通所有启动后可以恢复的受控现场设备。

⑤ 使消防联动控制器的工作状态处于自动状态，按现行国家标准《消防联动控制系统》（GB 16806—2006）的有关规定和设计的联动逻辑关系进行下列功能检查并记录。

a. 按设计的联动逻辑关系，使相应的火灾探测器发出火灾报警信号，检查消防联动控制器接收火灾报警信号情况、发出联动信号情况、模块动作情况、受控设备的动作情况、受控现场设备动作情况、接收反馈信号（对于启动后不能恢复的受控现场设备，可模拟现场设备启动反馈信号）及各种显示情况。

b. 检查手动插入优先功能。

⑥ 使消防联动控制器的工作状态处于手动状态，按现行国家标准《消防联动控制系统》（GB 16806—2006）的有关规定和设计的联动逻辑关系依次手动启动相应的受控设备，检查消防联动控制器发出联动信号情况、模块动作情况、受控设备的动作情况、受控现场设备动作情况、接收反馈信号（对于启动后不能恢复的受控现场设备，可模拟现场设备启动反馈信号）及各种显示情况。

⑦ 对于直接用火灾探测器作为触发器件的自动灭火控制系统除符合本节有关规定外，尚应按现行国家标准《火灾自动报警系统设计规范》（GB 50116—2013）的规定进行功能检查。

⑧ 依次将其他回路的输入/输出模块及该回路模块控制的受控设备相连接，切断所有受控现场设备的控制连线，接通电源，重复第③～⑦条的各项检查。

（9）区域显示器（火灾显示盘）调试 将区域显示器（火灾显示盘）与火灾报警控制器相连接，按现行国家标准《火灾显示盘》（GB 17429—2011）的有关要求检查其下列功能并记录，区域显示器应满足相应要求：

① 区域显示器（火灾显示盘）应在 3s 内正确接收和显示火灾报警控制器发出的火灾报警信号。

② 消声、复位功能。

③ 操作级别。

④ 对于非火灾报警控制器供电的区域显示器（火灾显示盘），应检查主、备电源的自动转换功能和故障报警功能。

（10）可燃气体报警控制器调试

① 切断可燃气体报警控制器的所有外部控制连线，将任一回路与控制器相连接后，接通电源。

② 控制器应按现行国家标准《可燃气体报警控制器》（GB 16808—2008）的有关要求进行下列功能试验，并应满足相应要求。

a. 自检功能和操作级别。

b. 控制器与探测器之间的连线断路和短路时，控制器应在 100s 内发出故障信号。

c. 在故障状态下，使任一非故障探测器发出报警信号，控制器应在 1min 内发出报警信号，并应记录报警时间；再使其他探测器发出报警信号，检查控制器的再次报警功能。

d. 消声和复位功能。

e. 控制器与备用电源之间的连线断路和短路时，控制器应在 100s 内发出故障信号。

f. 高限报警或低、高两段报警功能。

g. 报警设定值的显示功能。

h. 控制器最大负载功能，使至少 4 只可燃气体探测器同时处于报警状态（探测器总数少于 4 只时，使所有探测器均处于报警状态）。

i. 主、备电源的自动转换功能，并在备电工作状态下重复本条第 h 款的检查。

③ 依次将其他回路与可燃气体报警控制器相连接，重复②的检查。

（11）可燃气体探测器调试

① 依次逐个将可燃气体探测器按产品生产企业提供的调试方法使其正常动作，探测器应发出报警信号。

② 对探测器施加达到响应浓度值的可燃气体标准样气，探测器应在 30s 内响应。撤去可燃气体，探测器应在 60s 内恢复到正常监视状态。

③ 对于线型可燃气体探测器除符合本节规定外，尚应将发射器发出的光全部遮挡，探测器相应的控制装置应在 100s 内发出故障信号。

（12）消防电话调试

① 在消防控制室与所有消防电话、电话插孔之间互相呼叫与通话，总机应能显示每部分机或电话插孔的位置，呼叫铃声和通话语音应清晰。

② 消防控制室的外线电话与另外一部外线电话模拟报警电话通话，语音应清晰。

③ 检查群呼、录音等功能，各项功能均应符合要求。

（13）消防应急广播设备调试

① 以手动方式在消防控制室对所有广播分区进行选区广播，对所有共用扬声器进行强行切换；应急广播应以最大功率输出。

② 对扩音机和备用扩音机进行全负荷试验，应急广播的语音应清晰。

③ 对接入联动系统的消防应急广播设备系统，使其处于自动工作状态，然后按设计的逻辑关系，检查应急广播的工作情况，系统应按设计的逻辑广播。

④ 使任意一个扬声器断路，其他扬声器的工作状态不应受影响。

（14）系统备用电源调试

① 检查系统中各种控制装置使用的备用电源容量，电源容量应与设计容量相符。

② 使各备用电源放电终止，再充电 48h 后断开设备主电源，备用电源至少应保证设备工作 8h，且应满足相应的标准及设计要求。

（15）消防设备应急电源调试

① 切断应急电源应急输出时直接启动设备的连线，接通应急电源的主电源。

② 按下列要求检查应急电源的控制功能和转换功能，并观察其输入电压、输出电压、输出电流、主电工作状态、应急工作状态、电池组及各单节电池电压的显示情况，做好记录，显示情况应与产品使用说明书规定相符，并满足要求。

a. 手动启动应急电源输出，应急电源的主电和备用电源应不能同时输出，且应在 5s 内完成应急转换。

b. 手动停止应急电源的输出，应急电源应恢复到启动前的工作状态。

c. 断开应急电源的主电源，应急电源应能发出声提示信号，声信号应能手动消除；接通主电源，应急电源应恢复到主电工作状态。

d. 给具有联动自动控制功能的应急电源输入联动启动信号，应急电源应在 5s 内转入到应急工作状态，且主电源和备用电源应不能同时输出；输入联动停止信号，应急电源应恢复到主电工作状态。

e. 具有手动和自动控制功能的应急电源处于自动控制状态，然后手动插入操作，应急电源应有手动插入优先功能，且应有自动控制状态和手动控制状态指示。

③ 断开应急电源的负载，按下列要求检查应急电源的保护功能，并做好记录。

a. 使任一输出回路保护动作，其他回路输出电压应正常。

b. 使配接三相交流负载输出的应急电源的三相负载回路中的任一相停止输出，应急电

源应能自动停止该回路的其他两相输出,并应发出声、光故障信号。

　　c. 使配接单相交流负载的交流三相输出应急电源输出的任一相停止输出,其他两相应能正常工作,并应发出声、光故障信号。

　　④ 将应急电源接上等效于满负载的模拟负载,使其处于应急工作状态,应急工作时间应大于设计应急工作时间的 1.5 倍,且不小于产品标称的应急工作时间。

　　⑤ 使应急电源充电回路与电池之间、电池与电池之间连线断线,应急电源应在 100s 内发出声、光故障信号,声故障信号应能手动消除。

　　(16) 消防控制中心图形显示装置调试

　　① 将消防控制中心图形显示装置与火灾报警控制器和消防联动控制器相连,接通电源。

　　② 操作显示装置使其显示完整系统区域覆盖模拟图和各层平面图,图中应明确指示出报警区域、主要部位和各消防设备的名称和物理位置,显示界面应为中文界面。

　　③ 使火灾报警控制器和消防联动控制器分别发出火灾报警信号和联动控制信号,显示装置应在 3s 内接收,准确显示相应信号的物理位置,并能优先显示火灾报警信号相对应的界面。

　　④ 使具有多个报警平面图的显示装置处于多报警平面显示状态,各报警平面应能自动和手动查询,并应有总数显示,且应能手动插入使其立即显示首次火警相应的报警平面图。

　　⑤ 使显示装置显示故障或联动平面,输入火灾报警信号,显示装置应能立即转入火灾报警平面的显示。

　　(17) 气体灭火控制器调试

　　① 切断气体灭火控制器的所有外部控制连线,接通电源。

　　② 给气体灭火控制器输入设定的启动控制信号,控制器应有启动输出,并发出声、光启动信号。

　　③ 输入启动设备启动的模拟反馈信号,控制器应在 10s 内接收并显示。

　　④ 检查控制器的延时功能,延时时间应在 0~30s 内可调。

　　⑤ 使控制器处于自动控制状态,再手动插入操作,手动插入操作应优先。

　　⑥ 按设计控制逻辑操作控制器,检查是否满足设计的逻辑功能。

　　⑦ 检查控制器向消防联动控制器发送的反馈信号正误。

　　(18) 防火卷帘控制器调试

　　① 防火卷帘控制器应与消防联动控制器、火灾探测器、卷门机连接并通电,防火卷帘控制器应处于正常监视状态。

　　② 手动操作防火卷帘控制器的按钮,防火卷帘控制器应能向消防联动控制器发出防火卷帘启、闭和停止的反馈信号。

　　③ 用于疏散通道的防火卷帘控制器应具有两步关闭的功能,并应向消防联动控制器发出反馈信号。防火卷帘控制器接收到首次火灾报警信号后,应能控制防火卷帘自动关闭到中位处停止;接收到二次报警信号后,应能控制防火卷帘继续关闭至全闭状态。

　　④ 用于分隔防火分区的防火卷帘控制器接收到防火分区内任一火灾报警信号后,应能控制防火卷帘到全关闭状态,并应向消防联动控制器发出反馈信号。

　　(19) 其他受控部件调试　对系统内其他受控部件的调试应按相应的产品标准进行,在无相应国家标准或行业标准时,宜按产品生产企业提供的调试方法分别进行。

　　(20) 火灾自动报警系统性能调试

　　① 将所有经调试合格的各项设备、系统按设计连接组成完整的火灾自动报警系统,按现行国家标准《火灾自动报警系统设计规范》(GB 50116—2013)的有关规定和设计的联动

逻辑关系检查系统的各项功能。

② 火灾自动报警系统在连续运行 120h 无故障后，按表 5-2～表 5-4 的规定填写调试记录表。

表 5-2　火灾自动报警系统施工过程检查记录（设备、材料进场）

工程名称		施工单位	
施工执行规范名称及编号		监理单位	
子分部工程名称		设备、材料进场	
项目	《火灾自动报警系统施工及验收规范》章节条款	施工单位检查评定记录	监理单位检查（验收）记录
检查文件及标识	2.2.1		
核对产品与检验报告	2.2.2、2.2.3		
检查产品外观	2.2.4		
检查产品规格、型号	2.2.5		
结论	施工单位项目经理：(签章)　　　　　　　　　年　月　日		监理工程师(建设单位项目负责人)：(签章)　　　　　　　　　年　月　日

注：施工过程若用到其他表格，则应作为附件一并归档。

表 5-3　火灾自动报警系统施工过程检查记录（安装）

工程名称		施工单位	
施工执行规范名称及编号		监理单位	
子分部工程名称		安装	
项目	《火灾自动报警系统施工及验收规范》章节条款	施工单位检查评定记录	监理单位检查（验收）记录
电缆电线	3.2.1		
	3.2.2		
	3.2.3		
	3.2.4		
	3.2.5		
	3.2.6		
	3.2.7		
	3.2.8		
	3.2.9		
	3.2.10		
	3.2.11		
	3.2.12		
	3.2.13		
	3.2.14		
	3.2.15		

续表

项目	《火灾自动报警系统施工及验收规范》章节条款	施工单位检查评定记录	监理单位检查(验收)记录
控制器类设备	3.3.1		
	3.3.2		
	3.3.3		
	3.3.4		
	3.3.5		
火灾探测器	3.4.1		
	3.4.2		
	3.4.3		
	3.4.4		
	3.4.5		
	3.4.6		
	3.4.7		
	3.4.8		
	3.4.9		
	3.4.10		
	3.4.11		
	3.4.12		
手动火灾报警按钮	3.5.1		
	3.5.2		
	3.5.3		
消防电气控制装置	3.6.1		
	3.6.2		
	3.6.3		
	3.6.4		
模块	3.7.1		
	3.7.2		
	3.7.3		
	3.7.4		
火灾应急广播扬声器和火灾警报装置	3.8.1		
	3.8.2		
	3.8.3		
消防电话	3.9.1		
	3.9.2		
消防设备应急电源	3.10.1		
	3.10.2		
	3.10.3		
	3.10.4		

项目	《火灾自动报警系统施工及验收规范》章节条款	施工单位检查评定记录	监理单位检查(验收)记录
系统接地	3.11.1		
	3.11.2		
结论	施工单位项目经理:(签章) 　年　月　日		监理工程师(建设单位项目负责人):(签章) 　年　月　日

注：施工过程若用到其他表格，则应作为附件一并归档。

表 5-4　火灾自动报警系统施工过程检查表（调试）

工程名称		施工单位	
施工执行规范名称及编号		监理单位	
子分部工程名称	调试		

项目	调试内容	施工单位检查评定记录	监理单位检查（验收）记录
调试前检查	查验设备规格、型号、数量、备品		
	检查系统施工质量		
	检查系统线路		
火灾报警控制器	自检功能及操作级别		
	与探测器连线断路、短路,控制器故障信号发出时间		
	故障状态下的再次报警功能		
	火灾报警时间的记录		
	控制器的二次报警功能		
	消声和复位功能		
	与备用电源连线断路、短路,控制器故障信号发出时间		
	屏蔽和隔离功能		
火灾报警控制器	负载功能		
	主备电源的自动转换功能		
	控制器特有的其他功能		
	连接其他回路时的功能		
点型感烟、感温火灾探测器	检查数量		
	报警数量		
线型感温火灾探测器	检查数量		
	报警数量		
	故障功能		

234

项目	调试内容	施工单位检查评定记录	监理单位检查（验收）记录
红外光束感烟火灾探测器	减光率 0.9dB 的光路遮挡条件,检查数量和未响应数量		
	1.0～10.0dB 的光路遮挡条件,检查数量和响应数量		
	11.5dB 的光路遮挡条件,检查数量和响应数量		
吸气式火灾探测器	报警时间		
	故障发出时间		
点型火焰探测器和图像型火灾探测器	报警功能		
	故障功能		
手动火灾报警按钮	检查数量		
	报警数量		
消防联动控制器	自检功能及操作级别		
	与模块连线断路、短路故障信号发出时间		
	与备用电源连线断路、短路故障信号发出时间		
	消声和复位功能		
	屏蔽和隔离功能		
	负载功能		
	主备电源的自动转换功能		
	自动联动、联动逻辑及手动插入优先功能		
	手动启动功能		
	自动灭火控制系统功能		
区域显示器（火灾显示盘）	接收火灾报警信号的时间		
	消声和复位功能		
	操作级别		
	火灾报警时间的记录		
	控制器的二次报警功能		
	主备电源的自动转换功能和故障报警功能		
可燃气体报警控制器	自检功能及操作级别		
	与探测器连线断路、短路故障信号发出时间		
	故障状态下的再次报警时间及功能		
	消声和复位功能		
	与备用电源连线断路、短路故障信号发出时间		

项目	调试内容	施工单位检查评定记录	监理单位检查（验收)记录
可燃气体报警控制器	高、低限报警功能		
	设定值显示功能		
	负载功能		
	主、备电源的自动转换功能		
	连接其他回路时的功能		
可燃气体探测器	探测器响应时间		
	探测器恢复时间		
	发射器光路全部遮挡时,线性可燃气体探测器的故障信号发出时间		
消防电话	检查数量		
	功能正常、语音清晰的数量		
消防应急广播设备	手动强行切换功能		
	全负荷试验,广播语音清晰的数量		
	联动功能		
	任一扬声器断路条件下其他扬声器工作状态		
系统备用电源	电源容量		
	断开主电源,备用电源工作时间		
消防设备应急电源	控制功能和转换功能		
	显示状态		
	保护功能		
	应急工作时间		
	故障功能		
消防控制中心图形显示装置	显示功能		
	查询功能		
	手动插入及自动切换		
气体灭火控制器	启动及反馈功能		
	延时功能		
	自动及手动控制功能		
	信号发送功能		
防火卷帘控制器	手动控制功能		
	两步关闭功能		
	分隔防火分区功能		
其他受控部件	检查数量		
	合格数量		
系统性能	系统功能		
结论	施工单位项目经理:(签章) 　　　　　年　月　日	监理工程师(建设单位项目负责人):(签章) 　　　　　年　月　日	

注：施工过程若用到其他表格，则应作为附件一并归档。

5.2.2.2　自动喷水灭火系统

（1）系统调试应包括下列内容。

① 水源测试。

② 消防水泵调试。

③ 稳压泵调试。

④ 报警阀调试。

⑤ 排水设施调试。

⑥ 联动试验。

（2）水源测试应符合下列要求。

① 按设计要求核实消防水箱、消防水池的容积，消防水箱设置高度应符合设计要求；消防储水应有不作它用的技术措施。

② 按设计要求核实消防水泵接合器的数量和供水能力，并通过移动式消防水泵做供水试验进行验证。

（3）消防水泵调试应符合下列要求。

① 以自动或手动方式启动消防水泵时，消防水泵应在30s内投入正常运行。

② 以备用电源切换方式或备用泵切换启动消防水泵时，消防水泵应在30s内投入正常运行。

（4）稳压泵应按设计要求进行调试。当达到设计启动条件时，稳压泵应立即启动；当达到系统设计压力时，稳压泵应自动停止运行；当消防主泵启动时，稳压泵应停止运行。

（5）报警阀调试应符合下列要求。

① 湿式报警阀调试时，在试水装置处放水，当湿式报警阀进口水压大于0.14MPa、放水流量大于1L/s时，报警阀应及时启动；带延迟器的水力警铃应在5～90s内发出报警铃声，不带延迟器的水力警铃应在15s内发出报警铃声；压力开关应及时动作，并反馈信号。

② 干式报警阀调试时，开启系统试验阀，报警阀的启动时间、启动点压力、水流到试验装置出口所需时间，均应符合设计要求。

③ 雨淋阀调试宜利用检测、试验管道进行。自动和手动方式启动的雨淋阀，应在15s之内启动；公称直径大于200mm的雨淋阀调试时，应在60s之内启动。雨淋阀调试时，当报警水压为0.05MPa，水力警铃应发出报警铃声。

（6）调试过程中，系统排出的水应通过排水设施全部排走。

（7）联动试验应符合下列要求，并按表5-5的要求进行记录。

① 湿式系统的联动试验，启动1只喷头或以0.94～1.5L/s的流量从末端试水装置处放水时，水流指示器、报警阀、压力开关、水力警铃和消防水泵等应及时动作，并发出相应的信号。

② 预作用系统、雨淋系统、水幕系统的联动试验，可采用专用测试仪表或其他方式，对火灾自动报警系统的各种探测器输入模拟火灾信号，火灾自动报警控制器应发出声光报警信号并启动自动喷水灭火系统；采用传动管启动的雨淋系统、水幕系统联动试验时，启动1只喷头，雨淋阀打开，压力开关动作，水泵启动。

③ 干式系统的联动试验，启动1只喷头或模拟1只喷头的排气量排气，报警阀应及时启动，压力开关、水力警铃动作并发出相应信号。

表 5-5　自动喷水灭火系统联动试验记录

工程名称			建设单位		
施工单位			监理单位		
系统类型	启动信号（部位）	联动组件动作			
		名称	是否开启	要求动作时间	实际动作时间
湿式系统	末端试水装置	水流指示器			
		湿式报警阀			
		水力警铃			
		压力开关			
		水泵			
水幕、雨淋系统	温与烟信号	雨淋阀			
		水泵			
	传动管启动	雨淋阀			
		压力开关			
		水泵			
干式系统	模拟喷头动作	干式阀			
		水力警铃			
		压力开关			
		充水时间			
		水泵			
预作用系统	模拟喷头动作	预作用阀			
		水力警铃			
		压力开关			
		充水时间			
		水泵			
参加单位	施工单位项目负责人： （签章） 年　月　日		监理工程师： （签章） 年　月　日		建设单位项目负责人： （签章） 年　月　日

5.2.2.3　气体灭火系统

① 调试时，应对所有防护区或保护对象进行系统手动、自动模拟启动试验，并应合格。

② 调试时，应对所有防护区或保护对象进行模拟喷气试验，并应合格。

柜式气体灭火装置、热气溶胶灭火装置等预制灭火系统的模拟喷气试验宜各取 1 套分别按产品标准中有关"联动试验"的规定进行试验。

③ 设有灭火剂备用量且储存容器连接在同一集流管上的系统应进行模拟切换操作试验，并应合格。

5.2.2.4　泡沫灭火系统

（1）泡沫灭火系统的动力源和备用动力应进行切换试验，动力源和备用动力及电气设备运行应正常。

(2) 消防泵应进行试验，并应符合下列规定。

① 消防泵应进行运行试验，其性能应符合设计和产品标准的要求。

② 消防泵与备用泵应在设计负荷下进行转换运行试验，其主要性能应符合设计要求。

(3) 泡沫比例混合器（装置）调试时，应与系统喷泡沫试验同时进行，其混合比应符合设计要求。

(4) 泡沫产生装置的调试应符合下列规定。

① 低倍数（含高背压）泡沫产生器、中倍数泡沫产生器应进行喷水试验，其进口压力应符合设计要求。

② 泡沫喷头应进行喷水试验，其防护区内任意四个相邻喷头组成的四边形保护面积内的平均供给强度不应小于设计值。

③ 固定式泡沫炮应进行喷水试验，其进口压力、射程、射高、仰俯角度、水平回转角度等指标应符合设计要求。

④ 泡沫枪应进行喷水试验，其进口压力和射程应符合设计要求。

⑤ 高倍数泡沫产生器应进行喷水试验，其进口压力的平均值不应小于设计值，每台高倍数泡沫产生器发泡网的喷水状态应正常。

(5) 泡沫消火栓应进行喷水试验，其出口压力应符合设计要求。

(6) 泡沫灭火系统的调试应符合下列规定。

① 当为手动灭火系统时，应以手动控制的方式进行一次喷水试验；当为自动灭火系统时，应以手动和自动控制的方式各进行一次喷水试验，其各项性能指标均应达到设计要求。

② 低、中倍数泡沫灭火系统按①的规定喷水试验完毕，将水放空后，进行喷泡沫试验；当为自动灭火系统时，应以自动控制的方式进行；喷射泡沫的时间不应小于1min；实测泡沫混合液的混合比和泡沫混合液的发泡倍数及到达最不利点防护区或储罐的时间和湿式联用系统自喷水至喷泡沫的转换时间应符合设计要求。

③ 高倍数泡沫灭火系统按①的规定喷水试验完毕，将水放空后，应以手动或自动控制的方式对防护区进行喷泡沫试验，喷射泡沫的时间不应小于30s。实测泡沫混合液的混合比和泡沫供给速率及自接到火灾模拟信号至开始喷泡沫的时间应符合设计要求。

5.2.2.5 消防给水及消火栓系统

(1) 水源调试和测试应符合下列要求。

① 按设计要求核实高位消防水箱、高位消防水池、消防水池的容积，高位消防水池、高位消防水箱设置高度应符合设计要求；消防储水应有不作它用的技术措施。当有江河湖海、水库和水塘等天然水源作为消防水源时应验证其枯水位、洪水位和常水位的流量符合设计要求。地下水井的常水位、出水量等应符合设计要求。

② 消防水泵直接从市政管网吸水时，应测试市政供水的压力和流量能否满足设计要求的流量。

③ 应按设计要求核实消防水泵接合器的数量和供水能力，并应通过消防车车载移动泵供水进行试验验证。

④ 应核实地下水井的常水位和设计抽升流量时的水位。

(2) 消防水泵调试应符合下列要求。

① 以自动直接启动或手动直接启动消防水泵时，消防水泵应在55s内投入正常运行，且应无不良噪声和振动。

② 以备用电源切换方式或备用泵切换启动消防水泵时，消防水泵应分别在1min或

2min 内投入正常运行。

③ 消防水泵安装后应进行现场性能测试，其性能应与生产厂商提供的数据相符，并应满足消防给水设计流量和压力的要求。

④ 消防水泵零流量时的压力不应超过设计工作压力的 140％；当出流量为设计工作流量的 150％时，其出口压力不应低于设计工作压力的 65％。

（3）稳压泵应按设计要求进行调试，并应符合下列规定。

① 当达到设计启动压力时，稳压泵应立即启动；当达到系统停泵压力时，稳压泵应自动停止运行；稳压泵启停应达到设计压力要求。

② 能满足系统自动启动要求，且当消防主泵启动时，稳压泵应停止运行。

③ 稳压泵在正常工作时每小时的启停次数应符合设计要求，且不应大于 15 次/h。

④ 稳压泵启停时系统压力应平稳，且稳压泵不应频繁启停。

（4）干式消火栓系统快速启闭装置调试应符合下列要求。

① 干式消火栓系统调试时，开启系统试验阀或按下消火栓按钮，干式消火栓系统快速启闭装置的启动时间、系统启动压力、水流到试验装置出口所需时间，均应符合设计要求。

② 快速启闭装置后的管道容积应符合设计要求，并应满足充水时间的要求。

③ 干式报警阀在充气压力下降到设定值时应能及时启动。

④ 干式报警阀充气系统在设定低压点时应启动，在设定高压点时应停止充气，当压力低于设定低压点时应报警。

⑤ 干式报警阀当设有加速排气器时，应验证其可靠工作。

（5）减压阀调试应符合下列要求。

① 减压阀的阀前阀后动静压力应满足设计要求。

② 减压阀的出流量应满足设计要求，当出流量为设计流量的 150％时，阀后动压不应小于额定设计工作压力的 65％。

③ 减压阀在小流量、设计流量和设计流量的 150％时不应出现噪声明显增加。

④ 测试减压阀的阀后动静压差应符合设计要求。

（6）消火栓的调试和测试应符合下列规定。

① 试验消火栓动作时，应检测消防水泵是否在规定的时间内自动启动。

② 试验消火栓动作时，应测试其出流量、压力和充实水柱的长度；并应根据消防水泵的性能曲线核实消防水泵供水能力。

③ 应检查旋转型消火栓的性能能否满足其性能要求。

④ 应采用专用检测工具，测试减压稳压型消火栓的阀后动静压是否满足设计要求。

（7）调试过程中，系统排出的水应通过排水设施全部排走，并应符合下列规定。

① 消防电梯排水设施的自动控制和排水能力应进行测试。

② 报警阀排水试验管处和末端试水装置处排水设施的排水能力应进行测试，且在地面不应有积水。

③ 试验消火栓处的排水能力应满足试验要求。

④ 消防水泵房排水设施的排水能力应进行测试，并应符合设计要求。

（8）控制柜调试和测试应符合下列要求。

① 应首先空载调试控制柜的控制功能，并应对各个控制程序进行试验验证。

② 当空载调试合格后，应加负载调试控制柜的控制功能，并应对各个负载电流的状况进行试验检测和验证。

③ 应检查显示功能，并应对电压、电流、故障、声光报警等功能进行试验检测和验证。

④ 应调试自动巡检功能，并应对各泵的巡检动作、时间、周期、频率和转速等进行试验检测和验证。

⑤ 应试验消防水泵的各种强制启泵功能。

（9）联锁试验应符合下列要求，并应按表5-6的要求进行记录。

① 干式消火栓系统联锁试验，当打开1个消火栓或模拟1个消火栓的排气量排气时，干式报警阀（电动阀/电磁阀）应及时启动，压力开关应发出信号或联锁启动消防防水泵，水力警铃动作应发出机械报警信号。

② 消防给水系统的试验管放水时，管网压力应持续降低，消防水泵出水干管上压力开关应能自动启动消防水泵；消防给水系统的试验管放水或高位消防水箱排水管放水时，高位消防水箱出水管上的流量开关应动作，且应能自动启动消防水泵。

③ 自动启动时间应符合设计要求和《消防给水及消火栓系统技术规范》（GB 50974—2014）第11.0.3条的有关规定。

表 5-6　消防给水及消火栓系统联锁试验记录

工程名称				建设单位		
施工单位				监理单位		
系统类型	启动信号（部位）	联动组件动作				
		名称	是否开启	要求动作时间	实际动作时间	
消防给水						
湿式消火栓系统	末端试水装置（试验消火栓）	消防水泵				
		压力开关（管网）				
		高位消防水箱水流开关				
		稳压泵				
干式消火栓系统	模拟消火栓动作	干式阀等快速启闭装置				
		水力警铃				
		压力开关				
		充水时间				
		压力开关（管网）				
		高位消防水箱流量开关				
		消防水泵				
		稳压泵				
自动喷水灭火系统	现行国家标准《自动喷水灭火系统施工及验收规范》（GB 50261—2005）					
水喷雾系统	现行国家标准《自动喷水灭火系统施工及验收规范》（GB 50261—2005）					
泡沫系统	现行国家标准《泡沫灭火系统施工及验收规范》（GB 50281—2006）					
消防炮系统						
参加单位	施工单位项目负责人：（签章）　　　　　年　月　日	监理工程师：（签章）　　　　　年　月　日	建设单位项目负责人：（签章）　　　　　年　月　日			

5.2.3 消防系统验收

5.2.3.1 火灾自动报警系统

（1）火灾报警控制器的验收应符合下列要求。

① 火灾报警控制器的安装应满足《火灾自动报警系统施工及验收规范》（GB 50166—2007）第3.3节的要求。

② 火灾报警控制器的规格、型号、容量、数量应符合设计要求。

③ 火灾报警控制器的功能验收应按5.2.2中"火灾报警控制器调试"要求进行检查，检查结果应符合现行国家标准《火灾报警控制器》（GB 4717—2005）和产品使用说明书的有关要求。

（2）点型火灾探测器的验收应符合下列要求。

① 点型火灾探测器的安装应满足《火灾自动报警系统施工及验收规范》（GB 50166—2007）第3.4节的要求。

② 点型火灾探测器的规格、型号、数量应符合设计要求。

③ 点型火灾探测器的功能验收应按5.2.2中"点型感烟、感温火灾探测器调试"的要求进行检查，检查结果应符合要求。

（3）线型感温火灾探测器的验收应符合下列要求。

① 线型感温火灾探测器的安装应满足《火灾自动报警系统施工及验收规范》（GB 50166—2007）第3.4节的要求。

② 线型感温火灾探测器的规格、型号、数量应符合设计要求。

③ 线型感温火灾探测器的功能验收应按5.2.2中"线型感温火灾探测器调试"的要求进行检查，检查结果应符合要求。

（4）红外光束感烟火灾探测器的验收应符合下列要求。

① 红外光束感烟火灾探测器的安装应满足《火灾自动报警系统施工及验收规范》（GB 50166—2007）第3.4节的要求。

② 红外光束感烟火灾探测器的规格、型号、数量应符合设计要求。

③ 红外光束感烟火灾探测器的功能验收应按5.2.2中"红外光束感烟火灾探测器调试"的要求进行检查，结果应符合要求。

（5）通过管路采样的吸气式火灾探测器的验收应符合下列要求。

① 通过管路采样的吸气式火灾探测器的安装应满足《火灾自动报警系统施工及验收规范》（GB 50166—2007）第3.4节的要求。

② 通过管路采样的吸气式火灾探测器的规格、型号、数量应符合设计要求。

③ 采样孔加入试验烟，空气吸气式火灾探测器在120s内应发出火灾报警信号。

④ 依据说明书使采样管气路处于故障时，通过管路采样的吸气式火灾探测器在100s内应发出故障信号。

（6）点型火焰探测器和图像型火灾探测器的验收应符合下列要求。

① 点型火焰探测器和图像型火灾探测器的安装应满足《火灾自动报警系统施工及验收规范》（GB 50166—2007）第3.4节的要求。

② 点型火焰探测器和图像型火灾探测器的规格、型号、数量应符合设计要求。

③ 在探测区域最不利处模拟火灾，探测器应能正确响应。

（7）手动火灾报警按钮的验收应符合下列要求。

① 手动火灾报警按钮的安装应满足《火灾自动报警系统施工及验收规范》（GB 50166—

2007）第 3.5 节的要求。

② 手动火灾报警按钮的规格、型号、数量应符合设计要求。

③ 施加适当推力或模拟动作时，手动火灾报警按钮应能发出火灾报警信号。

（8）消防联动控制器的验收应符合下列要求。

① 消防联动控制器的安装应满足《火灾自动报警系统施工及验收规范》（GB 50166—2007）第 3.3 节和第 3.6 节的要求。

② 消防联动控制器的规格、型号、数量应符合设计要求。

③ 消防联动控制器的功能验收应按 5.2.2 中"消防联动控制器调试"中①～⑥逐项检查，检查结果应符合要求。

④ 消防联动控制器处于自动状态时，其功能应满足现行国家标准《火灾自动报警系统设计规范》（GB 50116—2013）和设计的联动逻辑关系要求。

⑤ 消防联动控制器处于手动状态时，其功能应满足现行国家标准《火灾自动报警系统设计规范》（GB 50116—2013）和设计的联动逻辑关系要求。

（9）消防电气控制装置的验收应符合下列要求。

① 消防电气控制装置的安装应满足《火灾自动报警系统施工及验收规范》（GB 50166—2007）第 3.3 节和第 3.6 节的要求。

② 消防电气控制装置的规格、型号、数量应符合设计要求。

③ 消防电气控制装置的控制、显示功能应满足现行国家标准《消防联动控制系统》（GB 16806—2006）的有关要求。

（10）区域显示器（火灾显示盘）的验收应符合下列要求。

① 区域显示器（火灾显示盘）的安装应满足《火灾自动报警系统施工及验收规范》（GB 50166—2007）第 3.3 节的要求。

② 区域显示器（火灾显示盘）的规格、型号、数量应符合设计要求。

③ 区域显示器（火灾显示盘）的功能验收应按 5.2.2 中"区域显示器（火灾显示盘）调试"的要求进行检查，检查结果应符合要求。

（11）可燃气体报警控制器的验收应符合下列要求。

① 可燃气体报警控制器的安装应满足《火灾自动报警系统施工及验收规范》（GB 50166—2007）第 3.3 节的要求。

② 可燃气体报警控制器的规格、型号、容量、数量应符合设计要求。

③ 可燃气体报警控制器的功能验收应按 5.2.2 中"可燃气体报警控制器调试"的要求进行检查，检查结果应符合要求。

（12）可燃气体探测器的验收应符合下列要求。

① 可燃气体探测器的安装应满足《火灾自动报警系统施工及验收规范》（GB 50166—2007）第 3.4 节的要求。

② 可燃气体探测器的规格、型号、数量应符合设计要求。

③ 可燃气体探测器的功能验收应按 5.2.2 中"可燃气体探测器调试"的要求进行检查，检查结果应符合要求。

（13）消防电话的验收应符合下列要求。

① 消防电话的安装应满足《火灾自动报警系统施工及验收规范》（GB 50166—2007）第 3.9 节的要求。

② 消防电话的规格、型号、数量应符合设计要求。

③ 消防电话的功能验收应按 5.2.2 中"消防电话调试"的要求进行检查，检查结果应

符合要求。

（14）消防应急广播设备的验收应符合下列要求。

① 消防应急广播设备的安装应满足《火灾自动报警系统施工及验收规范》（GB 50166—2007）第3.3节和第3.8节的要求。

② 消防应急广播设备的规格、型号、数量应符合设计要求。

③ 消防应急广播设备的功能验收应按5.2.2中"消防应急广播设备调试"的要求进行检查，检查结果应符合要求。

（15）系统备用电源的验收应符合下列要求。

① 系统备用电源的容量应满足相关标准和设计要求。

② 系统备用电源的工作时间应满足相关标准和设计要求。

（16）消防设备应急电源的验收应满足下列要求。

① 消防设备应急电源的安装应满足《火灾自动报警系统施工及验收规范》（GB 50166—2007）第3.10节的要求。

② 消防设备应急电源的功能验收应按5.2.2中"消防设备应急电源调试"的要求进行检查，检查结果应符合要求。

（17）消防控制中心图形显示装置的验收应符合下列要求。

① 消防控制中心图形显示装置的规格、型号、数量应符合设计要求。

② 消防控制中心图形显示装置的功能验收应按5.2.2中"消防控制中心图形显示装置调试"的要求进行检查，检查结果应符合要求。

（18）气体灭火控制器的验收应符合下列要求。

① 气体灭火控制器的安装应满足《火灾自动报警系统施工及验收规范》（GB 50166—2007）第3.3节的要求。

② 气体灭火控制器的规格、型号、数量应符合设计要求。

③ 气体灭火控制器的功能验收应按5.2.2中"气体灭火控制器调试"的要求进行检查，检查结果应符合要求。

（19）防火卷帘控制器的验收应符合下列要求。

① 防火卷帘控制器的安装应满足《火灾自动报警系统施工及验收规范》（GB 50166—2007）第3.3节的要求。

② 防火卷帘控制器的规格、型号、数量应符合设计要求。

③ 防火卷帘控制器的功能验收应按5.2.2中"防火卷帘控制器调试"的要求进行检查，检查结果应符合要求。

（20）系统性能的要求应符合现行国家标准《火灾自动报警系统设计规范》（GB 50116—2013）和设计的联动逻辑关系要求。

（21）消火栓的控制功能验收应符合现行国家标准《火灾自动报警系统设计规范》（GB 50116—2013）和设计的有关要求。

（22）自动喷水灭火系统的控制功能验收应符合现行国家标准《火灾自动报警系统设计规范》（GB 50116—2013）和设计的有关要求。

（23）泡沫、干粉等灭火系统的控制功能验收应符合现行国家标准《火灾自动报警系统设计规范》（GB 50116—2013）和设计的有关要求。

（24）电动防火门、防火卷帘、挡烟垂壁的功能验收应符合现行国家标准《火灾自动报警系统设计规范》（GB 50116—2013）和设计的有关要求。

（25）防烟排烟风机、防火阀和防排烟系统阀门的功能验收应符合现行国家标准《火灾自动报警系统设计规范》（GB 50116—2013）和设计的有关要求。

（26）消防电梯的功能验收应符合现行国家标准《火灾自动报警系统设计规范》（GB 50116—2013）和设计的有关要求。

5.2.3.2　自动喷水灭火系统

（1）系统竣工后，必须进行工程验收，验收不合格不得投入使用。

（2）自动喷水灭火系统工程验收应按表 5-7 的要求填写。

表 5-7　自动喷水灭火系统工程验收记录

工程名称		分部工程名称	
施工单位		项目负责人	
监理单位		监理工程师	
序号	检查项目名称	检查内容记录	检查评定结果
1			
2			
3			
4			
5			
综合验收结论			
验收单位	施工单位：(单位印章)	项目负责人：(签章)　　　　　　年 月 日	
	监理单位：(单位印章)	项目负责人：(签章)　　　　　　年 月 日	
	设计单位：(单位印章)	项目负责人：(签章)　　　　　　年 月 日	
	建设单位：(单位印章)	项目负责人：(签章)　　　　　　年 月 日	

（3）系统验收时，施工单位应提供下列材料。

① 竣工验收申请报告、设计变更通知书、竣工图。

② 工程质量事故处理报告。

③ 施工现场质量管理检查记录。

④ 自动喷水灭火系统施工过程质量管理检查记录。

⑤ 自动喷水灭火系统质量控制检查资料。

（4）系统供水水源的检查验收应符合下列要求。

① 应检查室外给水管网的进水管管径及供水能力，并应检查消防水箱和消防水池容量，均应符合设计要求。

② 当采用天然水源作系统的供水水源时，其水量、水质应符合设计要求，并应检查枯

水期最低水位时确保消防用水的技术措施。

（5）消防泵的验收应符合下列要求。

① 消防泵房的建筑防火要求应符合相应的建筑设计防火规范的规定。

② 消防泵房设置的应急照明、安全出口应符合设计要求。

③ 备用电源、自动切换装置的设置应符合设计要求。

（6）消防水泵验收应符合下列要求。

① 工作泵、备用泵、吸水管、出水管及出水管上的泄压阀、水锤消防设施、止回阀、信号阀等的规格、型号、数量，应符合设计要求；吸水管、出水管上的控制阀应锁定在常位置，并有明显标记。

② 消防水泵应采用自灌式引水或其他可靠的引水措施。

③ 分别开启系统中的每一个末端试水装置和试水阀，水流指示器、压力开关等信号装置的功能均符合设计要求。

④ 打开消防水泵出水管上试水阀，当采用主电源启动消防水泵时，消防水泵应启动正常；关掉主电源，主、备电源应能正常切换。

⑤ 消防水泵停泵时，水锤消除设施后的压力不应超过水泵出口额定压力的 1.3～1.5 倍。

⑥ 对消防气压给水设置，当系统气压下降到设计最低压力时，通过压力变化信号应启动稳压泵。

⑦ 消防水泵启动控制应置于自动启动挡。

（7）报警阀组的验收应符合下列要求。

① 报警阀组的各组件应符合产品标准要求。

② 打开系统流量压力检测装置放水阀，测试的流量、压力应符合设计要求。

③ 水力警铃的设置位置应正确。测试时，水力警铃喷嘴处压力不应小于 0.05MPa，且距水力警铃 3m 远处警铃声声强不应小于 70dB；

④ 打开手动试水阀或电磁阀时，雨淋阀组动作应可靠。

⑤ 控制阀均应锁定在常开位置。

⑥ 与空气压缩机或火灾自动报警系统的联动控制，应符合设计要求。

（8）管网验收应符合下列要求。

① 管道的材质、管径、接头、连接方式及采取的防腐、防冻措施，应符合设计规范及设计要求。

② 管网排水坡度及辅助排水设施，应符合相关规定。

③ 系统中的末端试水装置、试水阀、排气阀应符合设计要求。

④ 管网不同部位安装的报警阀组、闸阀、止回阀、电磁阀、信号阀、水流指示器、减压孔板、节流管、减压阀、柔性接头、排水管、排气阀、泄压阀等，均应符合设计要求。

⑤ 干式喷水灭火系统管网容积不大于 2900L 时，系统允许的最大充水时间不应大于 3min；如干式喷水灭火系统管道充水时间不大于 1min，系统管网容积允许大于 2900L。

⑥ 报警阀后的管道上不应安装其他用途的支管或水龙头。

⑦ 配水支管、配水管、配水干管设置的支架、吊架和防晃支架，应符合相关规定。

（9）喷头验收应符合下列要求。

① 喷头设置场所、规格、型号、公称动作温度、响应时间指数（RTI）应符合设计要求。

② 喷头安装间距，喷头与楼板、墙、梁等障碍物的距离应符合设计要求。

③ 有腐蚀性气体的环境和有冰冻危险场所安装的喷头，应采取防护措施。

④ 有碰撞危险场所安装的喷头应加设防护罩。

⑤ 各种不同规格的喷头均应有一定数量的备用品，其数量不应小于安装总数的1%，且每种备用喷头不应少于10个。

（10）水泵接合器数量及进水管位置应符合设计要求，消防水泵接合器应进行充水试验，且系统最不利点的压力、流量应符合设计要求。

（11）系统流量、压力的验收，应通过系统流量压力检测装置进行放水试验，系统流量、压力应符合设计要求。

（12）应进行系统模拟灭火功能试验，且应符合下列要求。

① 报警阀动作，水力警铃应鸣响。

② 水流指示器动作，应有反馈信号显示。

③ 压力开关动作，应启动消防水泵及与其联动的相关设备，并应有反馈信号显示。

④ 电磁阀打开，雨淋阀应开启，并应有反馈信号显示。

⑤ 消防水泵启动后，应有反馈信号显示。

⑥ 加速器动作后，应有反馈信号显示。

⑦ 其他消防联动控制设备启动后，应有反馈信号显示。

（13）系统工程质量验收判定条件。

① 系统工程质量缺陷可划分为：严重缺陷项（A）、重缺陷项（B）、轻缺陷项（C）。

② 系统验收合格判定应为：A＝0，且B≤2，且B＋C≤6为合格，否则不合格。

5.2.3.3　气体灭火系统

（1）防护区或保护对象与储存装置间验收

① 防护区或保护对象的位置、用途、划分、几何尺寸、开口、通风、环境温度、可燃物的种类、防护区围护结构的耐压、耐火极限及门、窗可自行关闭装置应符合设计要求。

② 防护区下列安全设施的设置应符合设计要求。

a. 防护区的疏散通道、疏散指示标志和应急照明装置。

b. 防护区内和入口处的声光报警装置、气体喷放指示灯、入口处的安全标志。

c. 无窗或固定窗扇的地上防护区和地下防护区的排气装置。

d. 门窗设有密封条的防护区的泄压装置。

e. 专用的空气呼吸器或氧气呼吸器。

③ 储存装置间的位置、通道、耐火等级、应急照明装置、火灾报警控制装置及地下储存装置间机械排风装置应符合设计要求。

④ 火灾报警控制装置及联动设备应符合设计要求。

（2）设备和灭火剂输送管道验收

① 灭火剂储存容器的数量、型号和规格，位置与固定方式，油漆和标志，以及灭火剂储存容器的安装质量应符合设计要求。

② 储存容器内的灭火剂充装量和储存压力应符合设计要求。

③ 集流管的材料、规格、连接方式、布置及其泄压装置的泄压方向应符合设计要求和《气体灭火系统施工及验收规范》（GB 50263—2007）第5.2节的有关规定。

④ 选择阀及信号反馈装置的数量、型号、规格、位置、标志及其安装质量应符合设计要求和《气体灭火系统施工及验收规范》（GB 50263—2007）第5.3节的有关规定。

⑤ 阀驱动装置的数量、型号、规格和标志，安装位置，气动驱动装置中驱动气瓶的介质名称和充装压力，以及气动驱动装置管道的规格、布置和连接方式应符合设计要求和《气

体灭火系统施工及验收规范》（GB 50263—2007）第5.4节的有关规定。

⑥ 驱动气瓶和选择阀的机械应急手动操作处，均应有标明对应防护区或保护对象名称的永久标志。

驱动气瓶的机械应急操作装置均应设安全销并加铅封，现场手动启动按钮应有防护罩。

⑦ 灭火剂输送管道的布置与连接方式、支架和吊架的位置及间距、穿过建筑构件及其变形缝的处理、各管段和附件的型号规格以及防腐处理和涂刷油漆颜色，应符合设计要求和《气体灭火系统施工及验收规范》（GB 50263—2007）第5.5节的有关规定。

⑧ 喷嘴的数量、型号、规格、安装位置和方向，应符合设计要求和《气体灭火系统施工及验收规范》（GB 50263—2007）第5.6节的有关规定。

（3）系统功能验收

① 系统功能验收时，应进行模拟启动试验，并合格。

② 系统功能验收时，应进行模拟喷气试验，并合格。

③ 系统功能验收时，应对设有灭火剂备用量的系统进行模拟切换操作试验，并合格。

④ 系统功能验收时，应对主、备用电源进行切换试验，并合格。

5.2.3.4　泡沫灭火系统

（1）泡沫灭火系统应对施工质量进行验收，并应包括下列内容。

① 泡沫液储罐、泡沫比例混合器（装置）、泡沫产生装置、消防泵、泡沫消火栓、阀门、压力表、管道过滤器、金属软管等系统组件的规格、型号、数量、安装位置及安装质量。

② 管道及管件的规格、型号、位置、坡向、坡度、连接方式及安装质量。

③ 固定管道的支、吊架，管墩的位置、间距及牢固程度。

④ 管道穿防火堤、楼板、防火墙及变形缝的处理。

⑤ 管道和系统组件的防腐。

⑥ 消防泵房、水源及水位指示装置。

⑦ 动力源、备用动力及电气设备。

（2）泡沫灭火系统应对系统功能进行验收，并应符合下列规定。

① 低、中倍数泡沫灭火系统喷泡沫试验应合格。

② 高倍数泡沫灭火系统喷泡沫试验应合格。

5.2.3.5　消防给水及消火栓系统

（1）系统竣工后，必须进行工程验收，验收应由建设单位组织质检、设计、施工、监理参加，验收不合格不应投入使用。

（2）消防给水及消火栓系统工程验收应按表5-8的要求填写。

表5-8　消防给水系统及消火栓系统工程验收记录

工程名称		分部工程名称	
施工单位		项目负责人	
监理单位		监理工程师	
序号	检查项目名称	检查内容记录	检查评定结果
1			
2			
3			

序号	检查项目名称	检查内容记录	检查评定结果
4			
5			

综合验收结论		
验收单位	施工单位:(单位印章)	项目负责人:(签章) 年　　月　　日
	监理单位:(单位印章)	总监理工程师:(签章) 年　　月　　日
	设计单位:(单位印章)	项目负责人:(签章) 年　　月　　日
	建设单位:(单位印章)	项目负责人:(签章) 年　　月　　日

（3）系统验收时，施工单位应提供下列资料。

① 竣工验收申请报告、设计文件、竣工资料。

② 消防给水及消火栓系统的调试报告。

③ 工程质量事故处理报告。

④ 施工现场质量管理检查记录。

⑤ 消防给水及消火栓系统施工过程质量管理检查记录。

⑥ 消防给水及消火栓系统质量控制检查资料。

（4）水源的检查验收应符合下列要求。

① 应检查室外给水管网的进水管管径及供水能力，并应检查高位消防水箱、高位消防水池和消防水池等的有效容积和水位测量装置等应符合设计要求。

② 当采用地表天然水源作为消防水源时，其水位、水量、水质等应符合设计要求。

③ 应根据有效水文资料检查天然水源枯水期最低水位、常水位和洪水位时确保消防用水应符合设计要求。

④ 应根据地下水井抽水试验资料确定常水位、最低水位、出水量和水位测量装置等技术参数和装备应符合设计要求。

（5）消防水泵房的验收应符合下列要求。

① 消防水泵房的建筑防水要求应符合设计要求和现行国家标准《建筑设计防火规范》（GB 50016—2014）的有关规定。

② 消防水泵房设置的应急照明、安全出口应符合设计要求。

③ 消防水泵房的采暖通风、排水和防洪等应符合设计要求。

④ 消防水泵房的设备进出和维修安装空间应满足设备要求。

⑤ 消防水泵控制柜的安装位置和防护等级应符合设计要求。

（6）消防水泵验收应符合下列要求。

① 消防水泵运转应平稳，应无不良噪声的振动。

② 工作泵、备用泵、吸水管、出水管及出水管上的泄压阀、水锤消除设施、止回阀、

信号阀等的规格、型号、数量，应符合设计要求；吸水管、出水管上的控制阀应锁定在常开位置，并应有明显标记。

③ 消防水泵应采用自灌式引水方式，并应保证全部有效储水被有效利用。

④ 分别开启系统中的每一个末端试水装置、试水阀和试验消火栓，水流指示器、压力开关、压力开关（管网）、高位消防水箱流量开关等信号的功能，均应符合设计要求。

⑤ 打开消防水泵出水管上试水阀，当采用主电源启动消防水泵时，消防水泵应启动正常；关掉主电源，主、备电源应能正常切换；备用泵启动和相互切换正常；消防水泵就地和远程启停功能应正常。

⑥ 消防水泵停泵时，水锤消除设施后的压力不应超过水泵出口设计工作压力的 1.4 倍。

⑦ 消防水泵启动控制应置于自动启动挡。

⑧ 采用固定和移动式流量计和压力表测试消防水泵的性能，水泵性能应满足设计要求。

（7）稳压泵验收应符合下列要求。

① 稳压泵的型号性能等应符合设计要求。

② 稳压泵的控制应符合设计要求，并应有防止稳压泵频繁启动的技术措施。

③ 稳压泵在 1h 内的启停次数应符合设计要求，并不宜大于 15 次/h。

④ 稳压泵供电应正常，自动手动启停应正常；关掉主电源，主、备电源应能正常切换。

⑤ 气压水罐的有效容积以及调节容积应符合设计要求，并应满足稳压泵的启停要求。

（8）减压阀验收应符合下列要求。

① 减压阀的型号、规格、设计压力和设计流量应符合设计要求。

② 减压阀阀前应有过滤器，过滤器的孔网直径不宜小于 4～5 目/cm²，过流面积不应小于管道截面积的 4 倍。

③ 减压阀阀前阀后动静压力应符合设计要求。

④ 减压阀处应有试验用压力排水管道。

⑤ 减压阀在小流量、设计流量和设计流量的 150％时不应出现噪声明显增加或管道出现喘振。

⑥ 减压阀的水头损失应小于设计阀后静压和动压差。

（9）消防水池、高位消防水池和高位消防水箱验收应符合下列要求。

① 设置位置应符合设计要求。

② 消防水池、高位消防水池和高位水池水箱的有效容积、水位、报警水位等，应符合设计要求。

③ 进出水管、溢流管、排水管等应符合设计要求，且溢流管应采用间接排水。

④ 管道、阀门和进水浮球阀等应便于检修，人孔和爬梯位置应合理。

⑤ 消防水池吸水井、吸（出）水管喇叭口等设置位置应符合设计要求。

（10）气压水罐验收应符合下列要求。

① 气压水罐的有效容积、调节容积和稳压泵启泵次数应符合设计要求。

② 气压水罐气侧压力应符合设计要求。

（11）干式消火栓系统报警阀组的验收应符合下列要求。

① 报警阀组的各组件应符合产品标准要求。

② 打开系统流量压力检测装置放水阀，测试的流量、压力应符合设计要求。

③ 水力警铃的设置位置应正确。测试时，水力警铃喷嘴处压力不应小于 0.05MPa，且距水力警铃 3m 远处警铃声声强不应小于 70dB。

④ 打开手动试水阀动作应可靠。

⑤ 控制阀均应锁定在常开位置。

⑥ 与空气压缩机或火灾自动报警系统的联锁控制，应符合设计要求。

(12) 管网验收应符合下列要求。

① 管道的材质、管径、接头、连接方式及采取的防腐、防冻措施，应符合设计要求，管道标识应符合设计要求。

② 管网排水坡度及辅助排水设施，应符合设计要求。

③ 系统中的试验消火栓、自动排气阀应符合设计要求。

④ 管网不同部位安装的报警阀组、闸阀、止回阀、电磁阀、信号阀、水流指示器、减压孔板、节流管、减压阀、柔性接头、排水管、排气阀、泄压阀等，均应符合设计要求。

⑤ 干式消火栓系统允许的最大充水时间不应大于 5min。

⑥ 干式消火栓系统报警阀后的管道仅应设置消火栓和有信号显示的阀门。

⑦ 架空管道的立管、配水支管、配水管、配水干管设置的支架，应符合相关规定。

⑧ 室外埋地管道应符合相关规定。

(13) 消火栓验收应符合下列要求。

① 消火栓的设置场所、位置、规格、型号应符合设计要求和《消防给水及消火栓系统技术规范》(GB 50974—2014) 第7.2节～第7.4节的有关规定。

② 室内消火栓的安装高度应符合设计要求。

③ 消火栓的设置位置应符合设计要求和《消防给水及消火栓系统技术规范》(GB 50974—2014) 第7章的有关规定，并应符合消防救援和火灾扑救工艺的要求。

④ 消火栓的减压装置和活动部件应灵活可靠，栓后压力应符合设计要求。

(14) 消防水泵接合器数量及进水管位置应符合设计要求，消防水泵接合器应采用消防车车载消防水泵进行充水试验，且供水最不利点的压力、流量应符合设计要求；当有分区供水时应确定消防车的最大供水高度和接力泵的设置位置的合理性。

(15) 消防给水系统流量、压力的验收，应通过系统流量、压力检测装置和末端试水装置进行放水试验，系统流量、压力和消火栓充实水柱等应符合设计要求。

(16) 控制柜的验收应符合下列要求。

① 控制柜的规格、型号、数量应符合设计要求。

② 控制柜的图纸塑封后应牢固粘贴于柜门内侧。

③ 控制柜的动作应符合设计要求和《消防给水及消火栓系统技术规范》(GB 50974—2014) 第11章的有关规定。

④ 控制柜的质量应符合产品标准的要求。

⑤ 主、备用电源自动切换装置的设置应符合设计要求。

(17) 应进行系统模拟灭火功能试验，且应符合下列要求。

① 干式消火栓报警阀动作，水力警铃应鸣响压力开关动作。

② 流量开关、低压压力开关和报警阀压力开关等动作，应能自动启动消防水泵及与其联锁的相关设备，并应有反馈信号显示。

③ 消防水泵启动后，应有反馈信号显示。

④ 干式消火栓系统的干式报警阀的加速排气器动作后，应有反馈信号显示。

⑤ 其他消防联动控制设备启动后，应有反馈信号显示。

(18) 系统工程质量验收判定条件应符合下列规定。

① 系统工程质量缺陷应按表5-9要求划分。

表 5-9 消防给水及消火栓系统验收缺陷项目划分

缺陷分类	严重缺陷(A)	重缺陷(B)	轻缺陷(C)
包含内容			本节(3)的内容
	本节(4)的内容		
		本节(5)的内容	
	本节(6)中②和⑦的内容	本节(6)中①、③~⑥、⑧的内容	
	本节(7)中①的内容	本节(7)中除②~⑤的内容	
	本节(8)中①和⑥的内容	本节(8)中除②~⑤的内容	
	本节(9)中①~③的内容		本节(9)中④、⑤的内容
		本节(10)中①的内容	本节(10)中②的内容
		本节(11)中①~④、⑥的内容	本节(11)中⑤的内容
		本节(12)的内容	
	本节(13)中①的内容	本节(13)中③和④的内容	本节(13)中②的内容
		本节(14)的内容	
	本节(15)的内容		
	本节(16)的内容		
	本节(17)中②和③的内容	本节(17)中④和⑤的内容	本节(17)中①的内容

② 系统验收合格判定应为 A=0,且 B≤2,且 B+C≤6 为合格。

③ 系统验收不符合本条②的要求时,应为不合格。

5.2.4 消防系统维护

5.2.4.1 火灾自动报警系统

(1) 火灾自动报警系统应保持连续正常运行,不得随意中断。

(2) 每日应检查火灾报警控制器的功能,并按表 5-10 的要求填写相应的记录。

表 5-10 火灾自动报警系统日常维护检查记录表

使用单位				
维护检查执行的规范名称及编号				
检查类别(日检、季检、年检)				
检查日期	检查项目	检查结论	处理结果	检查人员签字

(3) 每季度应检查和试验火灾自动报警系统的下列功能,并按表 5-10 的要求填写相应的记录。

① 采用专用检测仪器分期分批试验探测器的动作及确认灯显示。

② 试验火灾警报装置的声光显示。

③ 试验水流指示器、压力开关等报警功能、信号显示。

252

④ 对主电源和备用电源进行 1～3 次自动切换试验。

⑤ 用自动或手动检查下列消防控制设备的控制显示功能：

a. 室内消火栓、自动喷水、泡沫、气体、干粉等灭火系统的控制设备。

b. 抽验电动防火门、防火卷帘门，数量不小于总数的 25%。

c. 选层试验消防应急广播设备，并试验公共广播强制转入火灾应急广播的功能，抽检数量不小于总数的 25%。

d. 火灾应急照明与疏散指示标志的控制装置。

e. 送风机、排烟机和自动挡烟垂壁的控制设备。

⑥ 检查消防电梯迫降功能。

⑦ 应抽取不少于总数 25% 的消防电话和电话插孔在消防控制室进行对讲通话试验。

（4）每年应检查和试验火灾自动报警系统下列功能，并按表 5-10 的要求填写相应的记录。

① 应用专用检测仪器对所安装的全部探测器和手动报警装置试验至少 1 次。

② 自动和手动打开排烟阀，关闭电动防火阀和空调系统。

③ 对全部电动防火门、防火卷帘的试验至少 1 次。

④ 强制切断非消防电源功能试验。

⑤ 对其他有关的消防控制装置进行功能试验。

（5）点型感烟火灾探测器投入运行 2 年后，应每隔 3 年至少全部清洗一遍；通过采样管采样的吸气式感烟火灾探测器根据使用环境的不同，需要对采样管道进行定期吹洗，最长的时间间隔不应超过 1 年；探测器的清洗应由有相关资质的机构根据产品生产企业的要求进行。探测器清洗后应做响应阈值及其他必要的功能试验，合格者方可继续使用。不合格探测器严禁重新安装使用，并应将该不合格品返回产品生产企业集中处理，严禁将离子感烟火灾探测器随意丢弃。可燃气体探测器的气敏元件超过生产企业规定的寿命年限后应及时更换，气敏元件的更换应由有相关资质的机构根据产品生产企业的要求进行。

（6）不同类型的探测器应有 10% 但不少于 50 只的备品。

5.2.4.2 自动喷水灭火系统

① 自动喷水灭火系统应具有管理、检测、维护规程，并应保证系统处于准工作状态。维护管理工作，应按表 5-11 的要求进行。

表 5-11 自动喷水灭火系统维护管理工作检查项目

部位	工作内容	周期
水源控制阀、报警控制装置	目测巡检完好状况及开闭状态	每月
电源	接通状态，电压	每月
内燃机驱动消防水泵	启动试运转	每月
喷头	检查完好状况、清除异物、备用量	每月
系统所有控制阀门	检查铅封、锁链完好状况	每月
电动消防水泵	启动试运转	每月
消防气压给水设备	检测气压、水位	每月
蓄水池、高位水箱	检测水位及消防储备水不被他用的措施	每月

续表

部位	工作内容	周期
电磁阀	启动试验	每月
水泵接合器	检查完好状况	每月
水流指示器	试验报警	每季
室外阀门井中控制阀门	检查开启状况	每季
报警阀、试水阀	放水试验,启动性能	每季
水源	测试供水能力	每年
水泵接合器	通水试验	每年
过滤器	排渣、完好状态	每年
储水设备	检查结构材料	每年
系统联动试验	系统运行功能	每年
设置储水设备的房间	检查室温	每天(寒冷季节)

② 维护管理人员应经过消防专业培训,应熟悉自动喷水灭火系统的原理、性能和操作维护规程。

③ 每年对水源的供水能力进行一次测定。

④ 消防水泵或内燃机驱动的消防水泵应每月启动运转一次。当消防水泵为自动控制启动时,应每月模拟自动控制的条件启动运转一次。

⑤ 电磁阀应每月检查并应做启动试验,动作失常时应及时更换。

⑥ 每个季度应对系统所有的末端试水阀和报警阀旁的放水试验阀进行一次放水试验,检查系统启动、报警功能以及出水情况是否正常。

⑦ 系统上所有的控制阀门均应采用铅封或锁链固定在开启或规定的状态。每月应对铅封、锁链进行一次检查,当有破坏或损坏时应及时修理更换。

⑧ 室外阀门井中,进水管上的控制阀门应每个季度检查一次,核实其处于全开启状态。

⑨ 自动喷水灭火系统发生故障,需停水进行修理前,应向主管值班人员报告,取得维护负责人的同意,并临场监督,加强防范措施后方能动工。

⑩ 维护管理人员每天应对水源控制阀、报警阀组进行外观检查,并应保证系统处于无故障状态。

⑪ 消防水池、消防水箱及消防气压给水设备应每月检查一次,并应检查其消防储备水位及消防气压给水设备的气体压力。同时,应采取措施保证消防用水不作它用,并应每月对该措施进行检查,发现故障应及时进行处理。

⑫ 消防水池、消防水箱、消防气压给水设备内的水,应根据当地环境、气候条件不定期更换。

⑬ 寒冷季节,消防储水设备的任何部位均不得结冰。每天应检查设置储水设备的房间,保持室温不低于5℃。

⑭ 每年应对消防储水设备进行检查,修补缺损和重新油漆。

⑮ 钢板消防水箱和消防气压给水设备的玻璃水位计两端的角阀在不进行水位观察时应

关闭。

⑯ 消防水泵接合器的接口及附件应每月检查一次，并应保证接口完好、无渗漏、闷盖齐全。

⑰ 每月应利用末端试水装置对水流指示器进行试验。

⑱ 每月应对喷头进行一次外观及备用数量检查，发现有不正常的喷头应及时更换；当喷头上有异物时应及时清除。更换或安装喷头均应使用专用扳手。

⑲ 建筑物、构筑物的使用性质或储存物安放位置、堆存高度的改变，影响到系统功能而需要进行修改时，应重新进行设计。

5.2.4.3　气体灭火系统

(1) 气体灭火系统投入使用时，应具备下列文件，并应有电子备份档案，永久储存。

① 系统及其主要组件的使用、维护说明书。

② 系统工作流程图和操作规程。

③ 系统维护检查记录表。

④ 值班员守则和运行日志。

(2) 气体灭火系统应由经过专门培训，并经考试合格的专人负责定期检查和维护。

(3) 应按检查类别规定对气体灭火系统进行检查，并做好检查记录。检查中发现的问题应及时处理。

(4) 与气体灭火系统配套的火灾自动报警系统的维护管理应按《火灾自动报警系统施工及验收规范》(GB 50116—2007) 执行。

(5) 每日应对低压二氧化碳储存装置的运行情况、储存装置间的设备状态进行检查并记录。

(6) 每月检查应符合下列要求。

① 低压二氧化碳灭火系统储存装置的液位计检查，灭火剂损失 10% 时应及时补充。

② 高压二氧化碳灭火系统、七氟丙烷管网灭火系统及 IG541 灭火系统等系统的检查内容及要求应符合下列规定。

a. 灭火剂储存容器及容器阀、单向阀、连接管、集流管、安全泄放装置、选择阀、阀驱动装置、喷嘴、信号反馈装置、检漏装置、减压装置等全部系统组件应无碰撞变形及其他机械性损伤，表面应无锈蚀，保护涂层应完好，铭牌和保护对象标志牌应清晰，手动操作装置的防护罩、铅封和安全标志应完整。

b. 灭火剂和驱动气体储存容器内的压力，不得小于设计储存压力的 90%。

c. 预制灭火系统的设备状态和运行状况应正常。

(7) 每季度应对气体灭火系统进行 1 次全面检查，并应符合下列规定。

① 可燃物的种类、分布情况，防护区的开口情况，应符合设计规定。

② 储存装置间的设备、灭火剂输送管道和支、吊架的固定，应无松动。

③ 连接管应无变形、裂纹及老化。必要时，送法定质量检验机构进行检测或更换。

④ 各喷嘴孔口应无堵塞。

⑤ 对高压二氧化碳储存容器逐个进行称重检查，灭火剂净重不得小于设计储存量的 90%。

⑥ 灭火剂输送管道有损伤与堵塞现象时，应进行严密性试验和吹扫。

(8) 每年应按对每个防护区进行 1 次模拟启动试验，并进行 1 次模拟喷气试验。

(9) 低压二氧化碳灭火剂储存容器的维护管理应按国家现行《压力容器安全技术监察规程》的规定执行；钢瓶的维护管理应按国家现行《气瓶安全监察规程》的规定执行。灭火剂输送管道耐压试验周期应按《压力管道安全管理与监察规定》的规定执行。

5.2.4.4　泡沫灭火系统

（1）一般规定

① 泡沫灭火系统验收合格方可投入运行。

② 泡沫灭火系统投入运行前，应符合下列规定。

a. 建设单位应配齐经过专门培训，并通过考试合格的人员负责系统的维护、管理、操作和定期检查。

b. 已建立泡沫灭火系统的技术档案，并应具备施工现场质量管理检查记录、泡沫灭火系统施工过程检查记录、隐蔽工程验收记录、泡沫灭火系统质量控制资料核查记录、泡沫灭火系统验收记录、相关文件、记录、资料清单等文件资料和第③条中的资料。

③ 泡沫灭火系统投入运行时，维护、管理应具备下列资料。

a. 系统组件的安装使用说明书。

b. 操作规程和系统流程图。

c. 值班员职责。

d. 泡沫灭火系统维护管理记录。

④ 对检查和试验中发现的问题应及时解决，对损坏或不合格者应立即更换，并应复原系统。

（2）系统的定期检查和试验

① 每周应对消防泵和备用动力进行一次启动试验，并应进行记录。

② 每月应对系统进行检查，并应进行记录，检查内容及要求应符合下列规定。

a. 对低、中、高倍数泡沫产生器，泡沫喷头，固定式泡沫炮，泡沫比例混合器（装置），泡沫液储罐进行外观检查，应完好无损。

b. 对固定式泡沫炮的回转机构、仰俯机构或电动操作机构进行检查，性能应达到标准的要求。

c. 泡沫消火栓和阀门的开启与关闭应自如，不应锈蚀。

d. 压力表、管道过滤器、金属软管、管道及管件不应有损伤。

e. 对遥控功能或自动控制设施及操纵机构进行检查，性能应符合设计要求。

f. 对储罐上的低、中倍数泡沫混合液立管应清除锈渣。

g. 动力源和电气设备工作状况应良好。

h. 水源及水位指示装置应正常。

③ 每半年除储罐上泡沫混合液立管和液下喷射防火堤内泡沫管道及高倍数泡沫产生器进口端控制阀后的管道外，其余管道应全部冲洗，清除锈渣，并应进行记录。

④ 每两年应对系统进行检查和试验，并应进行记录；检查和试验的内容及要求应符合下列规定。

a. 对于低倍数泡沫灭火系统中的液上、液下及半液下喷射、泡沫喷淋、固定式泡沫炮和中倍数泡沫灭火系统进行喷泡沫试验，并对系统所有组件、设施、管道及管件进行全面检查。

b. 对于高倍数泡沫灭火系统，可在防护区内进行喷泡沫试验，并对系统所有组件、设施、管道及管件进行全面检查。

c. 系统检查和试验完毕，应对泡沫液泵或泡沫混合液泵、泡沫液管道、泡沫混合液管道、泡沫管道、泡沫比例混合器（装置）、泡沫消火栓、管道过滤器或喷过泡沫的泡沫产生装置等用清水冲洗后放空，复原系统。

5.2.4.5 消防给水及消火栓系统

（1）消防给水及消火栓系统应有管理、检查检测、维护保养的操作规程；并应保证系统处于准工作状态。维护管理应按表 5-12 的要求进行。

表 5-12 消防给水及消火栓系统维护管理工作检查项目

部位		工作内容	周期
水源	市政给水管网	压力和流量	每季
	河湖等地表水源	枯水位、洪水位、枯水位流量或蓄水量	每年
	水井	常水位、最低水位、出流量	每年
	消防水池（箱）、高位消防水箱	水位	每年
	室外消防水池等	温度	冬季每天
供水设施	电源	接通状态，电压	每日
	消防水泵	自动巡检记录	每周
		手动启动试运转	每月
		流量和压力	每季
	稳压泵	启停泵压力、启停次数	每日
	柴油机消防水泵	启动电池、储油量	每日
	气压水罐	检测气压、水位、有效容积	每月
阀门	减压阀	放水	每月
		测试流量和压力	每年
	雨林阀的附属电磁阀	每月检查开启	每月
	电动阀或电磁阀	供电、启闭性能检测	每月
	系统所有控制阀门	检查铅封、锁链完好状况	每月
	室外阀门井中控制阀门	检查开启状况	每季
	水源控制阀、报警阀组	外观检查	每天
	末端试水阀、报警阀的试水阀	放水试验，启动性能	每季
	倒流防止器	压差检测	每月
喷头		检查完好状况、清除异物、备用量	每月
消火栓		外观和漏水检查	每季
水泵接合器		检查完好状况	每月
		通水试验	每年
过滤器		排渣、完好状态	每年
储水设备		检查结构材料	每年
系统联锁试验		消火栓和其他水灭火系统等运行功能	每年
消防泵水房、水箱间、报警阀间、减法阀间等供水设备间		检查室温	（冬季）每天

（2）维护管理人员应掌握和熟悉消防给水系统的原理、性能和操作规程。

（3）水源的维护管理应符合下列规定。

① 每季度应监测市政给水管网的压力和供水能力。

② 每年应对天然河湖等地表水消防水源的常水位、枯水位、洪水位，以及枯水位流量或蓄水量等进行一次检测。

③ 每年应对水井等地下水消防水源的常水位、最低水位、最高水位和出水量等进行一次测定。

④ 每月应对消防水池、高位消防水池、高位消防水箱等消防水源设施的水位等进行一次检测；消防水池（箱）玻璃水位计两端的角阀在不进行水位观察时应关闭。

⑤ 在冬季每天应对消防储水设施进行室内温度和水温检测，当结冰或室内温度低于5℃时，应采取确保不结冰和室温不低于5℃的措施。

（4）消防水泵和稳压泵等供水设施的维护管理应符合下列规定。

① 每月应手动启动消防水泵运转一次，并应检查供电电源的情况。

② 每周应模拟消防水泵自动控制的条件自动启动消防水泵运转一次，且应自动记录自动巡检情况，每月应检测记录。

③ 每日应对稳压泵的停泵启泵压力和启泵次数等进行检查和记录运行情况。

④ 每日应对柴油机消防水泵的启动电池的电量进行检测，每周应检查储油箱的储油量，每月应手动启动柴油机消防水泵运行一次。

⑤ 每季度应对消防水泵的出流量和压力进行一次试验。

⑥ 每月应对气压水罐的压力和有效容积等进行一次检测。

（5）减压阀的维护管理应符合下列规定。

① 每月应对减压阀组进行一次放水试验，并应检测和记录减压阀前后的压力，当不符合设计值时应采取满足系统要求的调试和维修等措施。

② 每年应对减压阀的流量和压力进行一次试验。

（6）阀门的维护管理应符合下列规定。

① 雨淋阀的附属电磁阀应每月检查并应做启动试验，动作失常时应及时更换。

② 每月应对电动阀和电磁阀的供电和启闭性能进行检测。

③ 系统上所有的控制阀门均应采用铅封或锁链固定在开启或规定的状态，每月应对铅封、锁链进行一次检查，当有破坏或损坏时应及时修理更换。

④ 每季度应对室外阀门井中，进水管上的控制阀门进行一次检查，并应核实其处于全开启状态。

⑤ 每天应对水源控制阀、报警阀组进行外观检查，并应保证系统处于无故障状态。

⑥ 每季度应对系统所有的末端试水阀和报警阀的放水试验阀进行一次放水试验，并应检查系统启动、报警功能以及出水情况是否正常。

⑦ 在市政供水阀门处于完全开启状态时，每月应对倒流防止器的压差进行检测，并应符合国家现行标准《减压型倒流防止器》（GB/T 25178—2010）、《低阻力倒流防止器》（JB/T 11151—2011）和《双止回阀倒流防止器》（CJ/T 160—2010）等的有关规定。

（7）每季度应对消火栓进行一次外观和漏水检查，发现有不正常的消火栓应及时更换。

（8）每季度应对消防水泵接合器的接口及附件进行一次检查，并应保证接口完好、无渗漏、闷盖齐全。

（9）每年应对系统过滤器进行至少一次排渣，并应检查过滤器是滞处于完好状态，当堵塞或损坏时应及时检修。

（10）每年应检查消防水池、消防水箱等蓄水设施的结构材料是否完好，发现问题时应及时处理。

（11）建筑的使用性质功能或障碍物的改变，影响到消防给水及消火栓系统功能而需要进行修改时，应重新进行设计。

（12）消火栓、消防水泵接合器、消防水泵房、消防水泵、减压阀、报警阀和阀门等，应有明确的标识。

（13）消防给水及消火栓系统应有产权单位负责管理，并应使系统处于随时满足消防的需求和安全状态。

（14）永久性地表水天然水源消防取水口应有防止水生生物繁殖的管理技术措施。

（15）消防给水及消火栓系统发生故障，需停水进行修理前，应向主管值班人员报告，并应取得维护负责人的同意，同时应临场监督，应在采取防范措施后再动工。

参 考 文 献

[1] GB 50016—2014 建筑设计防火规范 [S]. 北京：中国计划出版社，2014.

[2] GB 50084—2001 自动喷水灭火系统设计规范（2005 年版）[S]. 北京：中国计划出版社，2005.

[3] GB 50116—2013 火灾自动报警系统设计规范 [S]. 北京：中国计划出版社，2014.

[4] GB 50166—2007 火灾自动报警系统施工及验收规范 [S]. 北京：中国计划出版社，2008.

[5] GB 50151—2010 泡沫灭火系统设计规范 [S]. 北京：中国计划出版社，2011.

[6] GB 50261—2005 自动喷水灭火系统施工及验收规范 [S]. 北京：中国标准出版社，2005.

[7] GB 50263—2007 气体灭火系统施工及验收规范 [S]. 北京：中国计划出版社，2007.

[8] GB 50281—2006 泡沫灭火系统施工及验收规范 [S]. 北京：中国计划出版社，2006.

[9] GB 50974—2014 消防给水及消火栓系统技术规范 [S]. 北京：中国计划出版社，2014.

[10] 石敬炜. 建筑消防工程设计与施工手册 [M]. 北京：化学工业出版社，2014.

[11] 郭树林，孙英男. 建筑消防工程设计手册 [M]. 北京：中国建筑工业出版社，2012.

[12] 徐志嫱. 建筑消防工程 [M]. 北京：中国建筑工业出版社，2009.

[13] 张志勇. 消防设备施工技术手册 [M]. 北京：中国建筑工业出版社，2012.

[14] 阎士琦. 建筑电气防火实用手册 [M]. 北京：中国电力出版社，2005.